高等职业教育铁道工程技术专业“十四五”规划教材

工 程 制 图

杨桂林　王　英◎主　编
刘秀芩　李晓林◎副主编
周日昇◎主　审

中国铁道出版社有限公司

2024年·北　京

内 容 简 介

本书为高等职业教育铁道工程、道路桥梁工程、地下工程与隧道工程专业及其相关专业的教材,主要介绍工程制图的基本知识、投影作图的基本理论、铁道工程及桥隧工程图的内容和特点及各类典型图样作图的基本技能。书中概念叙述清楚、重点突出、语句通顺、图文结合,便于学生自学及有关人员参考。本书配有《工程制图习题集》。

图书在版编目(CIP)数据

工程制图/杨桂林,王英主编.—2版.—北京:中国铁道出版社有限公司,2021.7(2024.8重印)

高等职业教育铁道工程技术专业"十四五"规划教材

ISBN 978-7-113-27987-5

Ⅰ.①工… Ⅱ.①杨… ②王… Ⅲ.①工程制图—高等职业教育—教材 Ⅳ.①TB23

中国版本图书馆CIP数据核字(2021)第097904号

书　　名:工程制图
作　　者:杨桂林　王　英

策　　划:陈美玲
责任编辑:陈美玲　　**编辑部电话:**(010)51873240　　**电子邮箱:**992462528@qq.com
封面设计:冯龙彬　崔丽芳
责任校对:苗　丹
责任印制:高春晓

出版发行:中国铁道出版社有限公司(100054,北京市西城区右安门西街8号)
网　　址:http://www.tdpress.com
印　　刷:北京市科星印刷有限责任公司
版　　次:2013年7月第1版　2021年7月第2版　2024年8月第4次印刷
开　　本:787 mm×1092 mm 1/16　**印张:**11.75　**插页:**3　**字数:**301千
书　　号:ISBN 978-7-113-27987-5
定　　价:45.00元

QIAN YAN

第二版前言

本书是为适应当前高等职业技术教育高质量发展的需要，依据教育部对高职人才的培养目标，在第一版《工程制图》的基础上改编而成的。

本次修订根据《铁路工程制图标准》(TB/T 10058—2015)、《铁路工程图形符号标准》(TB/T 10059—2015)等规范，更新了部分内容和插图(本书图中比例非实际比例)。为缓解学生对空间形体认识的难度，使其符合由简到繁、由易到难的认识规律，编写时内容选取以够用为原则，突出重点，注重基本知识和基本技能的训练。

本书配备了相应的习题集，且在教材和习题集中编排了适量综合性问题，引导学生运用学过的知识去观察、分析题目，找出正确的识图、作图方法，以提高其分析问题、解决问题的能力，教材编写力求概念叙述清楚准确、文字简明扼要、图形规范清晰，从而起到综合示范的作用，使学生养成科学的思维方式和严谨认真、一丝不苟的工作作风。

本书由天津铁道职业技术学院杨桂林、王英任主编，天津铁道职业技术学院刘秀芩、包头铁道职业技术学院李晓林担任副主编，天津铁道职业技术学院周日昇任主审。参加编写工作的有杨桂林(绪论，项目 8)，天津铁道职业技术学院王国迎(项目 1～项目 3)，刘秀芩(项目 4、项目 5)，王英(项目 6、9～项目 12)，辽宁铁道职业技术学院张聚贤(项目 7)，李晓林(项目 13、项目 14)，北京交通职业技术学院朱孝笑(项目 12 知识拓展)。

在编写过程中，天津铁道职业技术学院的有关专业老师及学院设计室老师提供了很多资料和意见，在此一并表示感谢！

由于编者水平有限，书中难免存在疏漏，热切希望读者在使用本书的过程中对发现的问题及时提出批评，以便重印时更正。

编　者

2021 年 5 月

QIAN YAN

第一版前言

本书是为适应当前高等职业技术教育快速高质发展需要，依据教育部对高职人才的培养目标，在刘秀芩主编的《工程制图》基础上改编而成的。

《工程制图》是一门专业性和实践性很强的专业基础课。为了缓解学生对空间形体认识的难度，使其符合由简到繁、由易到难的认识规律，编写时尽量避开一些难度较大又不多用的理论问题，突出重点，加强基础知识和基本技能的训练。

本书还注意强化对学生学习能力的培养，在教材和习题集中编排了适量的综合性问题，引导学生运用学过的知识去观察、分析题目，找出正确的识图、作图方法，以提高其分析问题解决问题的能力。教材编写力求概念叙述清楚准确，文字简明扼要，图形规范悦目，起到综合示范作用，使学生养成科学的思维方式和严谨认真、一丝不苟的工作作风。

考虑到当前学生的就业形势，教材内容除具备识读和绘制土木工程图的基本知识和基本技能外，还用选学形式将内容适当放宽，以增加教和学取材的自由度。

为了训练和提高学生的实践技能，本书还配有《工程制图习题集》。

本书由天津铁道职业技术学院杨桂林、王英任主编，天津铁道职业技术学院刘秀芩、包头铁道职业技术学院李晓林任副主编，天津铁道职业技术学院周日昇任主审。参加编写工作的有杨桂林（绪论，第 8 章），天津铁道职业技术学院王国迎（第 1～3 章），刘秀芩（第 4、5 章），王英（第 6、9～12 章），辽宁铁道职业技术学院张聚贤（第 7 章），李晓林（第 13、14 章），北京交通职业技术学院朱孝笑（第 12 章知识拓展）。

在编写过程中，天津铁道职业技术学院有关专业老师提供了很多资料和意见，在此一并表示感谢！

由于编者水平有限，书中难免存在疏漏，热切希望读者在使用本书的过程中对发现的问题及时提出批评，以便重印时更正。

编　者

2012 年 12 月

MU LU

目录

绪　论

1. 工程图样及其在生产中的作用

工程图样是一种以图形为主要内容的技术文件，用来表达工程建筑物的形状、大小、材料及施工技术要求等。

例如在建造房屋、桥梁及制造机器时，设计人员要画出图样来表达设计意图，生产部门则依据设计图纸进行制造、施工。技术革新、技术交流也离不开图样。因此，在现代化生产中，工程图样作为不可缺少的技术文件，起着十分重要的作用，被比喻为工程界的“语言”。对于工程技术人员，学好这门“语言”，正确地绘制和阅读工程图样，是其进行专业学习和完成本职工作的基础。

工程图样示例如图 0.1 所示。该建筑物的立体形状如图 0.2 所示。

2. 工程图学发展概况

在生产实践中，人类很早就用图形来表达物体的形状结构。如在公元 1100 年我国宋代李诫所著的建筑工程巨著《营造法式》中，用大量插图表达了复杂的结构，较正确地运用了正投影和轴测投影的方法，如图 0.3 所示。

经过长期的实践和研究，人们对工程图样的绘制原理和方法有了广泛深入的认识。1795 年法国科学家蒙日发表了《画法几何》，系统地阐述了各种图示、图解的基本原理和作图方法，对工程图学的建立和发展起了重要作用。目前，工程图样已广泛应用于各个生产领域。为了使工程图样规范化，我国分别制定了建筑、机械及其他各专业的制图标准，并不断修订完善。世界各国和行业组织的制图标准也在不断进行协调和统一。

现在，工程图学已发展成为一门理论严密、内容丰富的综合学科，包括图学理论、制图技术、制图标准等诸多方面。计算机图学的建立和应用，是工程图学在现代最重要的进步和发展。

3. 本课程的内容、学习要求和方法

工程制图是一门介绍绘制和阅读工程图样的原理、规则和方法，培养识图绘图技能，提高空间思维能力的学科，是工科土建类专业的一门重要的、实践性很强的技术基础课。

(1)课程内容

①**制图基本知识**——介绍制图工具和用品的使用及保养方法，基本的制图标准和平面几何图形的画法(见项目 1～项目 3)。

②**投影作图**——介绍绘制和阅读工程图样的基本原理和方法(见项目 4～项目 9)。

③**土建工程图**——介绍铁道线路、桥梁、涵洞、隧道工程图的内容、特点及其绘制和阅读方法(见项目 10～项目 14)。

(2)学习要求

①掌握正投影的基本原理和读图、绘图方法。

②能正确地使用常用的绘图工具。

③能正确地阅读和绘制有关土建工程图，所绘图样要符合国家标准。

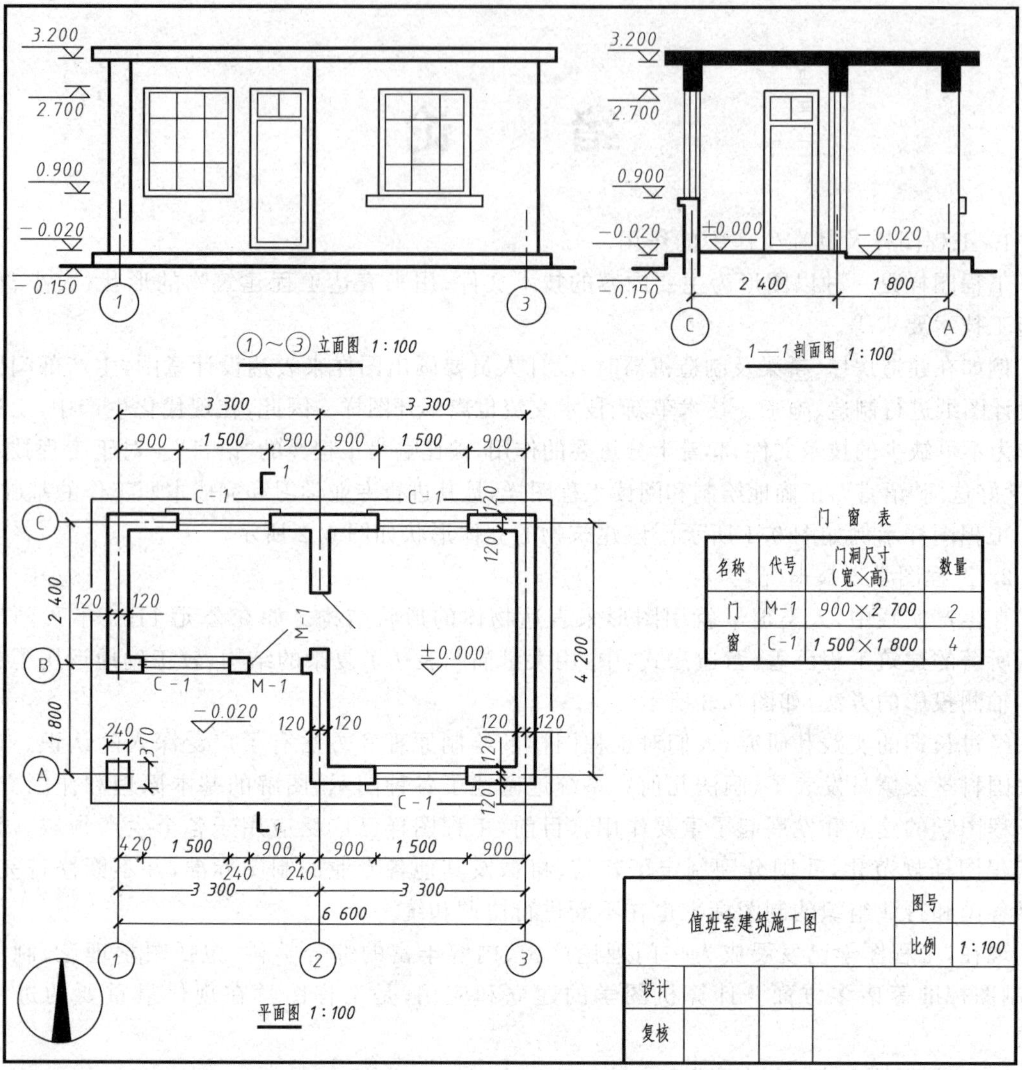

3.200
2.700
0.900
−0.020
−0.150
①　③

①～③ 立面图 1∶100

3.200
2.700
0.900
−0.020
±0.000
−0.020
−0.150
2 400　1 800
Ⓒ　Ⓐ

1—1 剖面图 1∶100

3 300　3 300
900　1 500　900　900　1 500　900
C-1　C-1
120　120　120　120
M-1
±0.000
C-1　M-1
−0.020
240　370
120　120　120　120　120
C-1
2 400　1 800　4 200
Ⓒ　Ⓑ　Ⓐ
420　1 500　900　900　1 500　900
240　240
3 300　3 300
6 600
①　②　③

平面图 1∶100

门 窗 表

名称	代号	门洞尺寸（宽×高）	数量
门	M-1	900×2 700	2
窗	C-1	1 500×1 800	4

值班室建筑施工图	图号	
	比例	1∶100
设计		
复核		

图 0.1　值班室建筑施工图

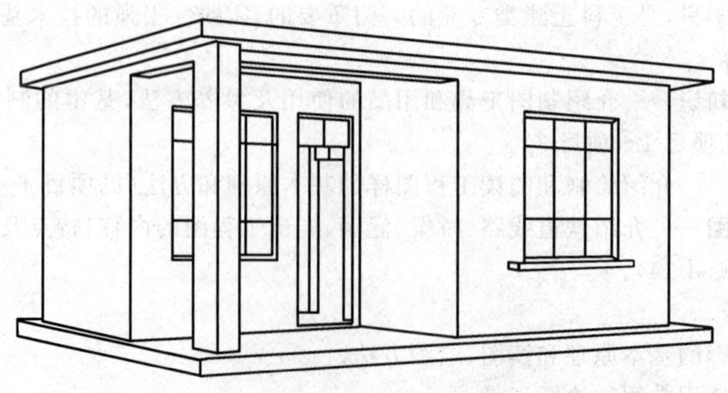

图 0.2　值班室立体图

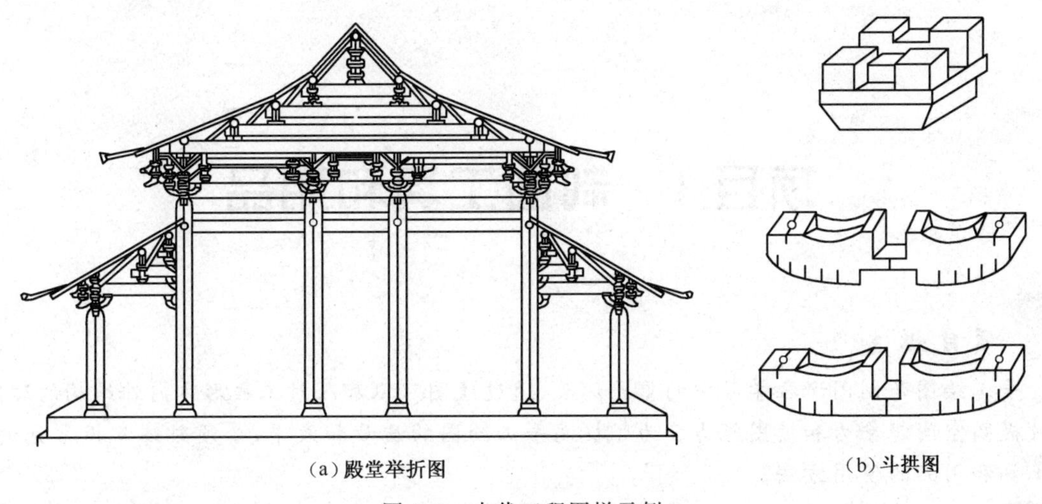

图 0.3　古代工程图样示例

(3)学习方法

制图是一门实践性很强的课程，读图和画图的能力必须通过足够的训练才能提高。因此一定要重视实践环节。

①为了深刻理解和掌握图样（视图）的原理、规则、识图、画图的方法，必须认真听课和复习，及时完成练习。因为物体千差万别，其结构的复杂程度也很不一样，只有通过深入思考，反复练习，才能熟悉结构的表达，巩固理论知识，使空间想像力与分析问题的能力得到提高。

②为了提高识图、绘图的技能，要牢记制图标准，并通过多次训练以提高识图、绘图能力。

③要养成认真负责的工作态度和一丝不苟的工作作风。工程图样是重要的技术文件，画错、读错一条线，写错一个数字都可能给工程质量造成危害。

④制图课的目的还要培养学生具有较高的空间思维能力和熟练的动手能力，读者在学习过程中，应随时了解自己在哪方面存在不足，找出原因，重点提高，做到全面发展。

项目1　制图工具和用品

项目描述

手工绘图是制图课程学习中的重要环节，通过绘图可以加深对工程形体内外结构的理解，有效提高空间想象力和读图能力。为了提高手工绘图的质量和效率，必须熟练掌握常见的制图工具和用品的使用方法。

学习目标

1. 能力目标

熟练使用常用制图工具和用品的能力。

2. 知识目标

了解常用绘图工具和用品的使用方法，了解制图的基本程序及注意事项。

3. 素质目标

培养学生热爱专业、热爱本职工作的精神。

任务1.1　制图工具

1.1.1　图　板

图板是用来铺放图纸的矩形木板，其板面平整光滑，左侧面工作边平直。绘图时需要专用的透明胶带将图纸固定在图板略偏左偏上的位置(图1.1)，不要用图钉、小刀等损伤板面，避免墨汁污染板面。

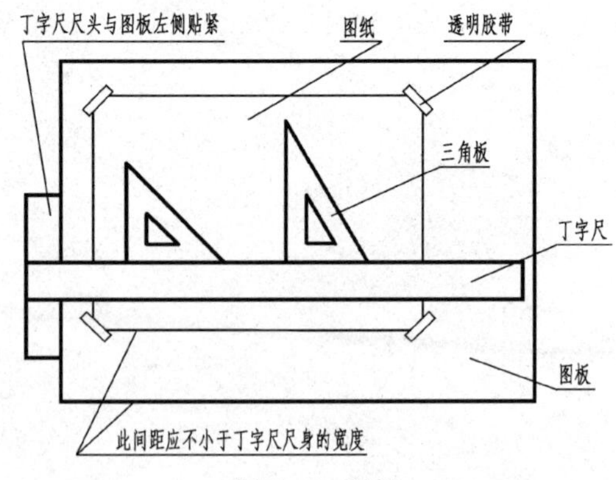

图1.1　图板

1.1.2　丁字尺

丁字尺由互相垂直的尺头和尺身组成，主要用于画水平线。使用丁字尺作图时，左手移动丁字尺至需要的位置，保持尺头与图板左边贴紧，左手拇指按住尺身，右手画线，其使用方法如图1.2所示。

1.1.3　三角板

三角板用于画直线。一副三角板有两块，如图1.1所示，三角板与丁字尺配合使用，可以画特殊角度(15°倍数)的直线，如图1.3所示。

两块三角板配合使用，可以画出任意角度直线的平行线和垂直线，其中垂直线画法如

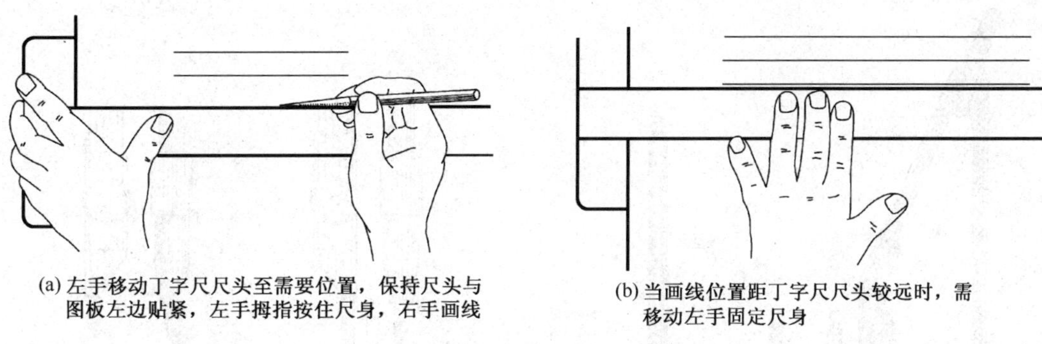

(a) 左手移动丁字尺尺头至需要位置，保持尺头与图板左边贴紧，左手拇指按住尺身，右手画线

(b) 当画线位置距丁字尺尺头较远时，需移动左手固定尺身

图 1.2　丁字尺的用法

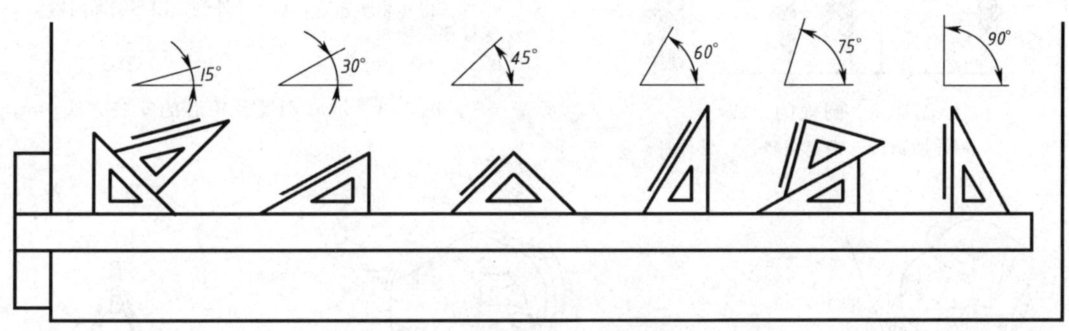

图 1.3　特殊角度直线画法

图 1.4 所示。**用三角板作图时，必须保证三角板与三角板之间、三角板与丁字尺之间靠紧。**

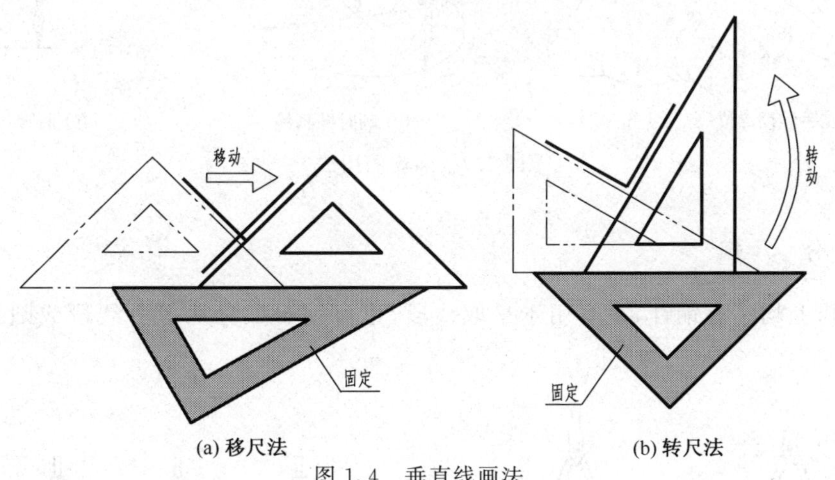

(a) 移尺法　　(b) 转尺法

图 1.4　垂直线画法

1.1.4　圆　　规

圆规用于画圆或圆弧，一套圆规配件通常包括两条插腿和一支延伸杆，如图 1.5 所示。使用时一条腿装上钢针，另一条腿根据不同用途装上不同的配件，可以用铅芯画出半径大小不同的圆或作为分规使用，其中定心钢针和铅芯的安装方法如图 1.6 所示。

画圆时先将铅芯与钢针之间的距离调整为圆或圆弧的半径，圆规略向旋转方向倾斜，以保持对纸面的压力，用力适当，速度均匀，如图 1.7 所示。

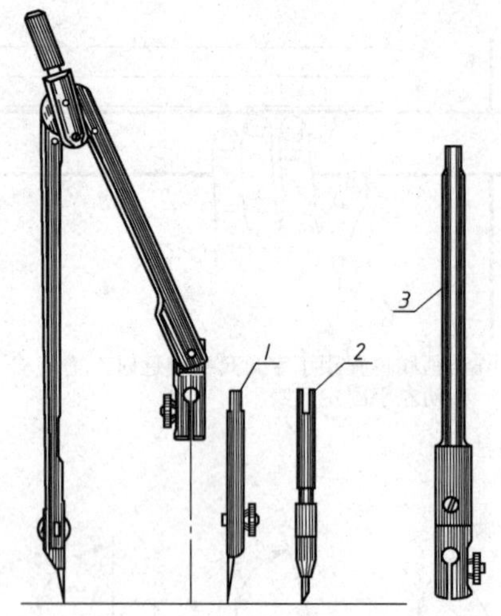

图 1.5　圆规的组成

1—钢针插腿；2—铅笔插腿；3—延伸杆

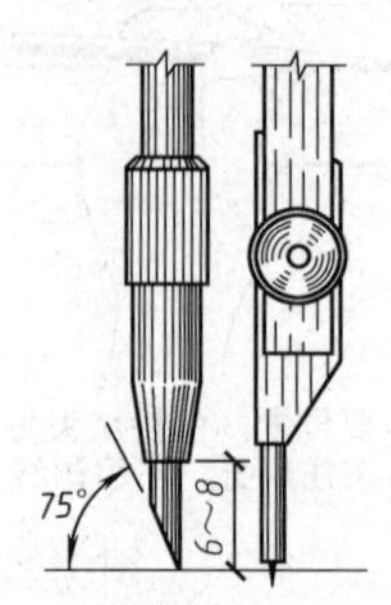

画圆时定心钢针用带台阶一端，以免扩大纸孔；针尖比笔尖略长

(a) 正确

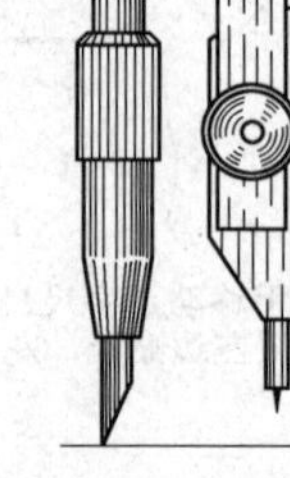

两脚不齐；钢针旋到螺栓外侧；铅芯斜面向内

(b) 错误

图 1.6　定心钢针及铅芯的安装方法

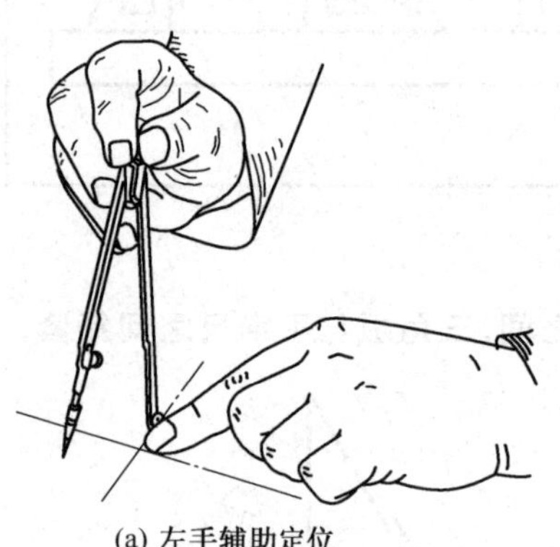

(a) 左手辅助定位

(b) 顺时针画线

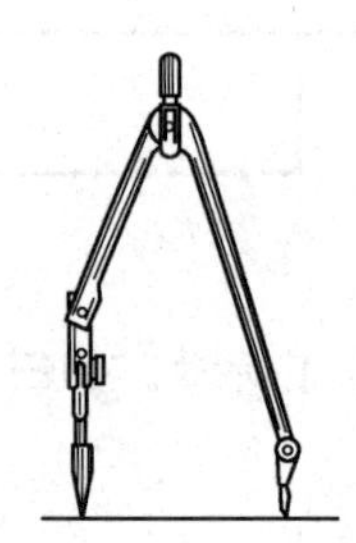

(c) 两脚与纸面垂直

图 1.7　圆规的用法

1.1.5　分　　规

分规两腿上均装有钢针，主要用于量取线段，也可用于试分法等分线段或圆弧，如图 1.8 所示。

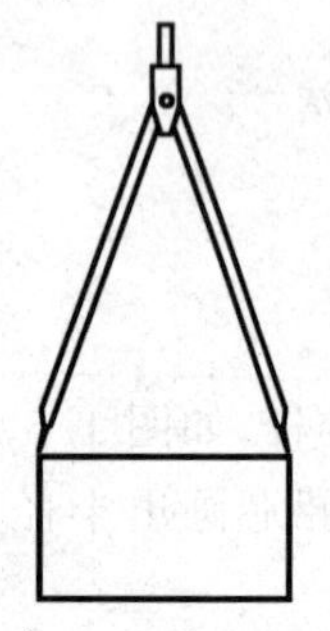

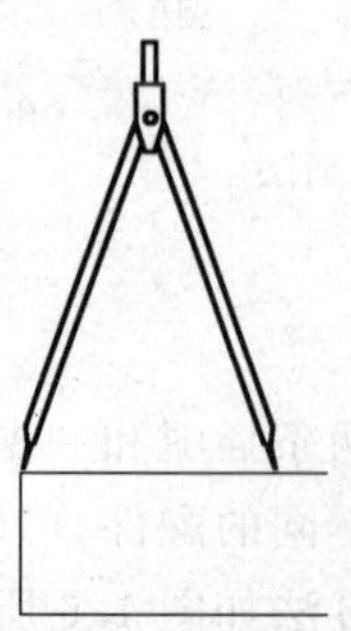

(a)量取线段

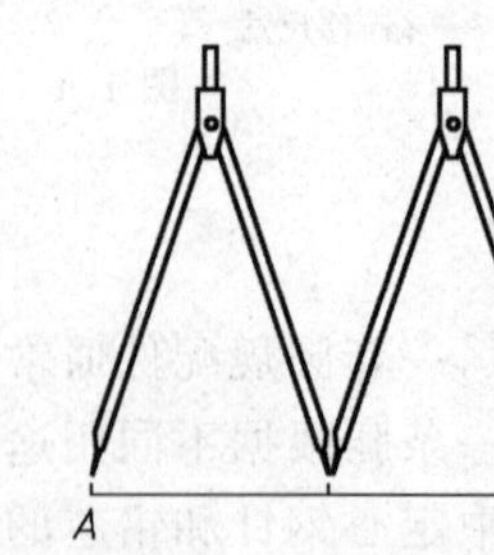

(b) 近似等分线段

图 1.8　分规的用法

任务1.2　制图用品

1.2.1　图纸和透明胶带

图纸分为绘图纸和描图纸(半透明)两种。画图前,应在图纸正面(用橡皮擦拭纸面,擦后不起毛、上墨不洇的一面)画图,透明胶带专用于固定图纸。

1.2.2　绘图铅笔

为满足绘图需要,铅笔的铅芯有软硬之分,分别用符号B和H表示,B前面数字越大表示铅芯越软,H前数字越大表示铅芯越硬,HB铅芯软硬适中。

木杆铅笔的削法是:先用小刀削去无字一端的木皮,露出一段铅芯,然后用细砂纸磨成需要的形状。在整个绘图过程中,各类铅芯要经常修磨,以保证图线质量。

绘图也可以使用自动铅笔。注意应购买符合线宽标准的绘图用自动铅笔,并选用符合硬度要求的铅芯。表1.1为木杆铅笔和圆规铅芯示意表。

表1.1　木杆铅笔和圆规铅芯

类　型	木杆铅笔			圆规铅芯	
铅芯形状					
硬　度	2H或(3H)	HB	B	HB	2B
用　途	画底稿线	画细线、中粗线、写字	画粗线	画底稿线、细线、中粗线	画粗线

1.2.3　其他用品

绘图橡皮——用于擦除铅笔线。

擦图片——用于擦除图纸上的图线,可以保护有用的图线不被擦除。

绘图模板——可以提供一些常用图形符号,如标高、小圆等,供绘图使用,可以提高绘图速度。

小刀和砂纸——用于削、磨铅笔。

刀片——用于刮除墨线和污迹。

任务1.3　制图的基本程序和注意事项

画图时,无论繁简,一般均按下列步骤进行。

1. 准备工作

(1)阅读有关文件、资料,了解所要绘制的图样的内容和要求。

(2)准备好绘图仪器和工具,并擦拭干净。图板上要少放物品,以免影响工作或弄脏图纸。

2. 画底稿

(1)根据图形大小及复杂程度,确定比例,选择图幅,贴好图纸。

(2)画出图幅、图框线和标题栏,布置图面,设计好图样(包括图形和尺寸)在图纸上的位置,作到布图匀称,画出基准线后即完成布图。

(3)用 2H 或 3H 铅笔绘制图样的底稿,图线要轻、细,尺寸要准确。画图时,先画对称线,中心线、主要轮廓线,再画细部结构,尺寸界线和尺寸线。

(4)检查底稿,修改错误,并擦去错误的线条和辅助作图线,注意不要使图纸起毛。

3. 图线描深

(1)根据需要,将图样画成墨线图或铅笔描深图。

(2)改错,修饰图样。

4. 结束工作

洗净、擦净工具用品,并妥善保管,清理工作场地。

项目小结

在学习工程制图之前,首先要掌握制图工具及用品的正确使用方法,以保证制图质量,提高工作效率,其中两块三角板进行配合画出平行线和垂直线、圆和圆弧的绘制是需要重点掌握的内容。本项目还介绍了手工制图的基本程序及注意事项,为近一步的学习提供基础。

复习思考题

简述常用绘图工具的种类及其用法。

项目 2　基本制图标准

项目描述

为了使工程图样符合技术交流和设计、施工、存档的要求，需要制定制图标准，制图标准对图样的格式和表达方法作了统一规定，制图时必须严格遵守。

本项目摘要介绍我国技术制图中的图幅、标题栏、图线、字体、比例、尺寸标注等内容。在后续内容中，将进一步介绍有关的制图标准。

学习目标

1. 能力目标

能恰当选择图幅，正确绘制图框、标题栏，能够正确绘制图线、标注尺寸、书写字体，标注比例。

2. 知识目标

了解图纸幅面格式、图线的种类及用途、字号及工程字体的书写要求、尺寸组成、比例概念；掌握各类图线的绘制方法、尺寸的基本注法及注意事项。

3. 素质目标

培养学生认真、细致的工作习惯。

任务 2.1　图纸幅面

2.1.1　基本图幅

图幅指绘图时所采用的图纸幅面大小，为了便于保管和装订图纸，国家制图标准对图纸的幅面及图框尺寸作了统一规定，如表 2.1 所示，表中各代号见图 2.1。

表 2.1　基本图幅及图框尺寸　(mm)

幅面代号 尺寸代号	A0	A1	A2	A3	A4
$b\times l$	841×1 189	594×841	420×594	297×420	210×297
c	10			5	
a	25				

当表 2.1 中的基本图幅不能满足使用要求时，可将图纸的长边加长后使用。加长后的长度应符合制图标准的规定，图幅的短边一般不得加长。

图纸一般有横式和立式两种使用方式，如图 2.1 所示。A0～A3 图纸宜横式使用，必要时也可以采用立式，A4 图纸只能立式使用。

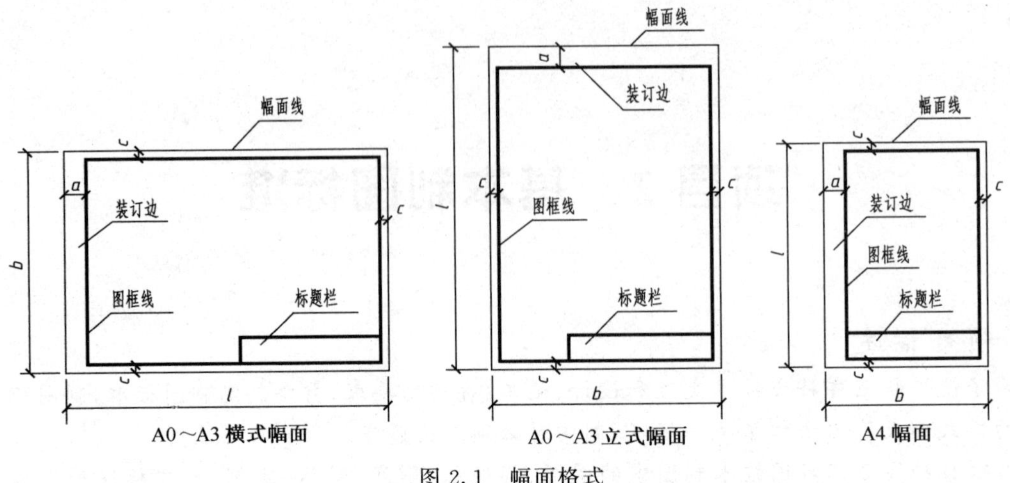

图 2.1　幅面格式

2.1.2　图　　框

图框是图样的边界,在图纸上用粗实线绘出,其格式分为不留装订边和留装订边两种,留装订边的图纸,其图框格式如图 2.1 所示。

2.1.3　标 题 栏

每张图纸的右下角应设一个标题栏(又称图标),用来填写图名、设计单位、工程名称、设计者、图纸编号等内容。标题栏在图纸中的位置如图 2.1 所示。

制图标准中规定了标题栏的基本格式,而未规定其详细内容,图 2.2 为本书作业中推荐使用的图标形式。

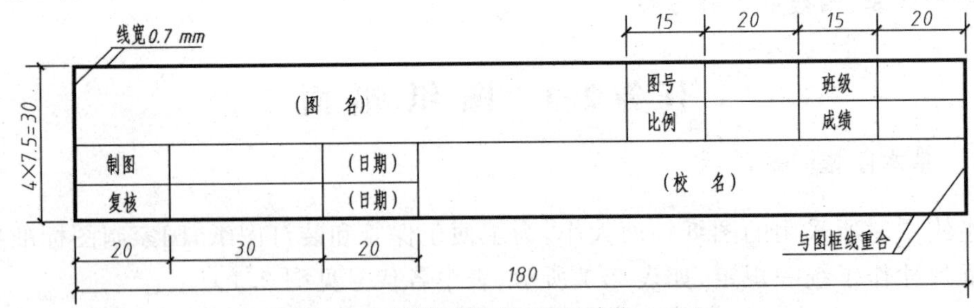

图 2.2　标题栏格式示例(单位:mm)

一项工程需要绘制一整套图纸,为了便于使用和管理,这些图纸要按规定的方法折叠成 A4 或 A3 幅面的尺寸,并按专业顺序和主从关系装订成册。

任务 2.2　图　　线

图形是由图线组成的,为了增强图样的层次感,便于绘图和读图,《铁路工程制图标准》(TB/T 10058—2015)规定了多种基本线形,图样中的线形及用途示例如图 2.3 所示。

2.2.1　图线的形式及用途

图线的形式及一般用途见表 2.2。

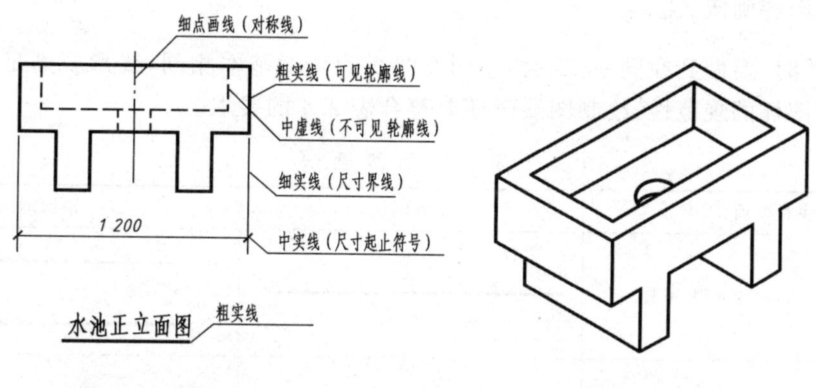

(a) 图样中的线型及用途示例

(b) 水池立体图

图 2.3 图线及应用示例

表 2.2 常用线型及线宽

名称		线型	线宽	一般用途
实线	粗	——	b	主要可见轮廓线
	中	——	0.5b	可见轮廓线
	细	——	0.35b	可见轮廓线、图例线、尺寸线、尺寸界线等
虚线	粗	- - -	b	见各有关专业制图标准
	中	- - -	0.5b	不可见轮廓线
	细	- - -	0.35b	不可见轮廓线、图例线
点画线	粗	—·—	b	见各有关专业制图标准
	中	—·—	0.5b	见各有关专业制图标准
	细	—·—	0.35b	中心线、对称线等
双点画线	粗	—··—	b	见各有关专业制图标准
	中	—··—	0.5b	见各有关专业制图标准
	细	—··—	0.35b	假想轮廓线、成型前原始轮廓线
折断线		—\/—	0.35b	断开界线
波浪线		～～	0.35b	断开界线

图线的基本线宽 b，宜按照图纸比例及图纸性质从 2.0 mm、1.4 mm、1.0 mm、0.7 mm、0.5 mm、0.35 mm 中选取，每个图样应根据复杂程度与比例大小，先确定基本线宽 b，再按表 2.3 选用适当的线宽组。

表 2.3 线宽组 (mm)

线宽比	线宽组					
b	2.0	1.4	1.0	0.7	0.5	0.35
0.5b	1.0	0.7	0.5	0.35	0.25	0.18
0.35b	0.7	0.5	0.35	0.25	0.18	0.13

2.2.2 图线画法

绘制图线时，要做到在同一张图样中同类图线的宽度基本相同，线形要满足规格要求，此外，为了保证图样的规范性，绘制图线时还要符合表2.4的要求。

表2.4 图 线 画 法

注意事项	正确画法	错误画法
粗实线宽度均匀，边缘光滑 平直		
(1)虚线间隔要小，线段长度要均匀 (2)虚线宽度要均匀，不能出现“尖端”	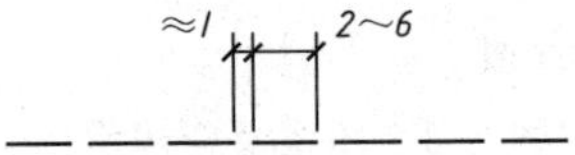 ≈1　2～6	
(1)点画线的“点”要小，间隔要小 (2)点画线的端部不得为“点”	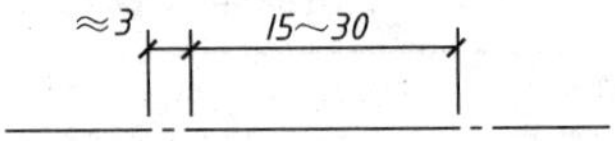 ≈3　15～30	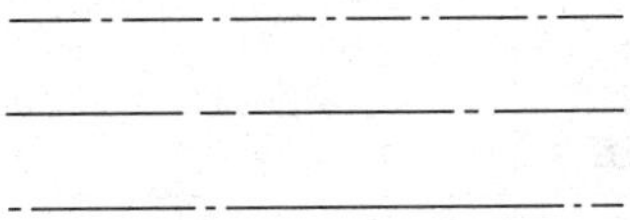
图线的结合部要美观		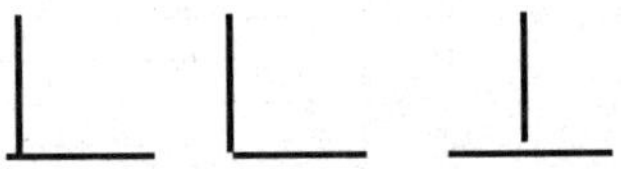
图线应线段相交，不应交于间隙或交于点画线的“点”处	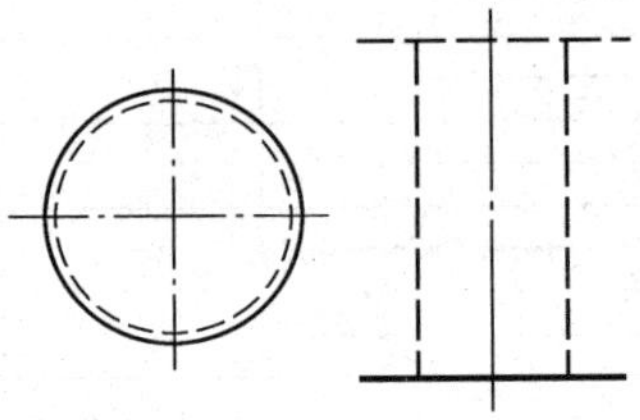	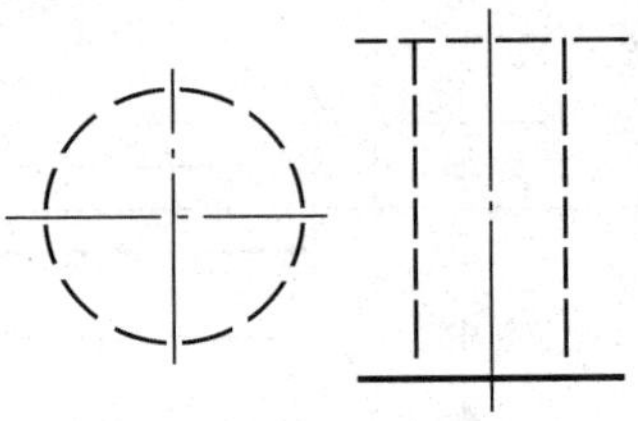
(1)点画线应超出图形3～5 mm (2)点画线的“点”应在图形范围内 (3)图形很小时，点画线可用细实线代替	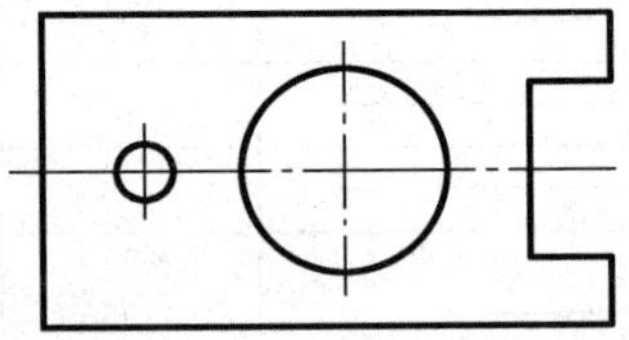	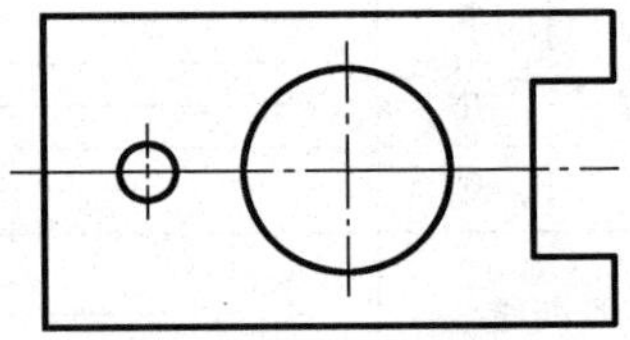
两线相切时，切点处应是单根图线的宽度	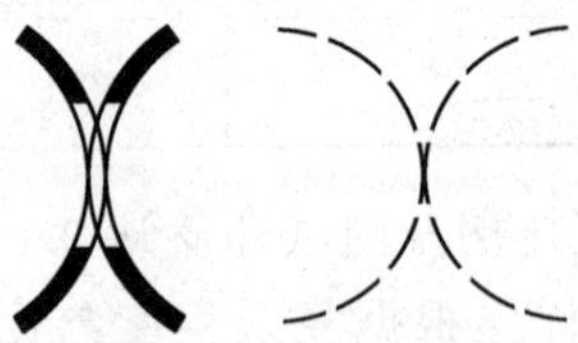	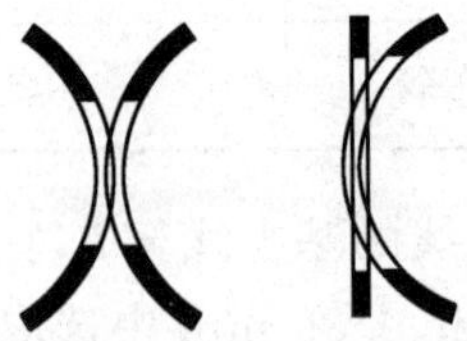
两平行直线之间的间隙不宜小于其中粗实线的宽度，且不宜小于0.7 mm		
虚线为实线的延长线时，应留有空隙	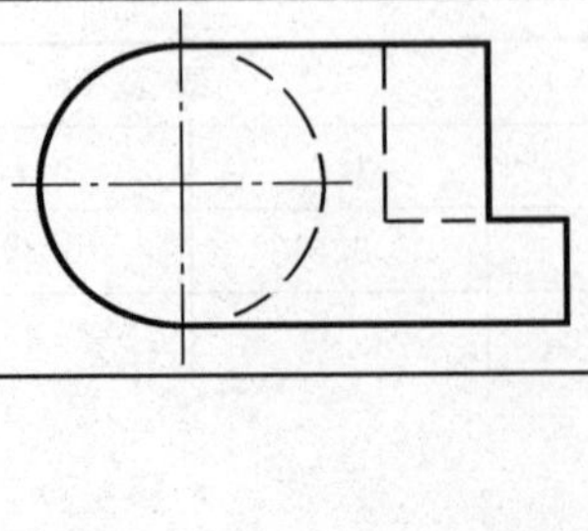	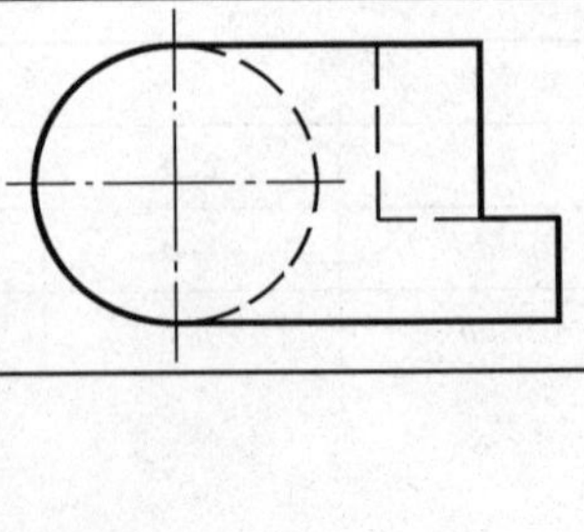

任务 2.3　字　体

图样中除了用图形来表达物体的形状外，还要用文字来说明它的大小和有关技术要求。

图纸上的数字、文字、字母、符号等，都要求做到：**笔画清晰、字体端正、排列整齐、标点符号清楚正确。**

文字的字高，应从如下系列中选用：2.5 mm、3.5 mm、5 mm、7mm、10 mm、14 mm、20 mm。如果需要书写更大的字，其高度按$\sqrt{2}$的比值递增。汉字的字高一般不小于 3.5 mm，拉丁字母、阿拉伯数字或罗马数字的字高，应不小于 2.5 mm。习惯上将字体的高度值称为字的号数，如字高为 5 mm 的字，称为 5 号字。

2.3.1　汉　字

图样上的汉字，应采用长仿宋字体，字高及字宽按表 2.5 选取，并应采用国家正式公布的简化字。

表 2.5　长仿宋体字高宽关系　(mm)

字高	20	14	10	7	5	3.5	2.5
字宽	14	10	7	5	3.5	2.5	1.8

长仿宋体汉字示例如图 2.4 所示。

设备工程基础隧道涵洞桥梁结构钢筋

建筑施工高程混凝土道岔机务电气化防水层文地

质院所测量设计规划制图审核平立剖断面横纵视

复制比例日期张东南西北上下前后布置组织砂石水编捣固养护

维修段标注中心距离里程预算作业乘降调度区间通过堑出口挡

图 2.4　长仿宋体汉字示例

长仿宋体汉字字形工整、结构严谨，笔画刚劲有力，清秀舒展。其书写要领是：**横平竖直、起落分明、结构匀称、写满方格。**

1. 基本笔画

长仿宋体的基本笔画为横、竖、撇、捺、点、挑、钩、折。掌握基本笔画的特点和写法，是写好字的先决条件。基本笔画的运笔方法见表 2.6。

2. 整字写法

整字的书写要领是结构匀称、写满方格。结构匀称是指字的笔画疏密均匀，各组成部分安

表 2.6 长仿宋体汉字的基本笔画

基本笔画	外 形	运笔方法	写法说明	字 例
横			起落笔须顿，两端均呈三角形；笔画平直，向右上倾斜约 5°	二 量
竖			起落笔须顿，两端均呈三角形，笔画垂直	川 侧
撇			起笔须顿，呈三角形，斜下轻提笔，渐成尖端	人 后
捺			起笔轻，捺笔重；加力顿笔，向右轻提笔出锋	史 过
点			起笔轻，落笔须顿，一般均呈三角形	心 滚
挑			起笔须顿，笔画挺直上斜轻提笔，渐成尖端	习 切
钩			起笔须顿，呈三角形，钩处略弯，回笔后上挑速提笔	创 狠
折			横画末端回笔呈三角形，紧接竖划	陋 级

排适当；写满方格是指先按字体高宽画出框格，然后满格书写，这样既便于控制字体结构，又使各字之间大小一致。

长仿宋字的基本书写规则见表 2.7。

表 2.7 长仿宋字的基本书写规则

说 明	示 例
满格书写——字的主要笔画或向外延伸的笔画，其端部与字格框线接触	井 直 教 师
适当缩格——横或竖画作为字的外轮廓线时，不能紧贴格框	图 工 日 曰
平衡——字的重心应处于中轴线上，独体字尤其要注意这一点	王 玉 上 大
比例适当——合体字各部分所占位置应根据它们笔画的多少和大小来确定，各部分仍要保持字体正直	伸 湖 售 票
平行等距——平行的笔画应大致等距	重 量 侧 修
紧凑——笔画适当向字中心聚集，字的各部分应紧靠，可以适当穿插	处 风 册 纺
部首缩格——有许多左部首的高度比字高小，并位于字的中上部，如口、日、土、石、山、钅等	坡 砂 踢 时

2.3.2　拉丁字母、阿拉伯数字

拉丁字母、阿拉伯数字可写成斜体和直体。如需写成斜体字，其斜度应是从字的底线逆时针向上倾斜 75°，斜体字的高度和宽度应与相应的直体字相等。

拉丁字母、阿拉伯数字的示例如图 2.5 所示。

ABCDEFGHIJKLMNOPQRSTUVWXYZ

ABCDEFGHIJKLMNOPQRSTUVWXYZ

abcdefghijklmnopqrstuvwxyz

abcdefghijklmnopqrstuvwxyz

1234567890Φ　*1234567890Φ*

图 2.5　拉丁字母和阿拉伯数字示例

任务 2.4　尺 寸 注 法

尺寸用来确定图形所表达物体的实际大小，是图样的重要组成部分。尺寸应标注在图形的醒目位置，计量时以标注的尺寸数字为准，不得用量尺直接从图中量取。

2.4.1　尺寸的组成

一个完整的尺寸由尺寸界线、尺寸线、尺寸起止符号和尺寸数字四部分组成，称为尺寸的四要素，如图 2.6 所示。

(1)尺寸界线：用来指明尺寸所标注的范围，用细实线绘制。

(2)尺寸线：用来标明尺寸的方向，用细实线绘制。

(3)尺寸起止符号：用中粗短斜线绘制，其倾斜方向应与尺寸界线成顺时针 45°角，长度为 2～3 mm。直径、半径、角度、弧长的尺寸起止符号应用箭头表示。

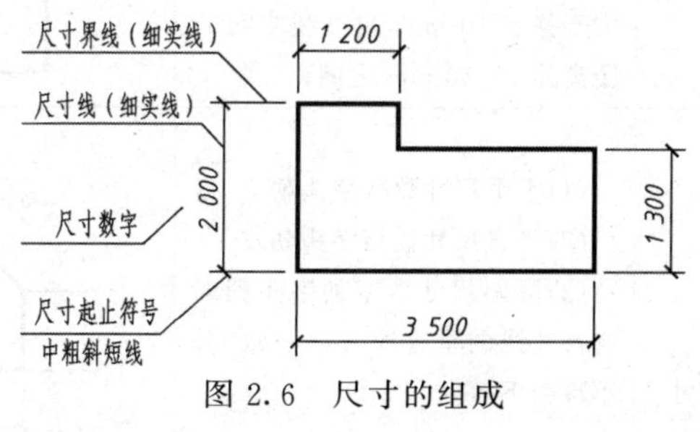

图 2.6　尺寸的组成

(4)尺寸数字：用来表示物体的实际尺寸，与所用比例、图形大小及绘图准确度无关，以 mm 为单位时，省略“mm”字样。

2.4.2　尺寸的基本注法

尺寸的标注方法和注意事项如表 2.8 所示，绘图时，应严格遵守表 2.8 尺寸的基本注法及注意事项。

表 2.8 尺寸的标注方法和注意事项

内容	说　明	正确图例	错误图例
尺寸界线	(1)尺寸界线一端距离图形轮廓线不小于 2 mm,另一端伸出尺寸线 2～3 mm (2)图形轮廓线、中心线也可作为尺寸界线	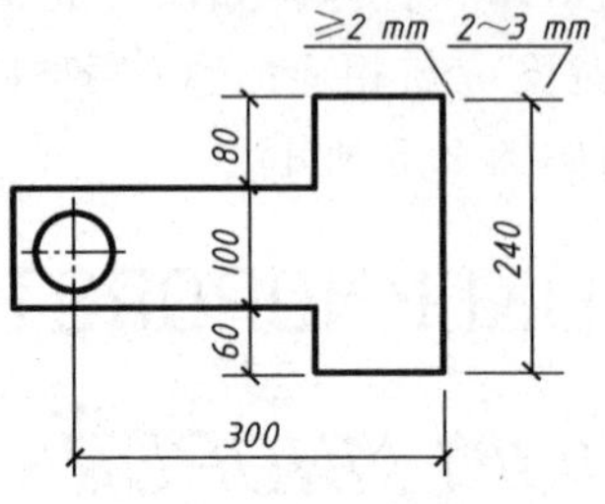 ≥2 mm　2～3 mm　80　100　60　240　300	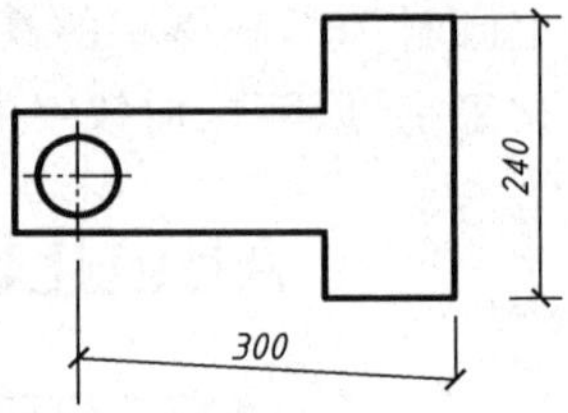 240　300
尺寸线	(1)尺寸线与所注长度平行,不应超出尺寸界线 (2)尺寸线必须单独画,任何其他图线或其延长线均不得作为尺寸线	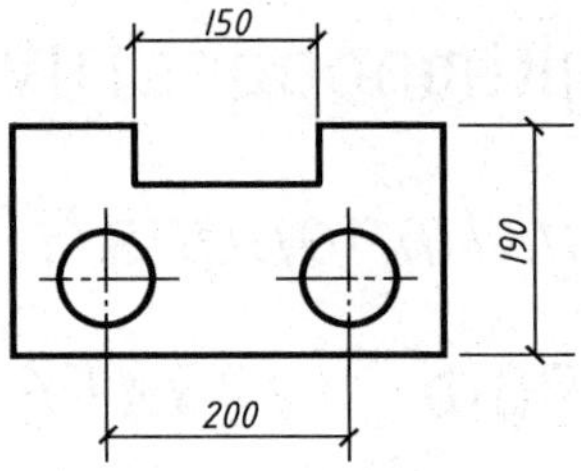 150　190　200	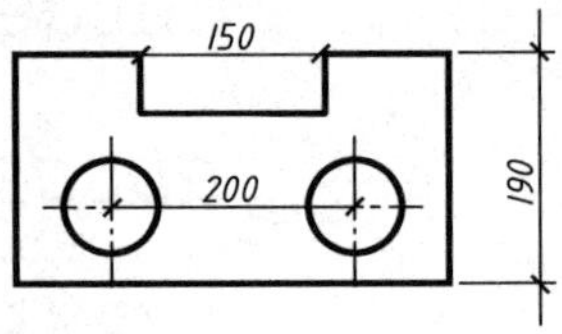 150　200　190
起止符号	(1)用中粗短斜线表示时,其倾斜方向与尺寸界线成顺时针转 45°角,长度 2～3 mm (2)箭头画法如图所示	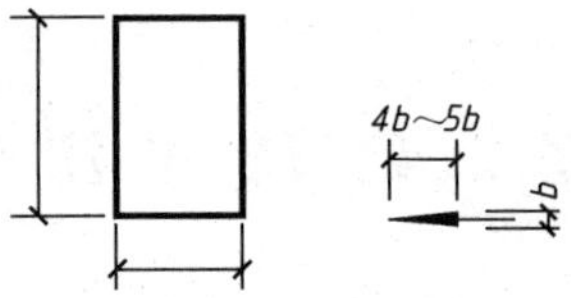 4b～5b　b (a) 中粗短斜线　(b) 箭头	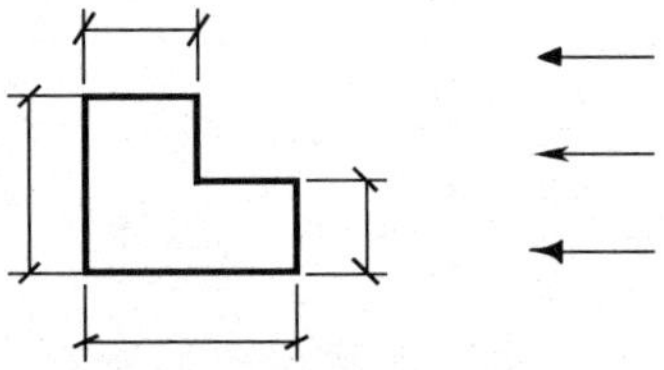 (a) 中粗短斜线　(b) 箭头
尺寸的排列	(1)互相平行的多道尺寸,其尺寸线应从被标注的图形轮廓线由近向远排列,小尺寸在内,大尺寸在外 (2)尺寸线到轮廓线的距离应大于等于 10 mm,尺寸线之间的距离为 7～10 mm 之间	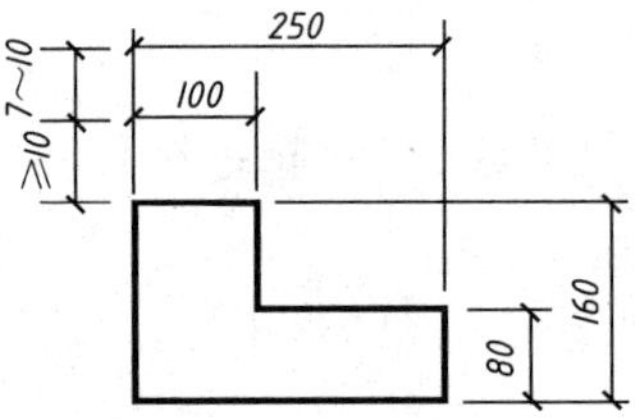 250　100　7～10　≥10　160　80	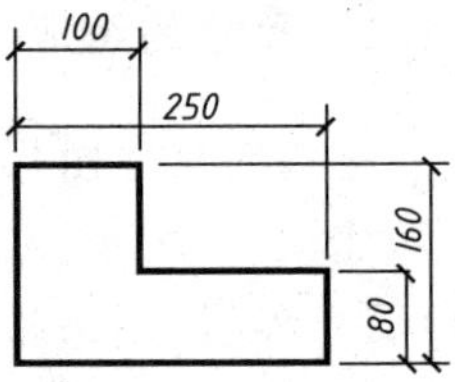 100　250　160　80
尺寸数字的读数方向	(1)水平尺寸数字字头朝上 (2)竖直尺寸数字字头朝左 (3)倾斜尺寸数字的字头朝向与尺寸线的垂直线方向一致,并不得朝下	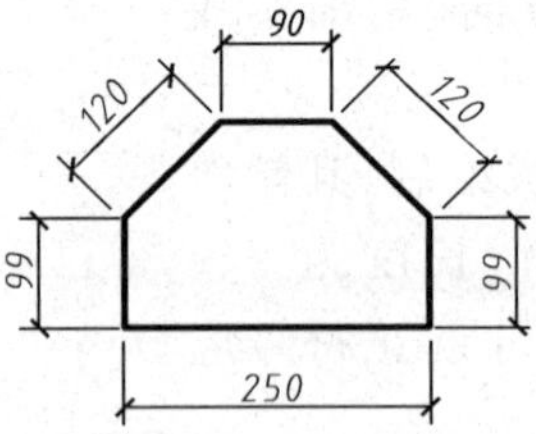 90　120　120　99　99　250	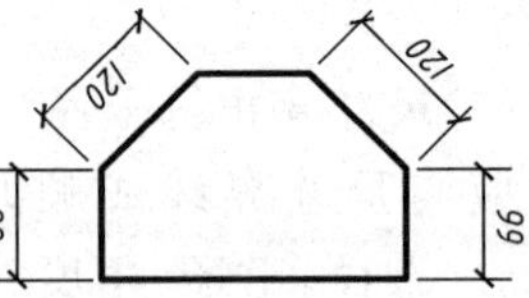 120　120　99　99
	(4)当尺寸线与竖直线的顺时针夹角在 30°以内时,宜按图示方法标注	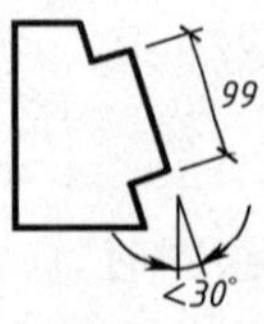 99　<30°　99	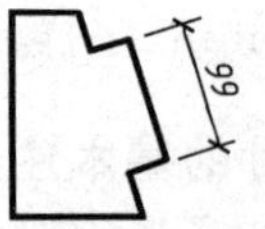 99 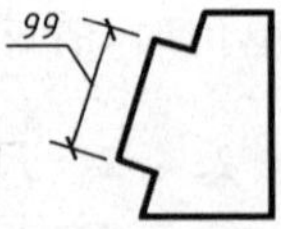　99 (a) 此注法仍可采用，但不推荐　(b) 没有必要采用指引线注法

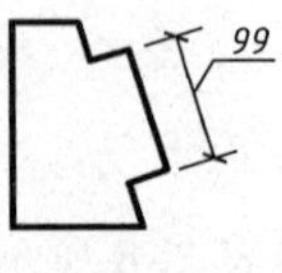

续上表

内容	说　明	正确图例	错误图例
尺寸数字注写位置	(1)一般标注在尺寸线上方的的中部 (2)当标注位置不足时，最外边的尺寸数字可注写在尺寸界线的外侧，中间相邻的尺寸数字可错开注写，也可引出标注	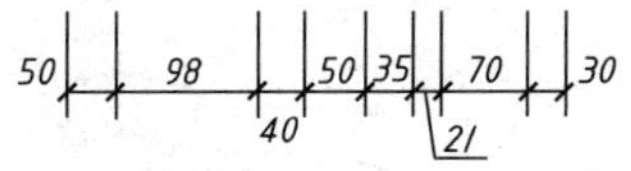 50　98　40　50　35　21　70　30	50　98　40　50　35　21　70　30
	(3)尺寸数字应尽量避免与任何图线重叠，不可避免时应将数字处图线断开	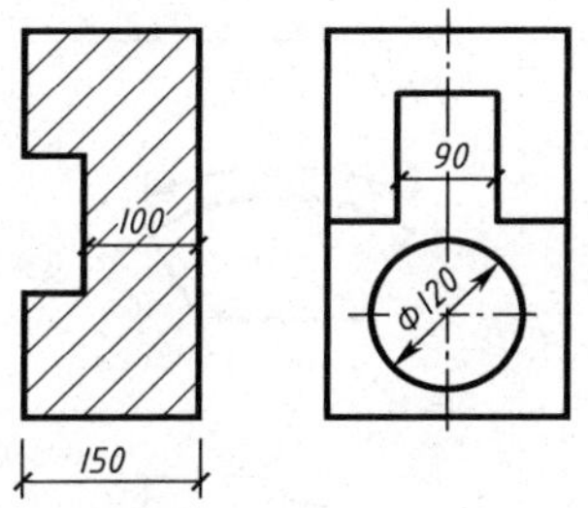 100　150　90　Φ120	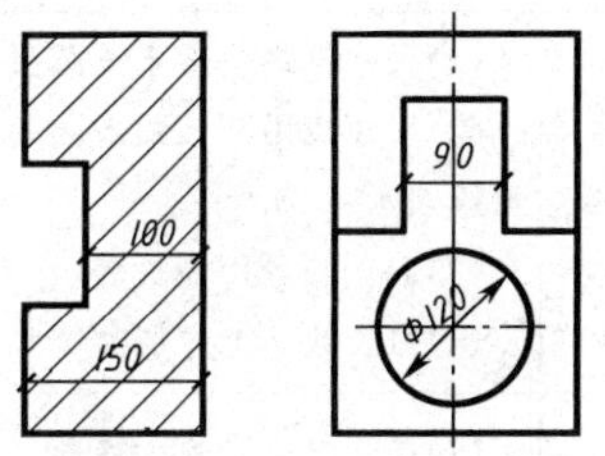 100　150　90　Φ120
圆	(1)圆及大于半圆的圆弧应标注直径，在尺寸数字前面添加符号“ϕ” (2)一般情况下，尺寸线应通过圆心，两端画箭头指至圆弧	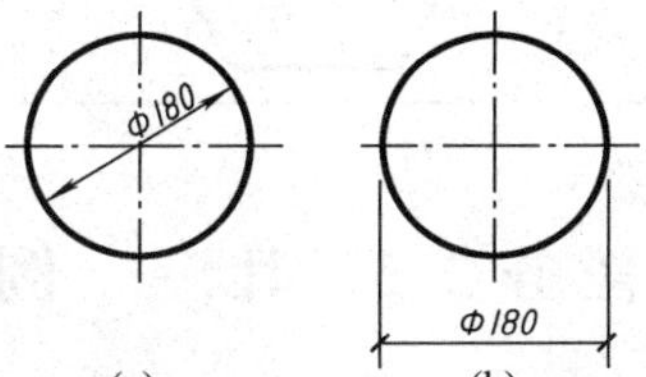 Φ180　Φ180 (a)　(b)	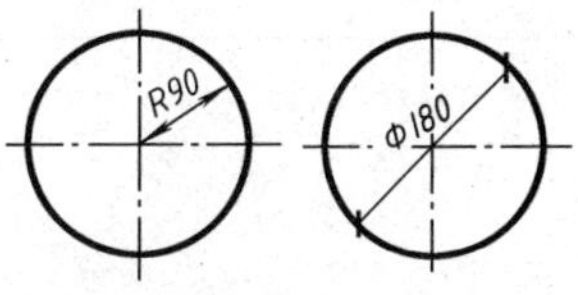 R90　Φ180
	(3)较小的圆，可将箭头和数字之一或全部移出圆外	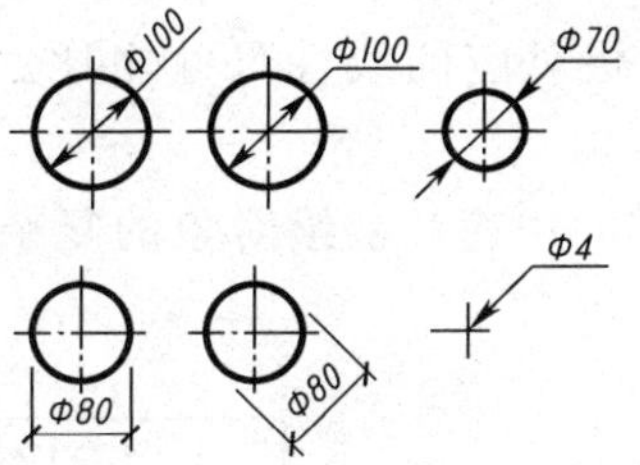 Φ100　Φ100　Φ70　Φ80　Φ80　Φ4	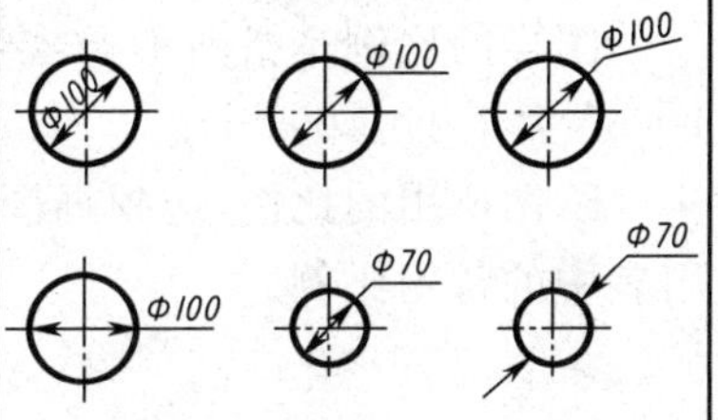 Φ100　Φ100　Φ100　Φ100　Φ70　Φ70
圆弧	(1)圆弧应注半径，并在尺寸数字前加注“R” (2)尺寸线的一端从圆心开始，另一端用箭头指至圆弧	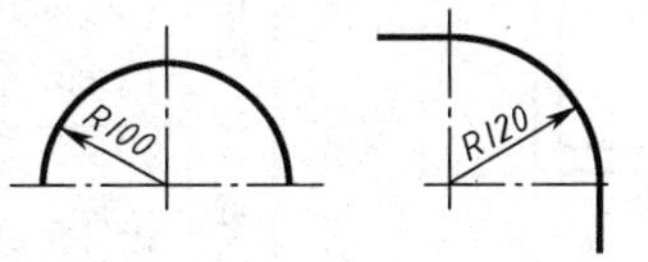 R100　R120	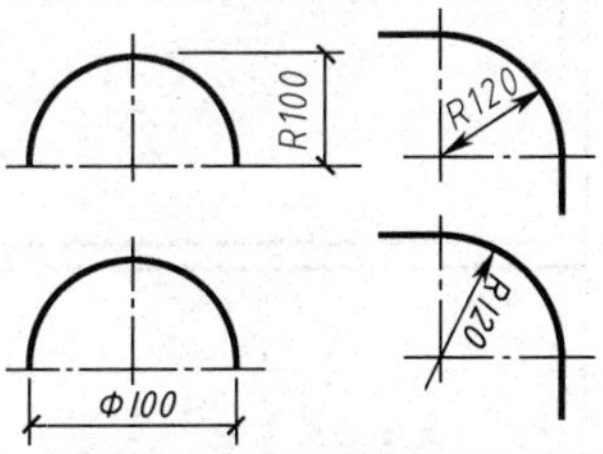 R100　R120　Φ100　R120
	(3)当圆弧较小时，可将箭头和数字之一或全部移出圆外。(注意不要因圆小而将箭头画小；圆外的箭头要指向圆心)	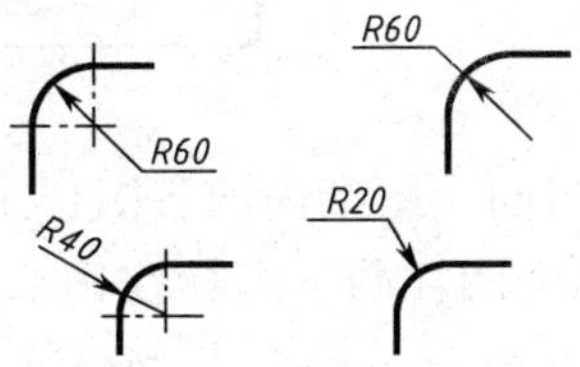 R60　R60　R40　R20	R20　R40　R40　R40
	(4)较大圆弧半径的注法如图所示，图(a)表示圆心在点画线上，图(b)中尺寸线的延长线应通过圆心	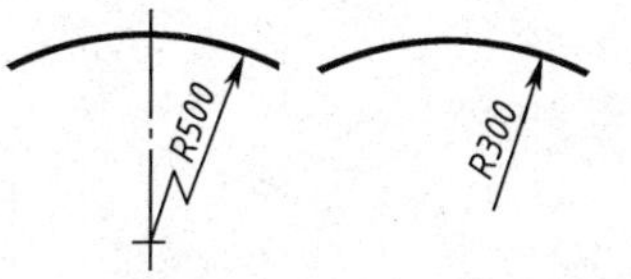 R500　R300 (a)　(b)	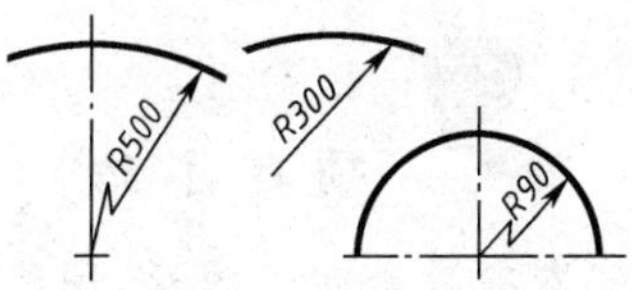 R500　R300　R90

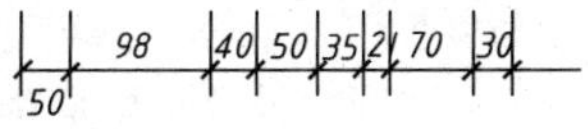

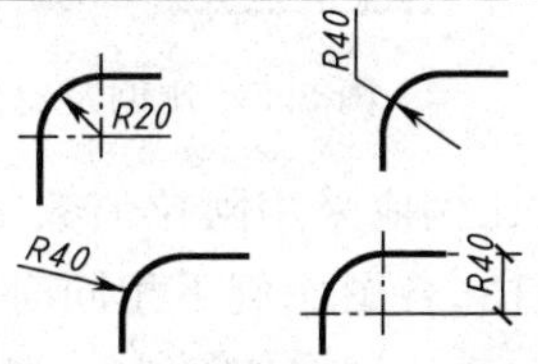

续上表

内容	说　明	正确图例	错误图例
角度	(1)尺寸界线沿径向引出 (2)尺寸线画成圆弧,圆心是角的顶点 (3)起止符号为箭头,位置不够时用圆点代替 (4)尺寸数字一律水平书写	90°　74°30′　10°　5°30′　60°	55°　55°
弧长	(1)尺寸界线垂直于该圆弧的弦 (2)尺寸线用与该圆弧同心的圆弧线表示 (3)起止符号用箭头表示 (4)弧长数字上方加注圆弧符号	245	245
弦长	(1)尺寸界线垂直于该弦 (2)尺寸线平行于该弦 (3)起止符号用中粗斜线表示	230	230

任务 2.5　比　　例

图样不可能都按建筑物的实际大小绘制,常常需要按比例缩小,如图 2.7 所示。

图样的比例是指图形与实物相对应的线性尺寸之比。比例的大小是指比值的大小,如 1∶50 大于 1∶100。

绘图所用的比例,应根据图样的用途和被绘对象的复杂程度,从表 2.9 中选用,并优先选用表中的常用比例。

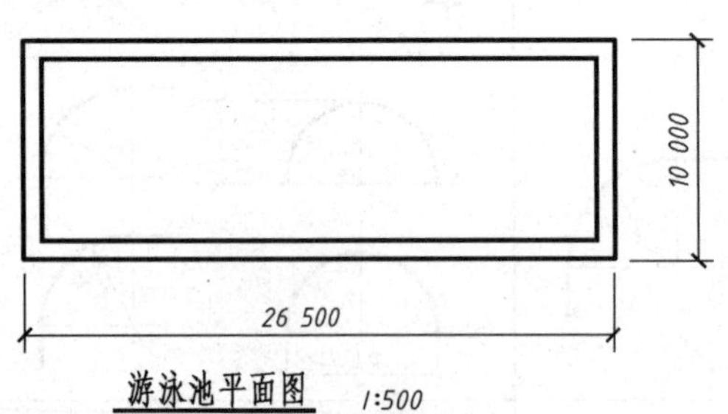

图 2.7　比例及比例的标注

表 2.9　绘图所用的比例

常用比例	1∶1、1∶2、1∶5、1∶10、1∶20、1∶50 1∶100、1∶200、1∶500、1∶1 000 1∶2 000、1∶5 000、1∶10 000、1∶20 000 1∶50 000、1∶100 000、1∶200 000
可用比例	1∶3、1∶15、1∶25、1∶30、1∶40、1∶60 1∶150、1∶250、1∶300、1∶400、1∶600 1∶1 500、1∶2 500、1∶3 000、1∶4 000 1∶6 000、1∶15 000、1∶30 000

比例应采用阿拉伯数字表示,当同一图纸内的各图样采用相同比例时,应将比例注写在标题栏内;各图比例不相同时,应在每个图样的下方标注图名和比例,比例一般标注在图名的右侧,字高比图名字高小一到二号。

项目小结

本项目讲述了图幅、图线、字体、尺寸标注、比例等国家标准,读者绘图时应严格遵守标准的有关规定，以保证图面质量。

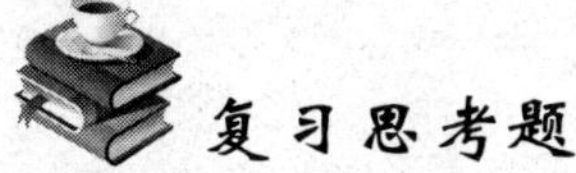

1. 图纸的幅面有几种？
2. 字体的规格有哪几种？
3. 尺寸四要素是指什么？

项目3 几何作图

项目描述

几何图形是工程图样的主要组成部分，因此必须掌握几何作图的基本方法和技巧，并在保证图形正确的基础上，提高作图效率和图面质量。本项目介绍常见平面几何图形的作图方法。

学习目标

1. 能力目标

能够利用制图工具等分线段、绘制正多边形，能够对复杂的平面图形进行分析，确定合理的绘制顺序，具备徒手绘制简单平面图形的能力。

2. 知识目标

了解线段等分方法及正多边形的画法，了解坡度概念及标注；掌握圆弧连接原理、平面图形的尺寸分析和线段分析方法、徒手作图的基本要领及作图方法。

3. 素质目标

培养学生认真、细致的工作习惯。

任务3.1 等分线段与等分两平行线间的距离

3.1.1 等分线段

将线段 AB 五等分的作图过程见表3.1。

表3.1 等分线段

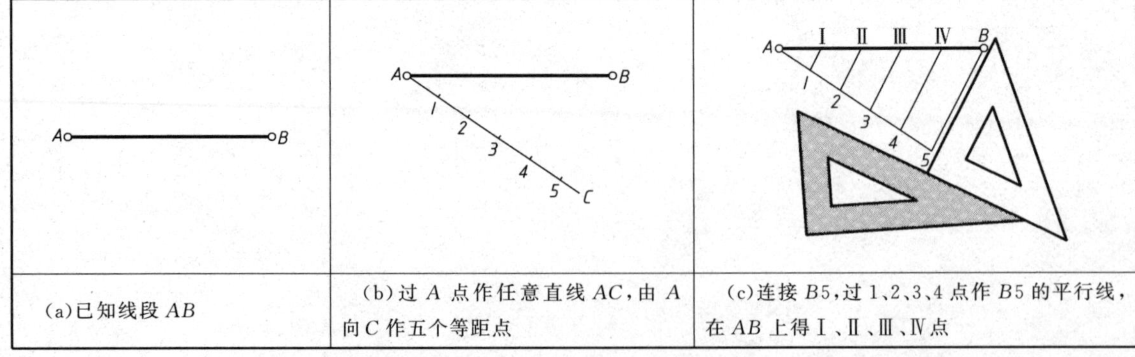

(a)已知线段 AB	(b)过 A 点作任意直线 AC，由 A 向 C 作五个等距点	(c)连接 $B5$，过1、2、3、4点作 $B5$ 的平行线，在 AB 上得Ⅰ、Ⅱ、Ⅲ、Ⅳ点

3.1.2 等分两平行线之间的距离

五等分 AB 至 CD 之间的距离见表3.2。

表 3.2 等分平行线间距离

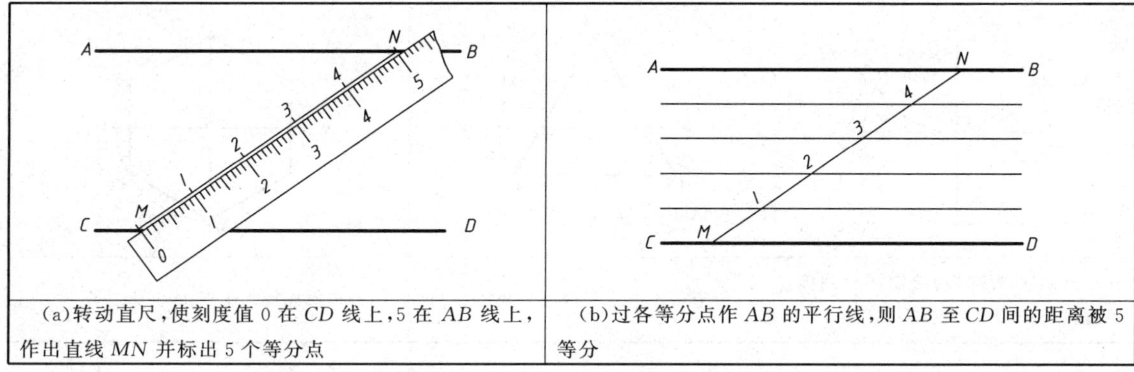

(a)转动直尺，使刻度值 0 在 CD 线上，5 在 AB 线上，作出直线 MN 并标出 5 个等分点	(b)过各等分点作 AB 的平行线，则 AB 至 CD 间的距离被 5 等分

任务 3.2 作正多边形

3.2.1 作正方形

已知边长，画正方形的方法见表 3.3。

表 3.3 已知边长画正方形

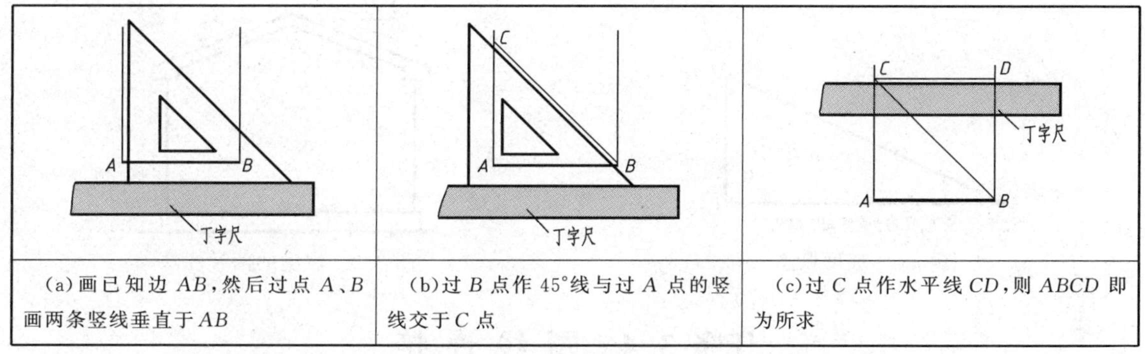

(a)画已知边 AB，然后过点 A、B 画两条竖线垂直于 AB	(b)过 B 点作 45°线与过 A 点的竖线交于 C 点	(c)过 C 点作水平线 CD，则 $ABCD$ 即为所求

3.2.2 等分圆周并作圆内接正多边形

(1)用三角板可以作 15°的倍数角，三角板和丁字尺配合可以作圆的内接正三、四、六、八、十二边形，其中正三、六边形的画法见表 3.4。

表 3.4 作圆内接正三、六边形(用丁字尺、三角板)

作正三角形	作正六边形(步骤一)	作正六边形(步骤二)
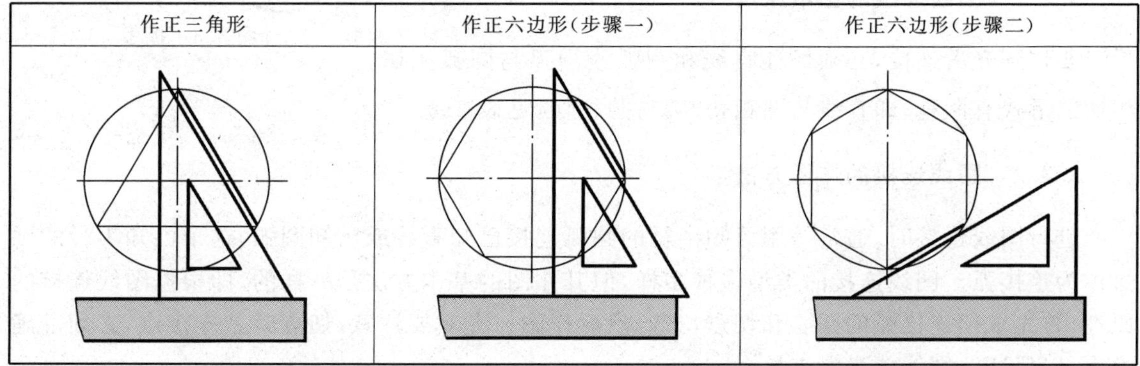		

(2)用圆规也可以等分圆周，绘制正三角形和正六边形，见表 3.5。

表 3.5　作圆内接正三、六边形(用圆规)

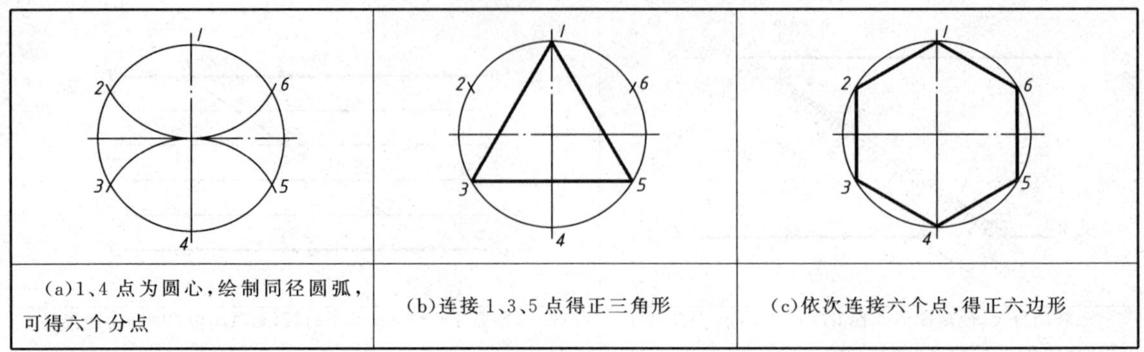

(a)1、4 点为圆心,绘制同径圆弧,可得六个分点	(b)连接 1、3、5 点得正三角形	(c)依次连接六个点,得正六边形

任务 3.3　坡　　度

坡度是指直线或平面相对于水平面的倾斜程度,坡度值的含义如图 3.1 所示。坡度的两种标注方法如图 3.2 所示,注意图中坡度数字下的箭头为单面箭头,并指向下坡方向。同一图样中的坡度注法应尽量统一。

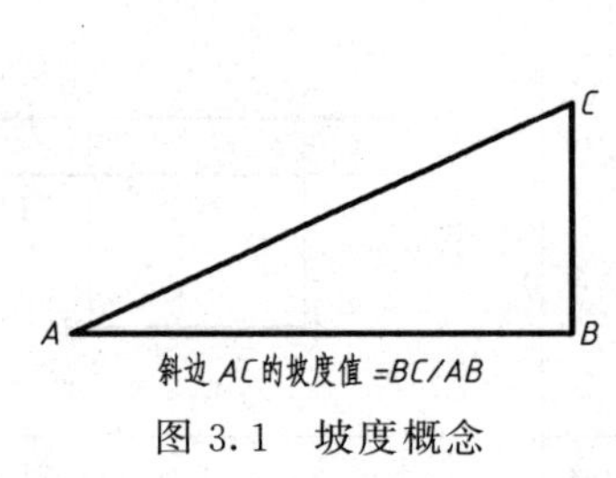

图 3.1　坡度概念

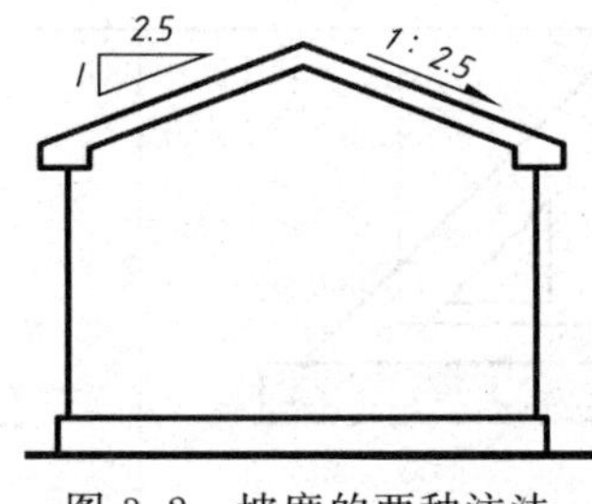

图 3.2　坡度的两种注法

任务 3.4　图 线 连 接

图 3.3 所示为扳手的轮廓图。可以看出,在画物体的轮廓形状时,经常需要用圆弧将直线或其他圆弧光滑圆顺地连接起来,或者用直线将圆弧连接起来,这种作图方法被称为图线连接。

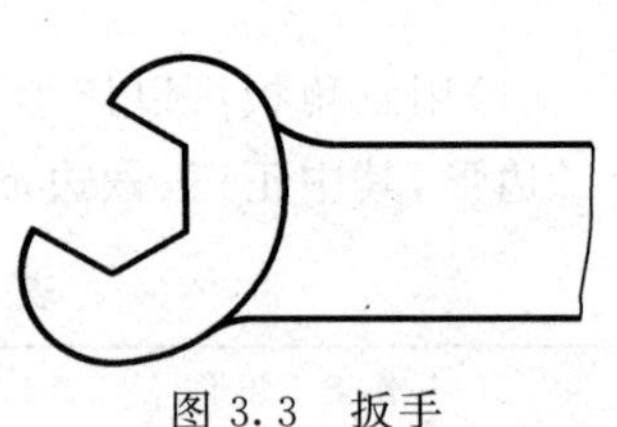

图 3.3　扳手

3.4.1　图线连接的基本原理

要作到光滑连接,必须保证直线和圆弧或圆弧与圆弧相切。相切的形式有两种,即直线与圆相切、圆与圆相切,见表 3.6。

3.4.2　图线连接的作图方法

进行图线连接时,通常是用已知半径的圆弧连接已知直线或已知圆弧,这个已知半径的圆弧称为连接弧。图线连接的类型多种多样,但其作图的基本方法是一样的,即根据图线连接的原理,首先求出连接弧的圆心和切点位置,然后作图。尤其要注意,切点就是连接点,必须准确求出,以保证两图线能光滑连接。

图线连接的画法示例见表 3.7。

表 3.6 图线连接的基本原理

直线与圆相切	圆与圆相切	
	外 切	内 切
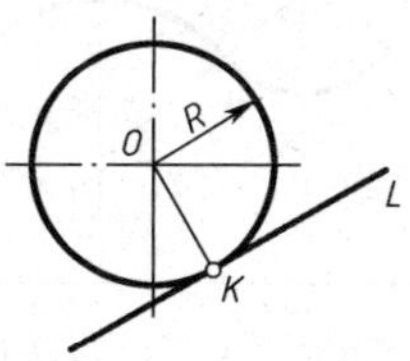	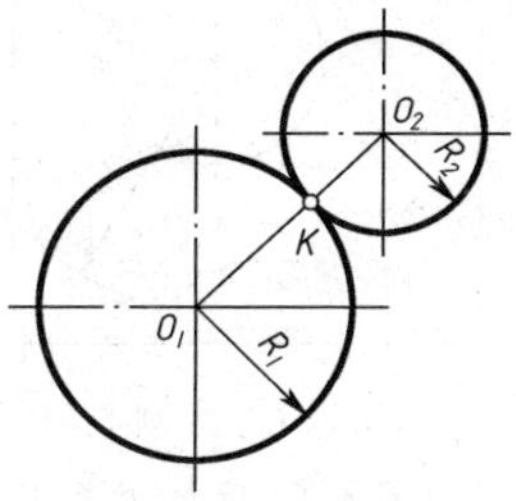	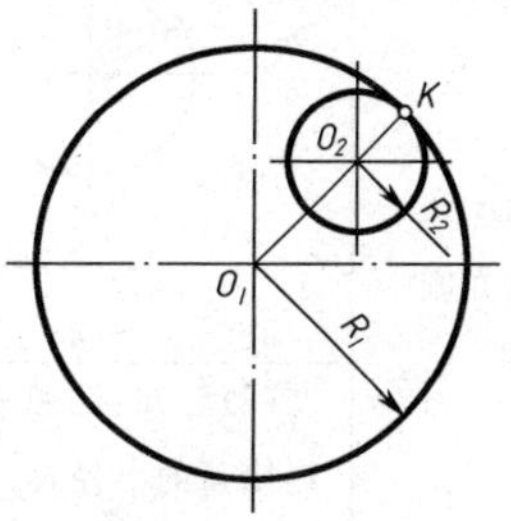
1. 圆心与直线的距离为 R 2. 切点 K 为过圆心向切线所作垂线的垂足	1. 圆心距为 R_1+R_2 2. 切点 K 在圆心连线上	1. 圆心距为 R_1-R_2 2. 切点 K 在圆心连线的延长线上

表 3.7 图线连接的画法示例

连接类型	已知条件和求作要求	作图方法	
作圆弧连接两垂直直线	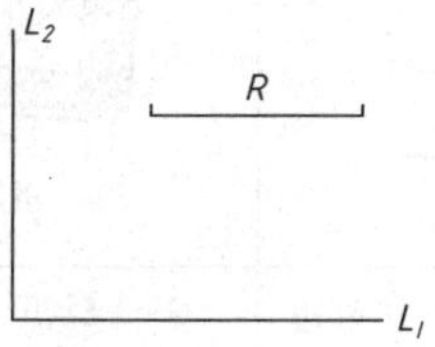	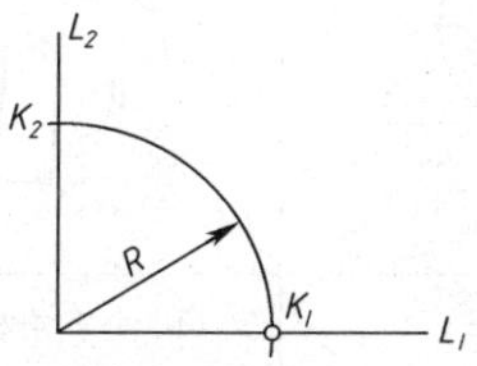	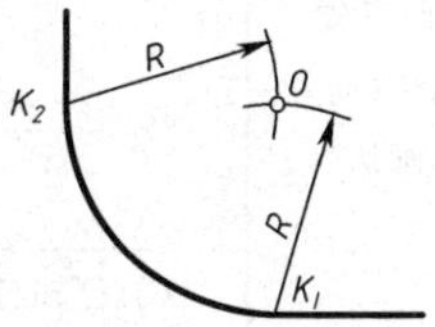
	(a)已知:垂直直线 L_1、L_2 及连接弧的半径 R。 求作:连接弧	(b)以 L_1、L_2 的交点为圆心,以 R 为半径画弧,得切点 K_1、K_2	(c)分别以 K_1、K_2 为圆心,以 R 为半径画弧,其交点 O 为连接弧的圆心,然后画弧连线并描深
作圆弧连接两斜交直线	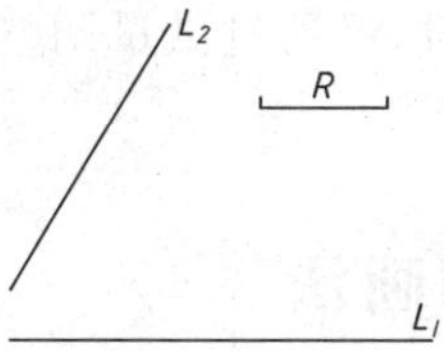	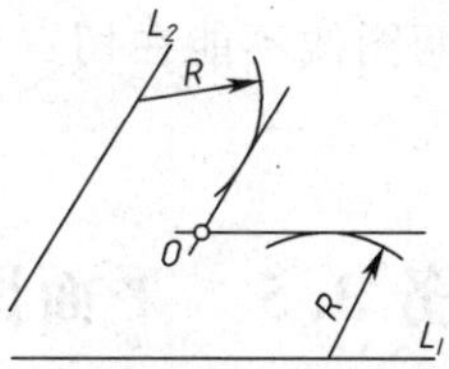	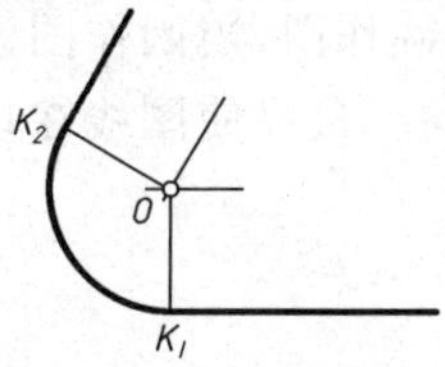
	(a)已知:直线 L_1、L_2 及连接弧半径 R。 求作:连接弧	(b)作分别与 L_1、L_2 平行且相距为 R 的直线,其交点 O 为连接弧圆心	(c)求切点 K_1、K_2,画连接弧并描深
作圆弧连接两已知圆弧	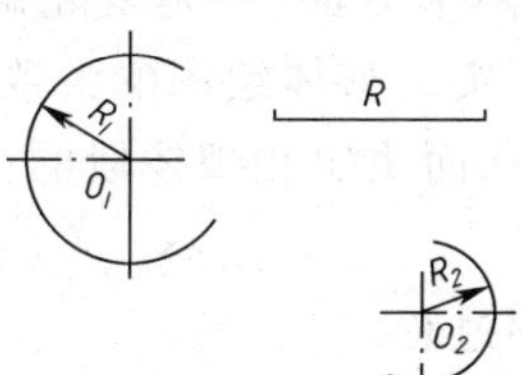	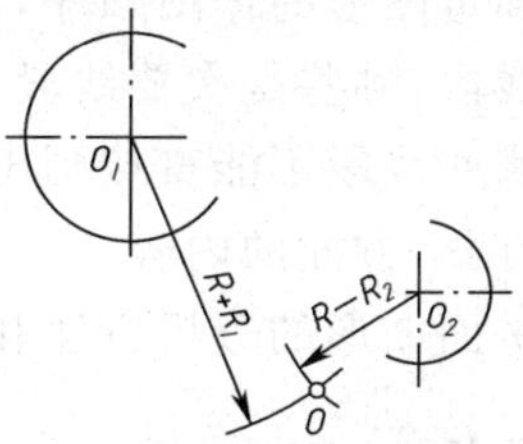	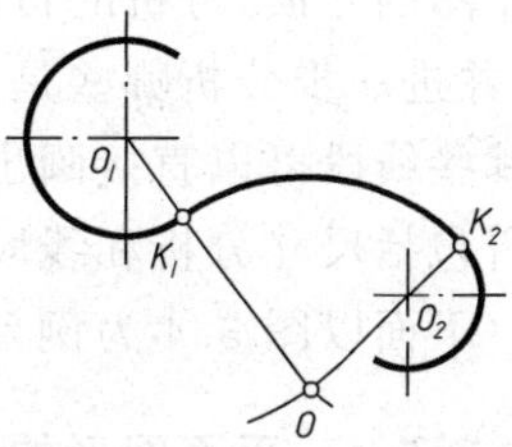
	(a)已知:圆弧 O_1、O_2 及连接弧的半径 R。 求作:连接弧与 O_1 外切,与 O_2 内切	(b)以 O_1 为圆心,$R+R_1$ 为半径画弧,以 O_2 为圆心,$R-R_2$ 为半径画弧,交点 O 为连接弧的圆心	(c)求切点 K_1、K_2,画连接弧并描深

续上表

连接类型	已知条件和求作要求	作图方法	
作圆弧连接已知圆弧	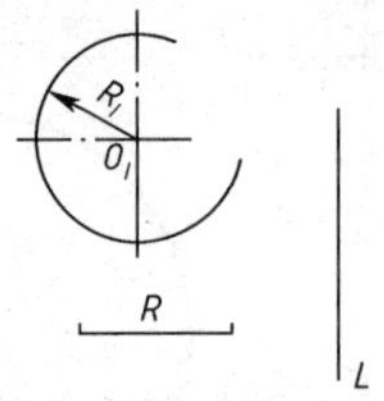	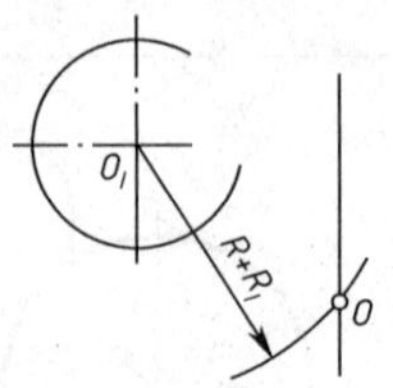	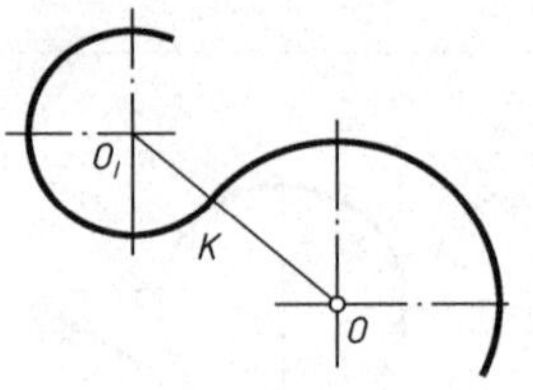
	(a)已知：圆弧 O_1、直线 L 及连接弧的半径 R。 求作：连接弧与圆弧 O_1 外切，并使其圆心在 L 上	(b)以 O_1 为圆心，$R+R_1$ 为半径画弧，与 L 交于 O 点，则 O 点为所求连接弧的圆心	(c)求切点 K。以 O 为圆心，R 为半径画弧，与圆弧 O_1 相切，连线并描深
作直线连接两已知圆弧（简便画法）	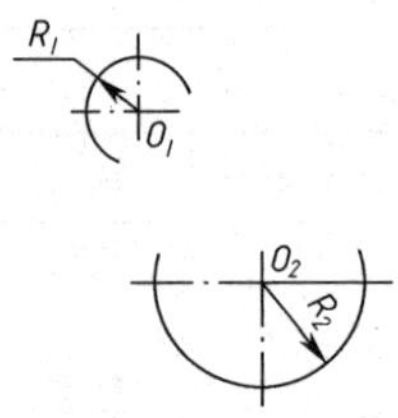	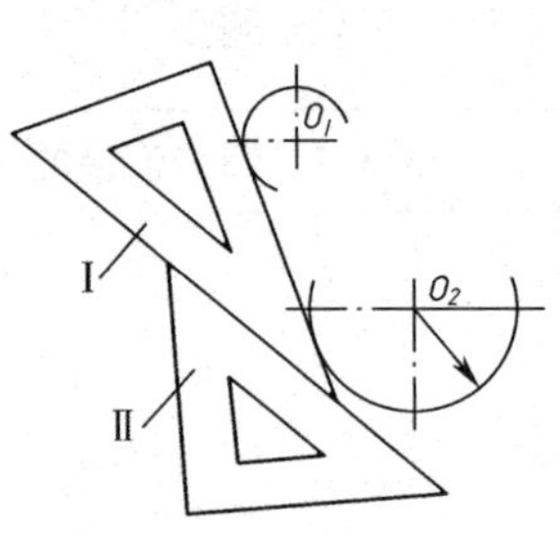	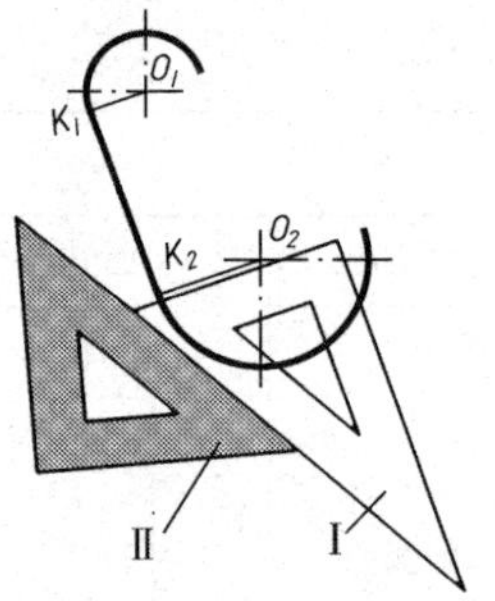
	(a)已知：圆弧 O_1、O_2。 求作：连接直线与 O_1、O_2 圆弧外切	(b)使三角板Ⅰ的一个直角边与两圆相切（目测），再使板Ⅱ紧贴板Ⅰ的斜边	(c)板Ⅱ不动，移动板Ⅰ，过 O_1、O_2 作切线的垂线，得二切点 K_1、K_2，连线并描深

为了使图线光滑连接，必须保证两线段在切点处相连，即切点是两线段的分界点。为此，应准确作图，当因作图误差致使两图线不能在切点处相连时，可通过微量调整圆心位置或连接弧半径，最终使图线在切点处相连。

任务 3.5 平面图形的画法

平面图形通常由多条直线段和曲线段连接而成，各线段由尺寸或一定的几何关系来定位，一个平面图形能否正确绘制出来，要看图中所给的尺寸是否完整和正确，绘图时要养成先分析后作图的习惯，分析的目的是确定图形的作图顺序，包括两个方面：一是要先确定图形的基准线，并进一步分析哪些是主要线段，哪些是次要线段，从而决定整体绘图的大致顺序；二是要搞清哪些线段可以直接画出来，哪些线段不能直接画出来，从而决定相邻线段的作图顺序。图形分析包括尺寸分析和线段分析两个方面的内容。

下面以图 3.4 为例，说明平面图形的分析方法和作图过程。

3.5.1 平面图形的尺寸分析

平面图形中的尺寸分为两大类：

(1)定形尺寸——确定平面图形各组成部分大小的尺寸。圆的直径、圆弧半径、线段长度及角度等都属于定形尺寸。例如图 3.4 中的 $\phi 30$、$R16$、$R14$ 及 52、6 等尺寸。

(2)定位尺寸——确定平面图形各组成部分相对位置的尺寸。如图 3.4 中的 36、100、76 等尺寸。尺寸 80 既是定形尺寸(图形下部总长度),又是定位尺寸(确定 $R14$ 的圆弧位置)。

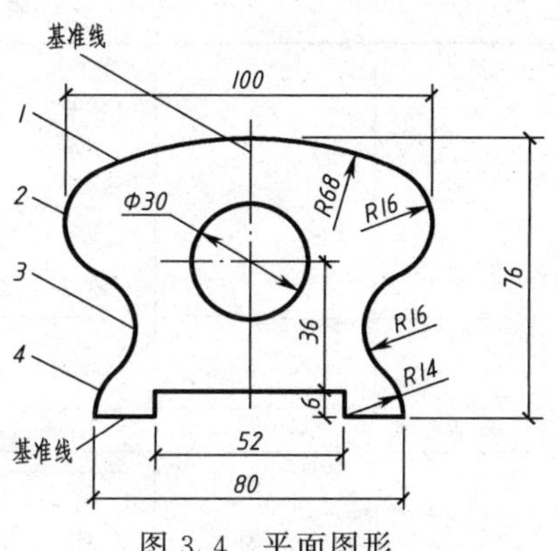

图 3.4 平面图形

在平面图形中,应确定水平和垂直两个方向的基准线,它们既是定位尺寸的起点,又是最先绘制的线段。通常选图形的重要端线、对称线、中心线等作为基准线,如图 3.4 所示。

尺寸分析是线段分析的基础。

3.5.2 平面图形的线段分析

平面图形中的线段,根据所给定的尺寸可分为三种:

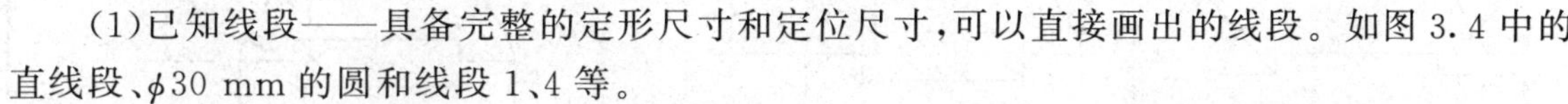

(1)已知线段——具备完整的定形尺寸和定位尺寸,可以直接画出的线段。如图 3.4 中的直线段、$\phi 30$ mm 的圆和线段 1、4 等。

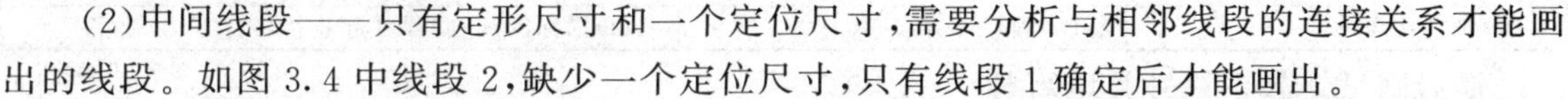

(2)中间线段——只有定形尺寸和一个定位尺寸,需要分析与相邻线段的连接关系才能画出的线段。如图 3.4 中线段 2,缺少一个定位尺寸,只有线段 1 确定后才能画出。

(3)连接线段——只有定形尺寸没有定位尺寸,需要分析其前后两端与相邻线段的连接关系,才能画出的线段。如图 3.4 中线段 3,必须先画出线段 2 和 4,才能画出线段 3。

作图时,总是先画已知线段,再画中间线段,最后画连接线段。其中,中间线段和连接线段按本章第四节中介绍的图线连接方法绘制。

应当说明,通常平面图形的大部分线段属于已知线段,对这些线段仍应进行分析,确定合理的作图顺序,以利提高作图效率和图面质量。

3.5.3 平面图形的绘图步骤

下面以图 3.4 为例,介绍绘制平面图形的一般步骤。

1. 图形分析

通过尺寸分析和线段分析,确定作图的基准线和绘图顺序。

2. 绘制底稿

(1)根据图形的大小和复杂程度,确定图幅和比例,画出图框和标题栏。

(2)布图。要周密考虑图样在图纸上的位置(要留出尺寸和有关文字说明的位置),作到布图匀称,画出基准线后即完成布图,见表 3.8(a)。

(3)按照作图顺序画出图形,见表 3.8(b)、(c)、(d)。

(4)画出尺寸界线和尺寸线,见表 3.8(e)。尺寸起止符号和数字在描深阶段一次完成。

(5)检查图样,修改错误。

3. 描深图样[表 3.8(f)]

(1)描深顺序

根据需要,将图样描深,描深顺序是:

①先曲线后直线,先粗线后细线,先实线后虚线,最后画点画线。

②先上方后下方,先左方后右方,先水平后垂直。

同类线成批画,同方向线集中画。

表 3.8 平面图形的绘制步骤

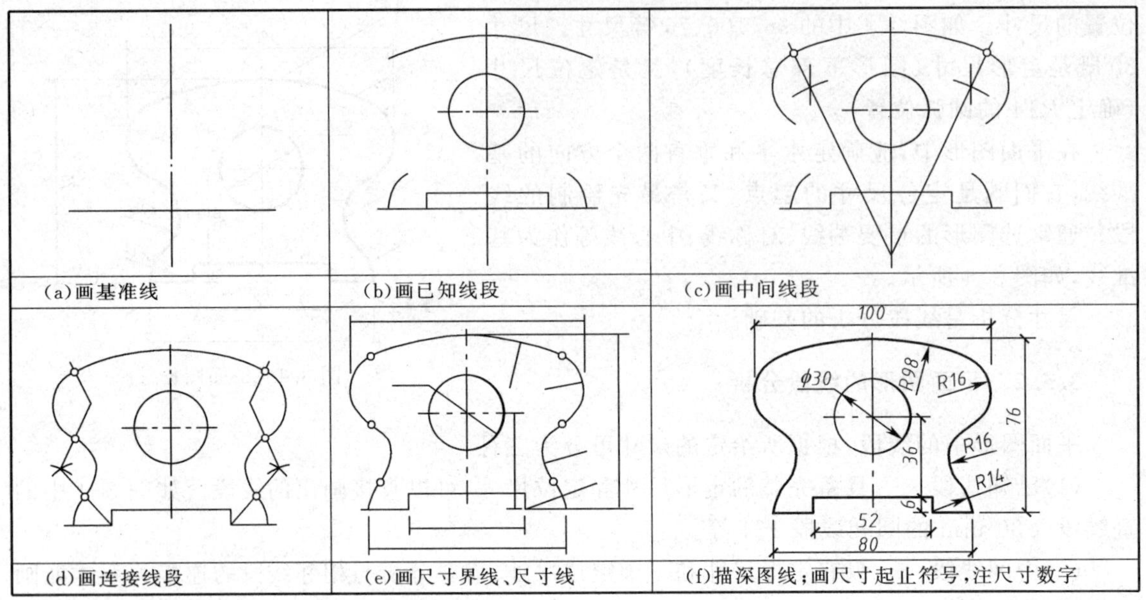

(a)画基准线	(b)画已知线段	(c)画中间线段
(d)画连接线段	(e)画尺寸界线、尺寸线	(f)描深图线;画尺寸起止符号,注尺寸数字

最后画尺寸起止符号并填写数字、文字。

(2)描深注意事项

铅笔描深前,应将多余的底稿线擦净,描深时要注意保持同类线形的宽度一致,粗实线的中心位置应与底稿线重合,如图 3.5 所示。

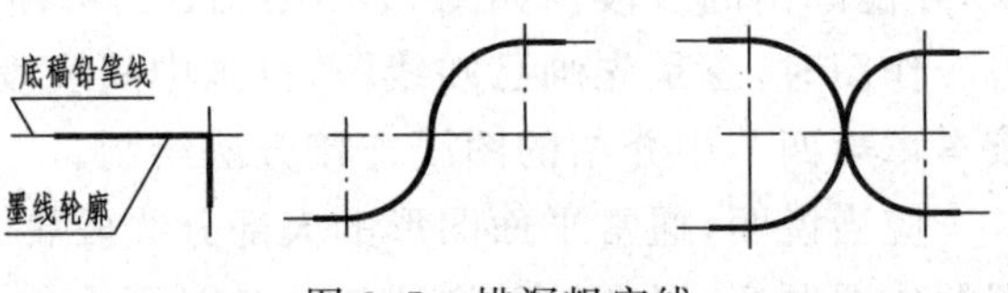

图 3.5 描深粗实线

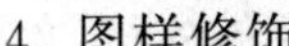

4. 图样修饰

用橡皮擦掉错线,并擦干净图纸。

3.5.4 平面图形的尺寸标注

1. 平面图形的尺寸标注要求

(1)正确——尺寸标注符合制图标准的规定。

(2)完整——尺寸必须齐全,不能遗漏。同时在尺寸数量上应力求简洁。

(3)清晰——尺寸要注在图形的最明显处,且布置整齐,便于看图。

2. 标注尺寸的步骤

(1)确定尺寸基准。

(2)标注定形尺寸。

(3)标注定位尺寸。

3. 平面图形的一些尺寸注法和注意事项

尺寸注法和注意事项如表 3.9 所示。

表 3.9 平面图形的尺寸标注示例

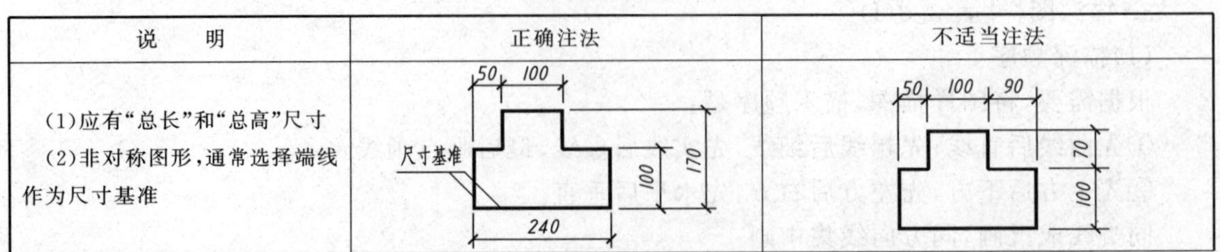

说　　明	正确注法	不适当注法
(1)应有"总长"和"总高"尺寸 (2)非对称图形,通常选择端线作为尺寸基准		

续上表

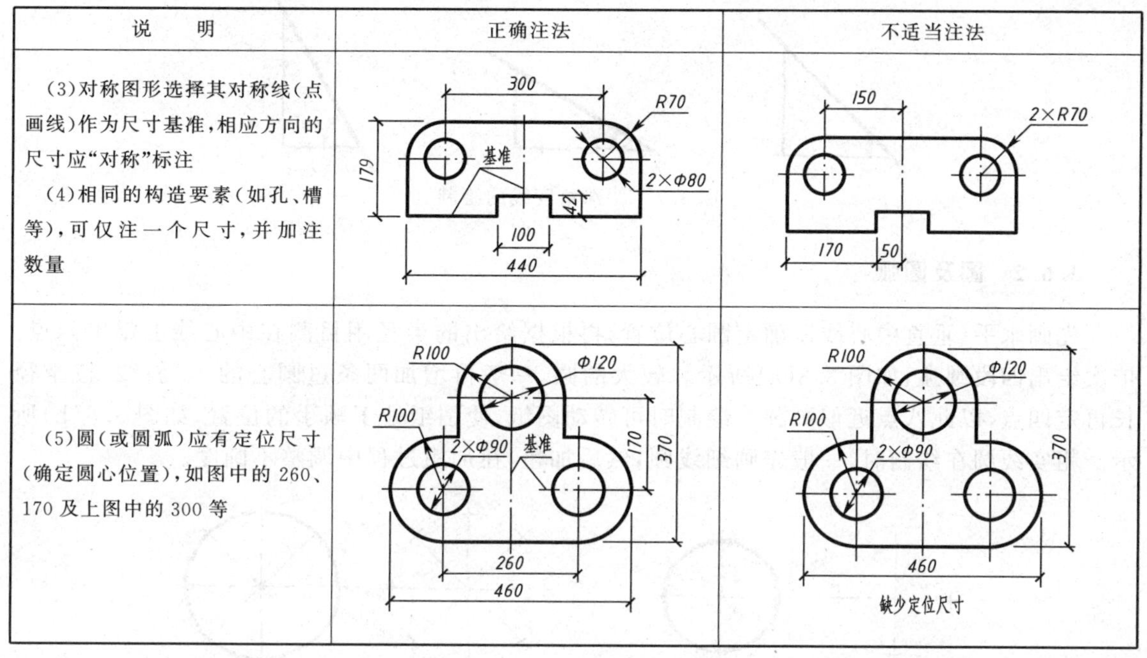

说　明	正确注法	不适当注法
(3)对称图形选择其对称线(点画线)作为尺寸基准,相应方向的尺寸应"对称"标注 (4)相同的构造要素(如孔、槽等),可仅注一个尺寸,并加注数量	300　R70　179　基准　2×Φ80　42　100　440	150　2×R70　170　50
(5)圆(或圆弧)应有定位尺寸(确定圆心位置),如图中的 260、170 及上图中的 300 等	R100　Φ120　R100　2×Φ90　基准　170　370　260　460	R100　Φ120　R100　2×Φ90　370　460 缺少定位尺寸

任务 3.6　徒 手 绘 图

在实物测绘、工程设计和技术交流过程中,经常需要徒手快速作图,目测比例徒手绘制的工程图样被称为草图,徒手绘图是工程技术人员一项不可缺少的基本功。

徒手绘图时,图纸不必固定,可根据需要转动或移动。绘图铅笔一般选择 HB 或 B 型,铅芯磨成锥形,握笔姿势要轻松,画线也不必过于用力,线条要舒展,图形各部分的比例要协调。初学者一般采用方格纸来绘制,图形大小可按方格的格数来控制。

3.6.1　直　　线

徒手画直线时,先标出直线两端点,手腕、小手指轻压纸面,眼睛随时看着所画线的终点,目测图线的走向和长短,慢慢移动手腕和手臂。注意握笔一定要自然放松。较长线段可分段画出。画斜线时可将图纸转平当成水平线或垂直线去画,如图 3.6 所示。

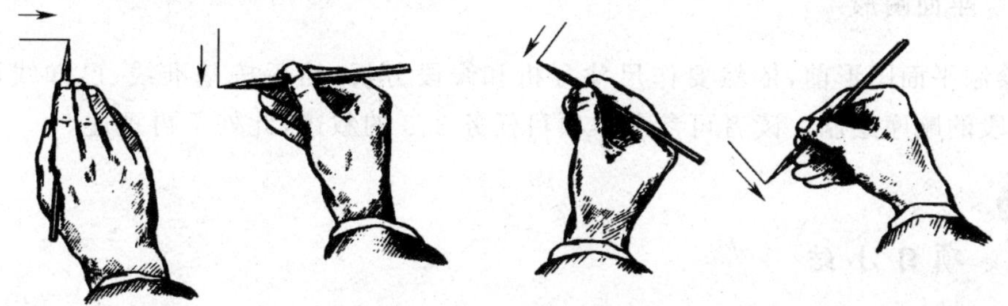

图 3.6　直线的绘制

画 45°、30°、60°斜线时,可以先画两条直角边,然后按对边和底边的比例关系定点再连线,如图 3.7 所示。

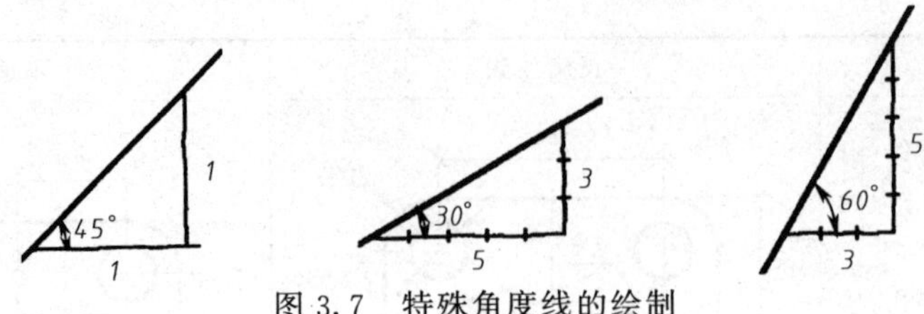

图 3.7　特殊角度线的绘制

3.6.2　圆及圆弧

先画水平、垂直中心线以确定圆心位置，再根据给出的半径用目测在中心线上定出四点，依次绘出四段圆弧，如图 3.8(a)所示。较大的圆，一般再增加两条过圆心的 45°斜线，按半径长再定四点，以此八点近似画圆。绘制时可转动图纸，使图纸处于顺手的位置，如图 3.8(b)所示。粗实线圆在绘制时，一般先画细线圆，然后加粗，在加粗过程中调整不圆度。

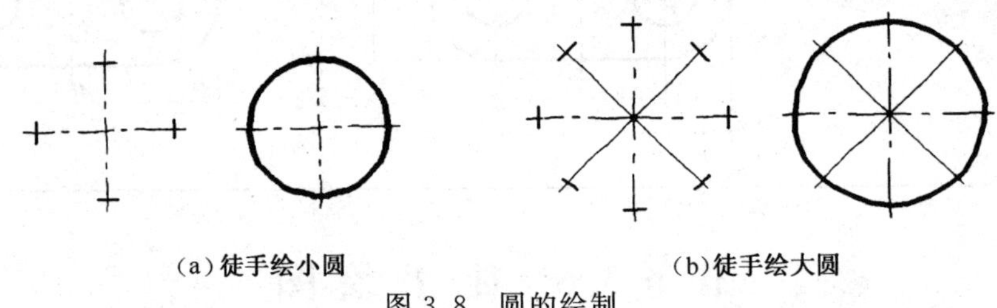
(a) 徒手绘小圆　　(b) 徒手绘大圆

图 3.8　圆的绘制

3.6.3　椭　　圆

先画出椭圆的长短轴线，目测定出椭圆的端点，然后画出其外切矩形，将矩形的对角线六等分，过长短轴端点及对角线等分点徒手绘制圆弧，如图 3.9 所示。

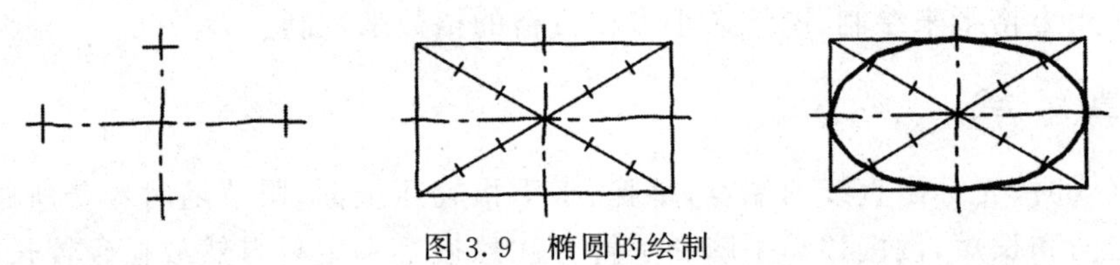
图 3.9　椭圆的绘制

3.6.4　平面图形

徒手绘制平面图形前，依然要作尺寸分析和线段分析，然后按基准线、已知线段、中间线段、连接线段的顺序绘制。读者可参考本项目任务 3.5 的叙述，此处不再重述。

项目小结

本项目叙述了常见几何图形的作图方法。正确绘制各种几何图形，是学习工程制图课的基本技能之一。图线连接的类型多种多样，但其作图的基本方法是一样的，即根据图线连接的原理，首先求出连接弧的圆心和切点位置，然后作图。

平面图形通常由多条直线段和曲线段连接而成，各线段由尺寸或一定的几何关系来定位，一个平面图形能否正确绘制出来，要看图中所给的尺寸是否完整和正确，绘图时要养成先分析后作图的习惯。

在实物测绘、工程设计和技术交流过程中，经常需要徒手快速作图，徒手绘图是工程技术人员一项不可缺少的基本功。

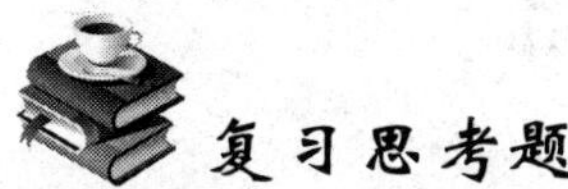

复习思考题

1. 如何六等分圆？
2. 试用四分法画出一个椭圆。

项目4 投 影 基 础

项目描述

工程图样是应用投影原理和方法绘制的。本项目讲述投影原理、投影性质及三面投影图的形成、规律及画法，研究点、线、面的投影特征，为学习识读、绘制形体投影图打下基础。

学习目标

1. 能力目标

初步掌握形体三面投影图的画法，能分析点、线、面的投影特点。

2. 知识目标

掌握投影的基本理论及形体三面投影图的形成，投影规律，了解点、线、面的投影特征。

3. 素质目标

初步树立由空间→平面（三维→二维）的思维方式，培养归纳、总结的思维能力。

任务4.1 正 投 影 法

4.1.1 投影法的基本概念和分类

1. 基本概念

在日常生活中，我们经常可以看到物体在灯光或阳光照射下出现影子，如图4.1(a)、(b)所示，这就是投影现象。

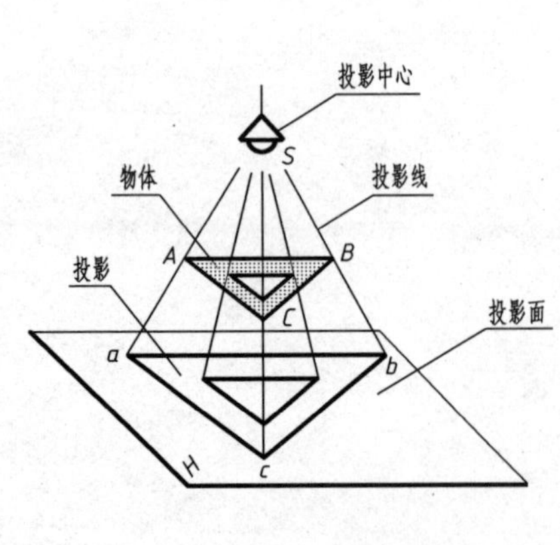

(a) 灯光下三角板的影子

(b) 阳光下窗口的影子

图4.1 日常生活中的影子

影子在一定条件下能反映物体的外形和大小，使人们联想到用投影图来表达物体，但随着光线和物体相互关系的改变，影子的大小和形状也有变化，且影子往往是灰暗一片的。而生产上所用的图样要求能准确明晰的表达出物体各部分的真实形状和大小，为此，人们对投影现象进行了科学总结，逐步形成了投影方法。

如图4.1(a)所示，光源S称投影中心，△ABC称空间形体，SA、SB、SC称投影线（可穿透形体），地面或墙面称投影面，各投影线与投影面的交点a、b、c，称为△ABC各角点的投影，△abc称为△ABC的投影。

在平面（纸）上绘出形体的投影，以表示其形状和大小的方法称为投影法。

2. 投影法的分类

投影法一般可分为中心投影法和平行投影法两类。

(1)中心投影法

如图4.1(a)所示，投影线自一点引出，对形体进行投影的方法，称中心投影法。用中心投影法得到的投影，其形状和大小是随着投影中心、形体、投影面三者相对位置的改变而变化的，一般多用于绘制建筑透视图，如图4.2所示。

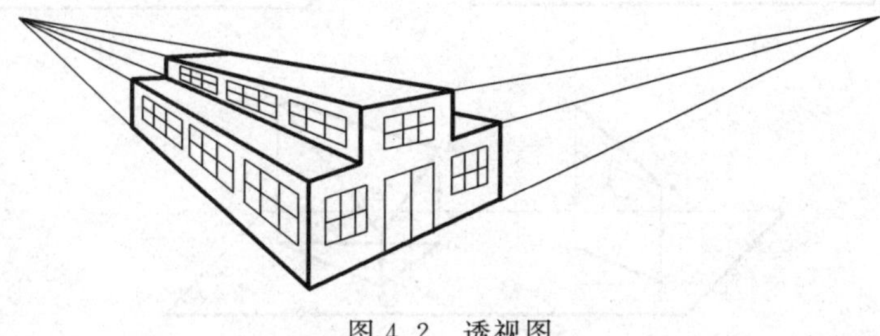

图4.2　透视图

(2)平行投影法

如图4.3所示，投影线相互平行对形体进行投影的方法，称平行投影法。

平行投影法按投影线与投影面的交角不同，又分为：

①斜投影法。投影线倾斜于投影面的投影法，如图4.3(a)所示。

②正投影法。投影线垂直于投影面的投影法，如图4.3(b)所示。

利用正投影法绘制的图样称正投影图，简称正投影。

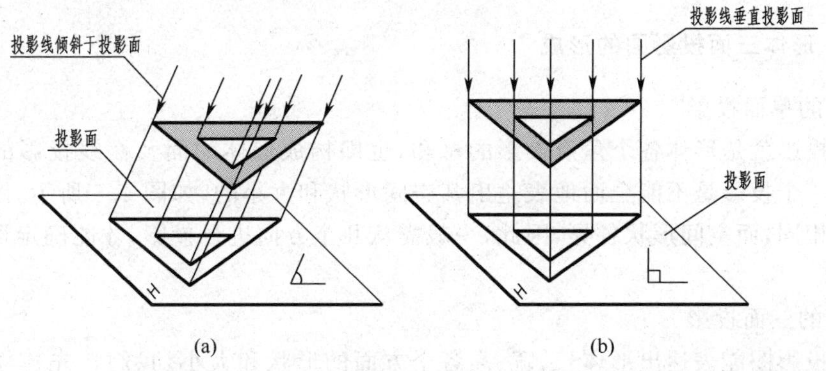

图4.3 平行投影法

当形体的主要面平行于投影面时，其正投影图能真实地表达出形体上该面的形状和大小，因而正投影图便于度量尺寸和画图，是工程上常采用的一种图示方法。本书所述的投影，如无特殊说明，均为正投影。

4.1.2 正投影的基本性质

(1)显实性。平行于投影面的直线段或平面图形，其投影能反映实长或实形，又称全等性，如图 4.4(a)所示。

(2)积聚性。垂直于投影面的直线段或平面图形，其投影积聚为一点或一条直线，属于直线上的点或面上的点、线或图形等，其投影分别积聚在直线或平面的投影上，如图 4.4(b)所示。

(3)类似性。倾斜于投影面的直线段或平面图形，其投影短于实长或小于实形(但与空间图形类似)，如图 4.4(c)所示。

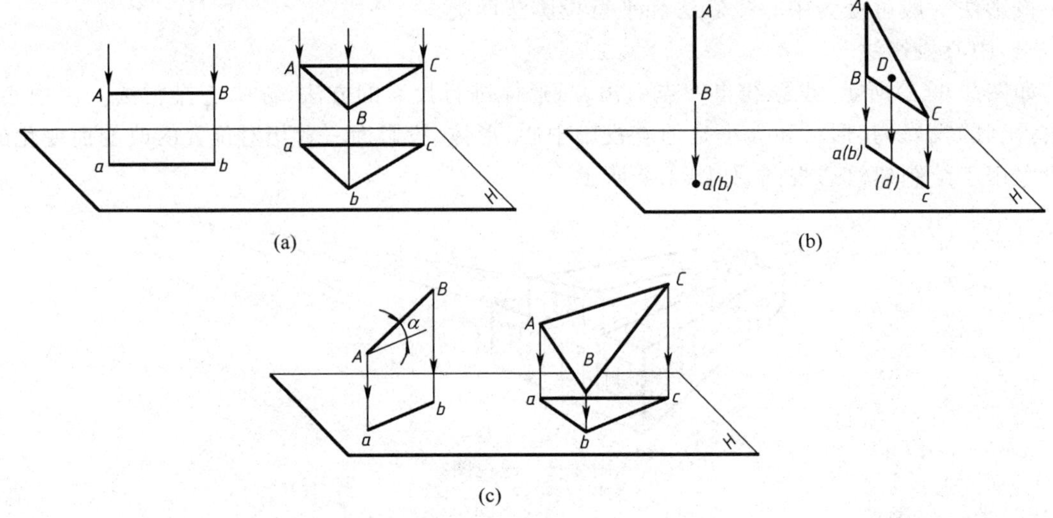

图 4.4 正投影的基本性质

任务 4.2 形体的三面投影图

任何形体都有长、宽、高三个尺寸，怎样才能在图纸上表达出空间形体，这是绘图中首先需要解决的问题。为了叙述方便，将形体左右间的距离定为长，前后距离定为宽，上下距离定为高。

4.2.1 形体三面投影图的形成

1. 形体的单面投影

形体的投影就是形体各个角点投影的总和，也即构成形体的面及棱线投影的总和。但只画出形体的一个投影是不能全面地表达出其空间形状和大小的，如图 4.5 所示，图中几个形体的单面投影相同，而空间形状各异，因此，一般需从几个方向进行投影，才能确定形体唯一的形状和大小。

2. 形体的三面投影

为了使投影图能表达出形体长、宽、高各个方面的形状和大小，我们首先建立一个由三个相互垂直的平面组成的三投影面体系，如图 4.6 所示，在此体系中呈水平位置的称水平投影面(简称水平面或 H 面)；呈正立位置的称正立投影面(简称正面或 V 面)；呈侧立位置的称侧立投影面(简称侧面或 W 面)。三个投影面的交线 OX、OY、OZ 称投影轴，它们相互垂直并分别表示长、宽、高三个方向。三个投影轴交于一点 O，称为原点。然后把形体放在该体系中，并使形体的主要面分别与三个投影面平行，由前向后投影得到正面投影（V 面投影），由上向下投影得到水平投影（H 面投影），由左向右投影得到侧面投影（W 面投影）。

为了把处在空间位置的三个投影图画在同一张纸上，需将三个投影面展开。展开时使 V 面保持不动，H 面和 W 面沿 Y 轴分开，分别绕 OX 轴向下、绕 OZ 轴向右各转 90°，使三个投影摊开在一个平面上。展开后 OY 轴分为两处，在 H 面上的标以 OY_H；在 W 面上的标以 OY_W，如图 4.7 所示。

由于投影图与投影面的大小无关，展开后的三面投影图一般不画出投影面的边框。其位置关系为：水平投影位于正面投影的正下方；侧面投影位于正面投影的正右方，如图 4.8 所示。在工程图上称 V 面投影为**正立面图**；H 面投影为**平面图**；W 面投影为**左侧立面图**。应注意，三面投影图与投影轴的距离，只反映形体与投影面的距离，与形体的形状和大小无关，故工程图样中不必画出投影轴。

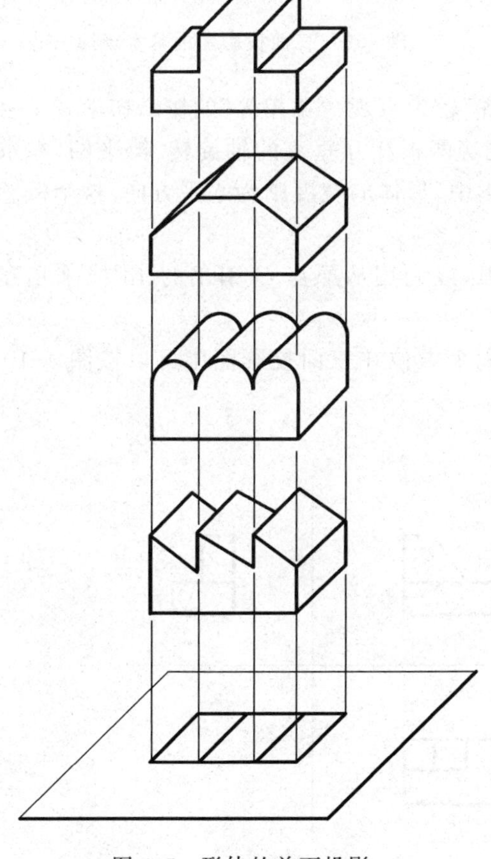

图 4.5 形体的单面投影

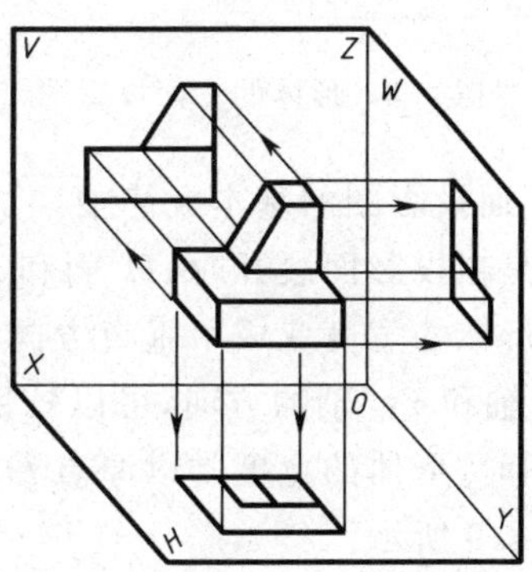

图 4.6 形体的三面投影

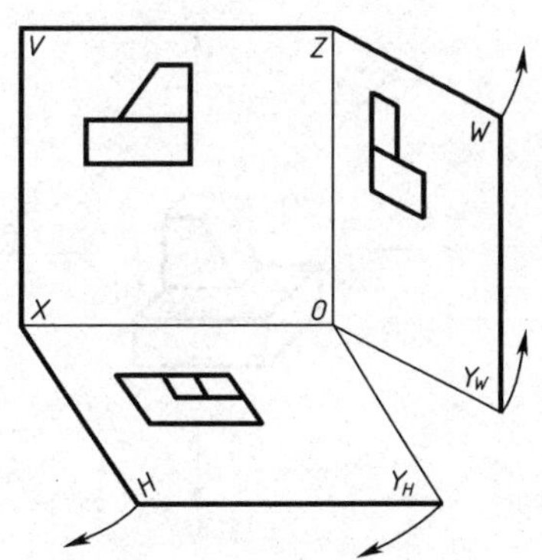

图 4.7 三个投影面的展开

4.2.2 三面投影图的规律

分析三面投影图的形成过程，如图 4.7 和图 4.8 所示，可以总结出三面投影图的基本规律，如图 4.9 所示。

由于正面投影、水平投影都反映了形体的长度，且 H 面又是绕 OX 轴向下旋转摊平的，所以形体上所有线（面）的正面投影和水平投影都应当左右对正；同理，由于正面投影、侧面投影都反映了形体的高度，形体上所有线（面）的正面投影和侧面投影都应当上下对齐；水平投影、侧面投影都反映了形体的宽度，形体上所有线（面）的水平投影和侧面投影的宽度应分别相等。上述三面投影的基本规律可以概括为三句话：**“长对正、高平齐、宽相等”（简称“三等”关系）**。

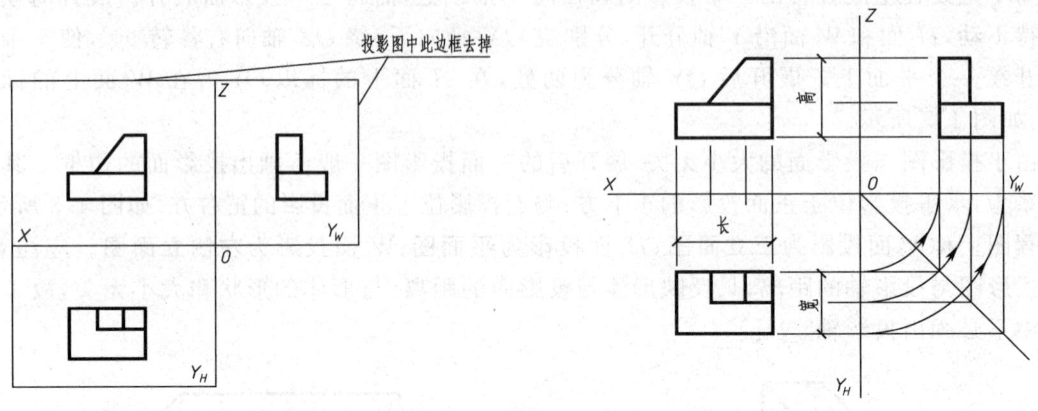

图 4.8　形体的三面投影图　　　　图 4.9　三面投影图的基本规律

在三面投影图的基本规律中，“长对正”“高平齐”较为直观，“宽相等”的概念初学者不易建立，原因是在投影面展开时，H 面和 W 面是分别绕着两根相互垂直的轴旋转、摊平的，在水平投影中，形体的宽度变成了垂直方向，而在侧面投影中，形体的宽度则为水平方向，这个概念如联系 Y_H 轴和 Y_W 轴的方向，可以较快地建立起来。

作图时，形体的宽度常以原点 O 为圆心画圆弧，或利用从原点 O 引出的 45°线来相互转移，如图 4.9 所示。

空间形体有上、下、左、右、前、后六个方位，这六个方位在三面投影图中可以按图 4.10 所示的方向确定。

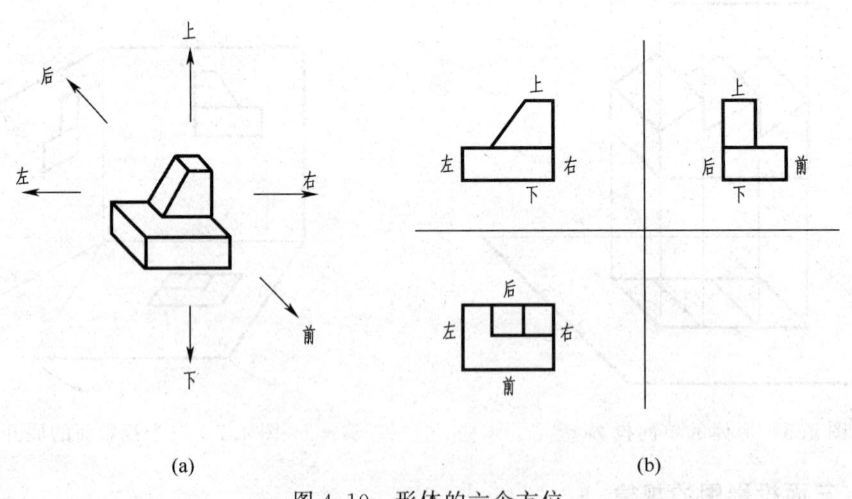

图 4.10　形体的六个方位

形体的上、下、左、右方位明显易懂，而前、后方位则不直观，分析其水平投影和侧面投影可以看出，**“远离正面投影的一侧是形体的前面”**。

掌握三面投影图中空间形体的方位关系和“三等”关系，对绘制和识读投影图是极为重要的。值得注意的是：在工程图样中，虽然互相垂直的两根轴线可以不画，但上述“三等”关系是必须要保持的。

4.2.3　三面投影图的画法和尺寸标注

工程制图主要是研究如何运用投影来表达空间形体的。画形体的三面投影图，就是运用上述投影原理、投影特性及三面投影的基本规律，对形体进行分析，由理论到实践的过程。

【例 4.1】　根据图 4.11 所示形体的直观图，画其三面投影图，并标注尺寸。

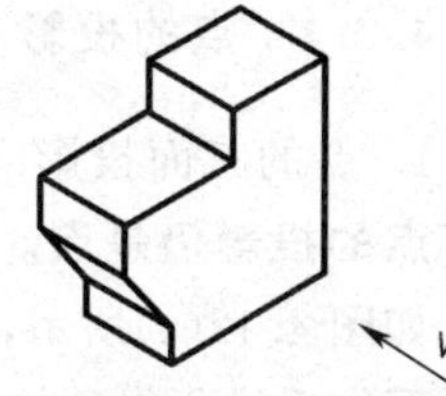

图 4.11　形体直观图

分析：作投影图时，应使正面投影较明显的反映形体的外形特征，故将形体具有特征的一面平行 V 面，并照顾其他投影图的虚线尽量少。图 4.11 中箭头所示为正面投影的方向，此时反映形体特征的前、后面平行 V 面，正面投影反映实形，形体的其他表面垂直 V 面，其正面投影均积聚在前、后面投影的轮廓线上，同理，可分析 H 面、W 面的投影。

作图：一般先从反映实形的投影作起，再依据三面投影规律画出其他投影。作图方法、步骤如表 4.1 所示。

尺寸标注：在投影图中，需注出形体的长、宽、高三个方向的大小及有关部分的位置尺寸。在正面投影中可标注形体的长度和高度，在水平投影中可标注长度和宽度，在侧面投影中可标注其高度和宽度，但同一尺寸不必重复，且尺寸最好标注在反映实形和位置关系明显的投影图上。如表 4.1(d)所示，因正面投影反映形体特征，其长、高尺寸大都注在该投影中；为方便读图，一般其长度尺寸注在正面投影、水平投影之间，高度尺寸则注在正面投影、侧面投影之间，而且尺寸尽量标注在图形之外。实际上每个投影图均为一个平面图形，可参照本书“制图基本知识”中“平面图形”尺寸注法的有关规则进行标注。

表 4.1　画三面投影图的方法、步骤

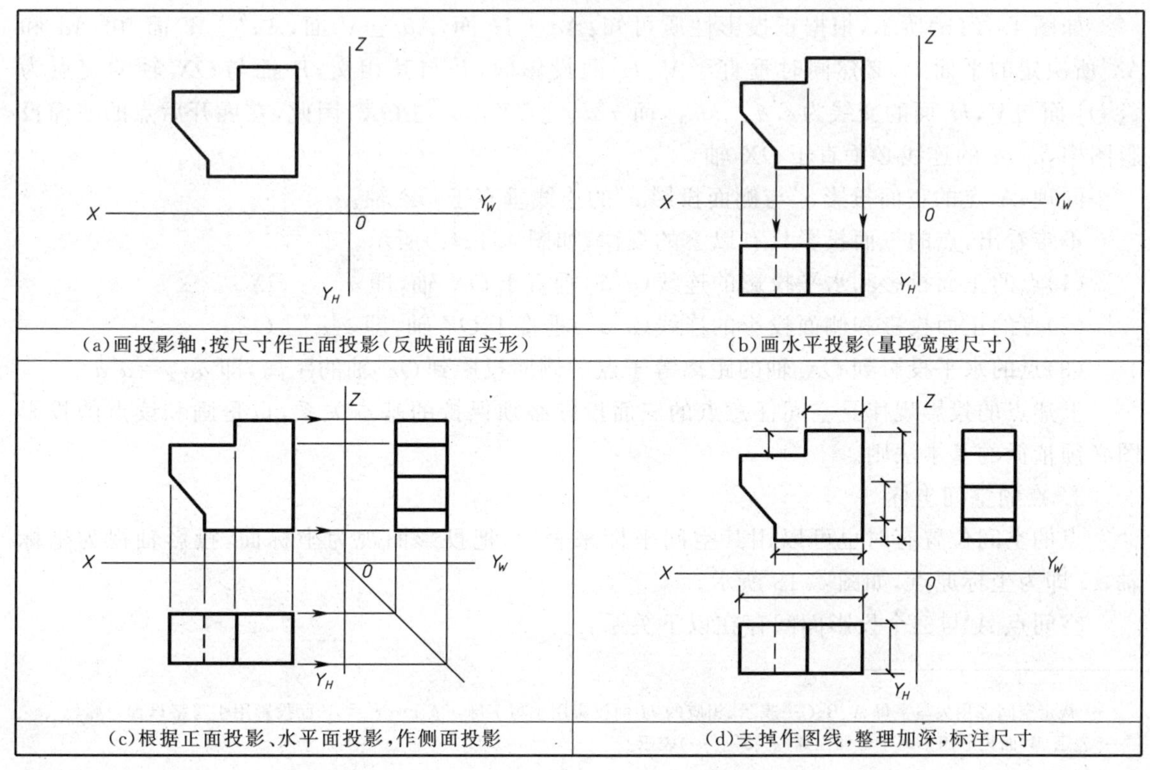

(a)画投影轴，按尺寸作正面投影(反映前面实形)

(b)画水平投影(量取宽度尺寸)

(c)根据正面投影、水平面投影，作侧面投影

(d)去掉作图线，整理加深，标注尺寸

任务 4.3　点、直线、平面的投影

点、直线、平面是组成形体的基本几何元素，本节即研究它们的投影特性和投影规律，为提高投影分析能力和空间想像能力及为读图和画图打下必要的理论基础。

4.3.1　点的投影

1. 点的三面投影

点的投影仍是点。这是点的投影特性。

如图 4.12(a)所示，A 点是长方体的一个角点，A 点的三面投影，即由空间 A 点分别向三个投影面作垂线所得到的垂足，如图 4.12(b)所示，a 称为 A 点的水平投影，a'称为 A 点的正面投影，a''称为 A 点的侧面投影*。把三个投影面展开即得 A 点的三面投影图，如图 4.12(c)所示。

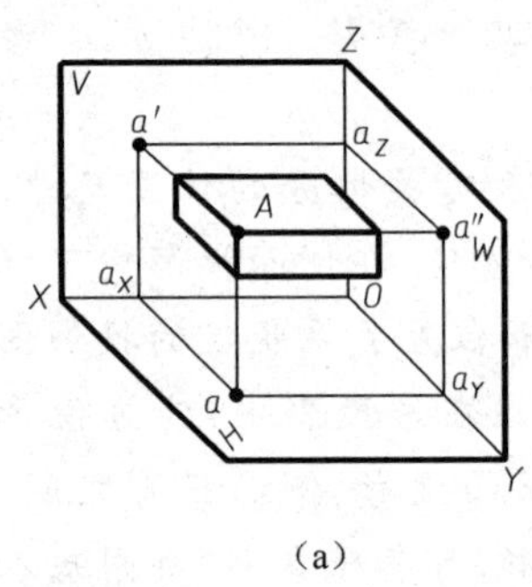

(a)

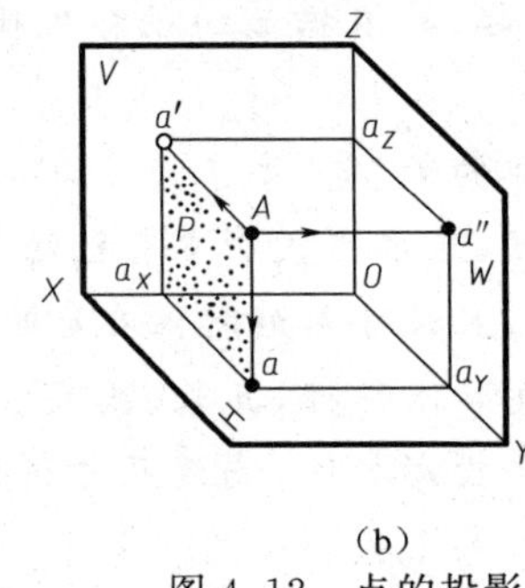

(b)

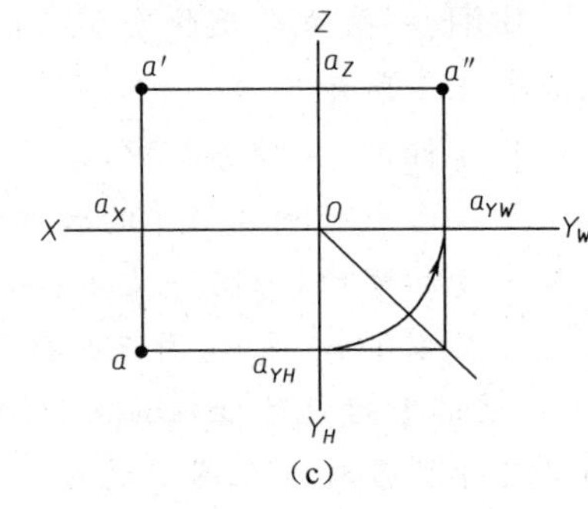

(c)

图 4.12　点的投影

2. 点的三面投影规律

如图 4.12(b)所示，根据正投影性质可知：$Aa \perp H$ 面，$Aa' \perp V$ 面，$Aa'' \perp W$ 面，由 Aa 和 Aa'所决定的平面 P，必然同时垂直于 V、H 两投影面，并与其相交，P 面与 OX 轴的交点为 a_X，P 面与 V、H 面的交线为 $a'a_X$、aa_X，而 $a'a_X \perp OX$，$aa_X \perp OX$，因此，在展开后点的三面投影图中，a'、a 的连线必垂直于 OX 轴。

同理，A 点的正面投影 a'与侧面投影 a''的连线垂直于 OZ 轴。

不难看出，点的三面投影具有以下的规律，如图 4.12(c)所示。

(1)点的正面投影和水平投影的连线($a'a$)垂直于 OX 轴，即 $a'a \perp OX$；

(2)点的正面投影和侧面投影的连线($a'a''$)垂直于 OZ 轴，即 $a'a'' \perp OZ$；

(3)点的水平投影到 OX 轴的距离等于点的侧面投影到 OZ 轴的距离，即 $aa_X = a''a_Z$。

上述点的投影规律是空间任意点的三面投影必须保持的基本关系，也是画和读点的投影图必须依循的基本法则。

3. 点的空间坐标

点的空间位置有时也可以用其空间坐标来表示，把投影面视为坐标面，投影轴视为坐标轴，O 即为坐标原点，如图 4.13 所示。

空间点 A 与三个投影面间存在以下关系：

---

* 规定空间点用大写字母 A、B、C…表示，相应的 H 面投影用小写字母 a、b、c…表示，V 面投影用小写字母加一撇(a'、b'、c'…)表示，W 面投影用小写字母加二撇(a''、b''、c''…)表示。

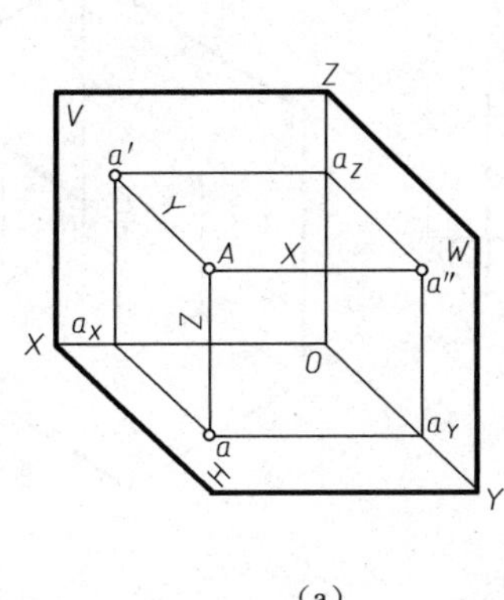

(a)

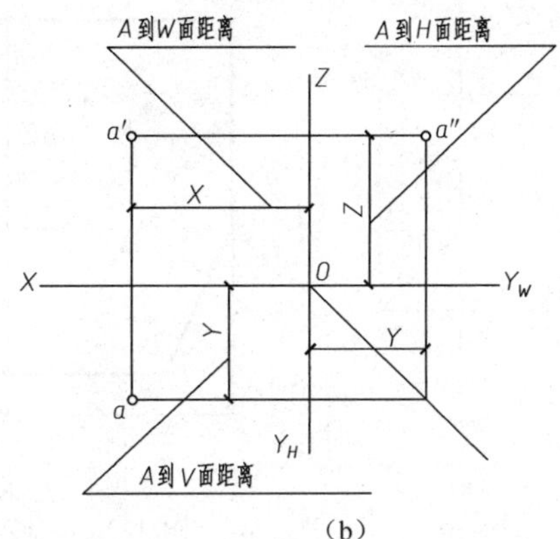

(b)

图 4.13　点的空间坐标

A 点到 W 面的距离 Aa''，称作 A 点的横坐标，用 X 表示；

A 点到 V 面的距离 Aa'，称作 A 点的纵坐标，用 Y 表示；

A 点到 H 面的距离 Aa，称作 A 点的高坐标，用 Z 表示。

A 点的位置若以坐标表示，则书写成 $A(X、Y、Z)$的形式。

4. 重 影 点

当空间两点处在某一投影面的同一垂线上(即有两对同名坐标对应相等)时，它们在该投影面上的投影必然重合，此两点称为对这个投影面的重影点。

对于重影点需判别其可见性，一般采用点对该投影面的坐标值来判断，坐标值大者为可见，小者为不可见，凡不可见的点，其投影符号用圆括号括起来。如图 4.14 所示，空间点 B、C 的 X、Z 坐标对应相等，即 B、C 处于 V 面的同一垂线上，该两点是 V 面的重影点，由于 $Y_B > Y_C$，因而 B 点在 C 点的前面，对 V 面而言，点 B 可见，点 C 不可见。C 点的正面投影标以(c')。

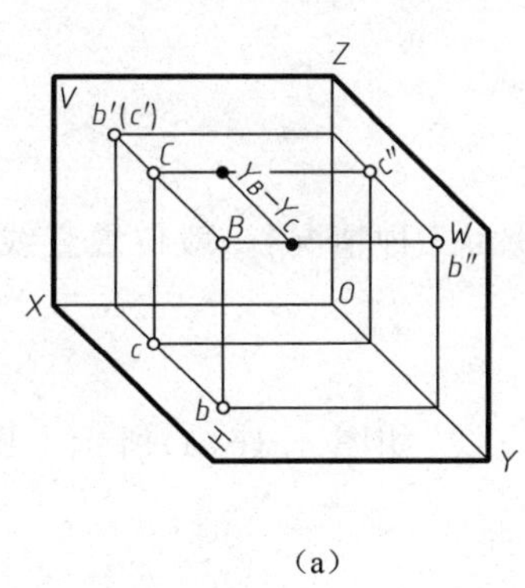

(a)

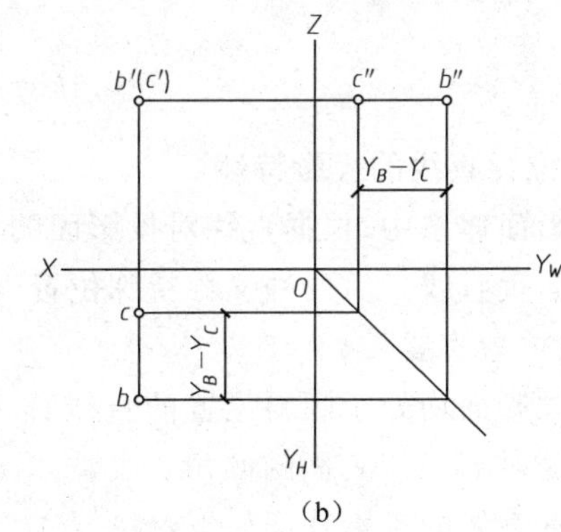

(b)

图 4.14　重影点

5. 点投影图的识读

读点的投影图，如图 4.15(a)所示，即根据点的投影规律，想像出点在三投影面中的空间位置。初学时，可设想将 H 面和 W 面按图 4.15(b)所示恢复成原来的位置，再从点的各投影引出所在面的垂线，三垂线的交点即为空间点的位置，如图 4.15(c)所示。

4.3.2　直线的投影

直线的投影，在一般情况下仍为直线。这是直线投影的特性。

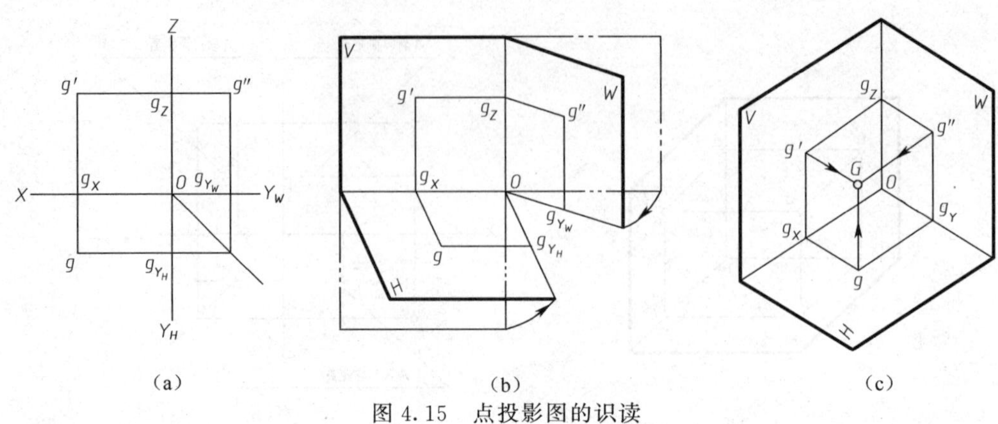

(a)　　(b)　　(c)

图 4.15　点投影图的识读

空间两点可以确定一直线段(后面所述直线皆指线段而言)。因此,直线的三面投影,可由其两端点的同面投影相连而得,如图 4.16 所示。

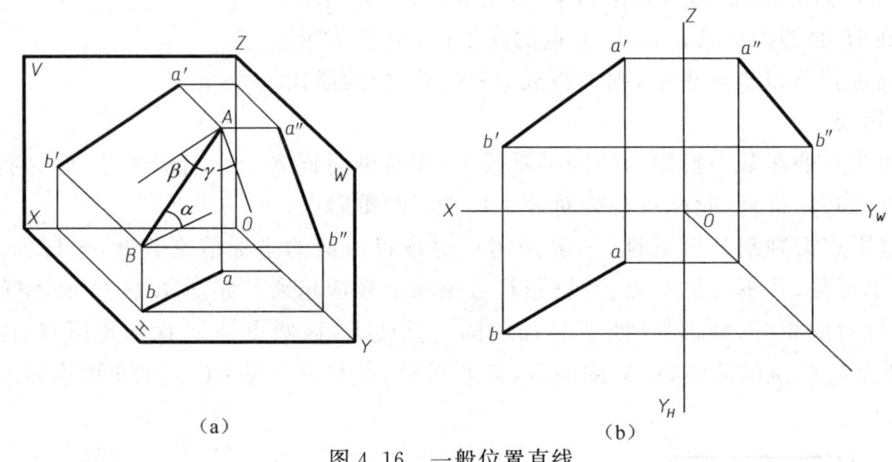

(a)　　(b)

图 4.16　一般位置直线

1. 各种位置直线的投影特性

在三投影面体系中,根据直线对投影面的位置,可分为三种情况:一般位置直线、投影面平行线和投影面垂直线。后两种又称特殊位置直线。

(1)一般位置直线

对三个投影面均处于倾斜位置的直线称一般位置直线,如图 4.16(a)所示。图中 α、β、γ 分别表示直线对 H、V、W 面的倾角。

一般位置直线的投影特征如下:

①三面投影均与投影轴倾斜,且比实长短;

②投影与投影轴的夹角不反映直线对投影面的真实倾角,如图 4.16(b)所示。

【例 4.2】　已知直线的两面投影,如图 4.17(a)所示,求作第三投影,并判别其空间位置及指向。

分析:直线的投影即其两端点同面投影的连线,题中已知直线端点的两面投影,根据点的投影规律可求出第三投影。

作图:作图方法如图 4.17(b)所示。

讨论:①由于直线的三面投影对投影轴均倾斜,知其为一般位置直线,且端点 B 在 H 面上;

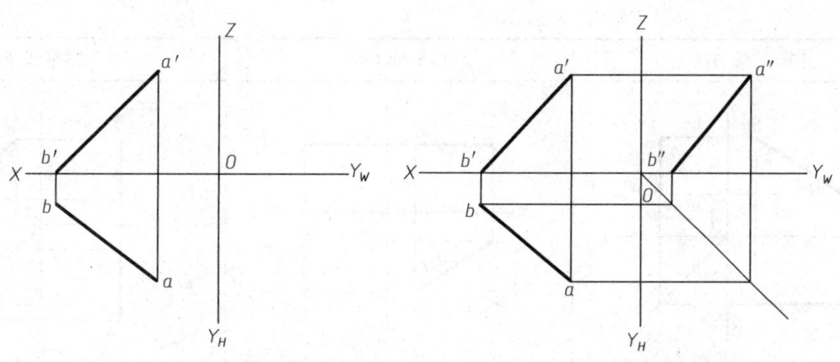

(a) 已知 AB 线的两面投影 ab, $a'b'$　　(b) 根据 $aa'bb'$ 求出 $a''b''$，连线

图 4.17　求直线的投影

②AB 的指向自上、右、前到下、左、后。(请读者自行分析为什么?)

(2)投影面平行线

凡与某一投影面平行,与其他两投影面成倾斜位置的直线称为投影面平行线。投影面平行线可分为:

正面平行线(正平线)——与 V 面平行,与 H、W 面倾斜;

水平面平行线(水平线)——与 H 面平行,与 V、W 面倾斜;

侧面平行线(侧平线)——与 W 面平行,与 V、H 面倾斜。

投影面平行线的投影图及投影特征见表 4.2。

由表 4.2 可以得出投影面平行线的投影特征如下:

①直线在所平行的投影面上的投影,反映直线的实长及直线对另外两个投影面的实际倾角;

②直线在另外两个投影面上的投影比实长短,且分别平行确定它所平行的投影面的两轴。

表 4.2　投影面平行线

名称	正平线 AB	水平线 CD	侧平线 EF
体表面上的直线	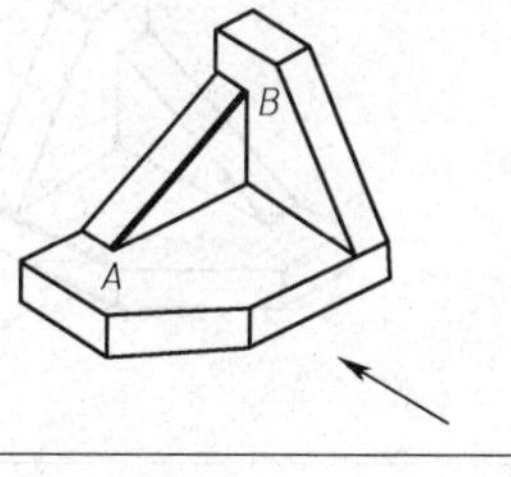	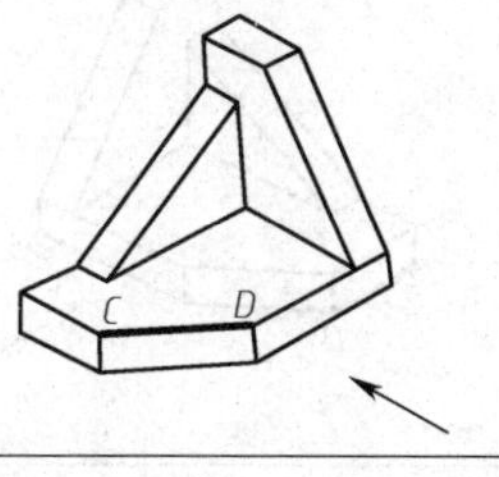	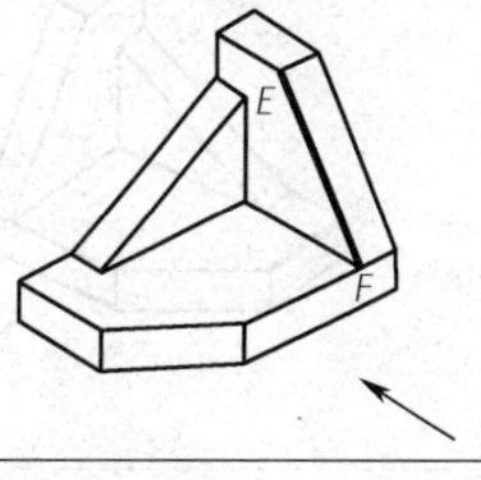
直观图	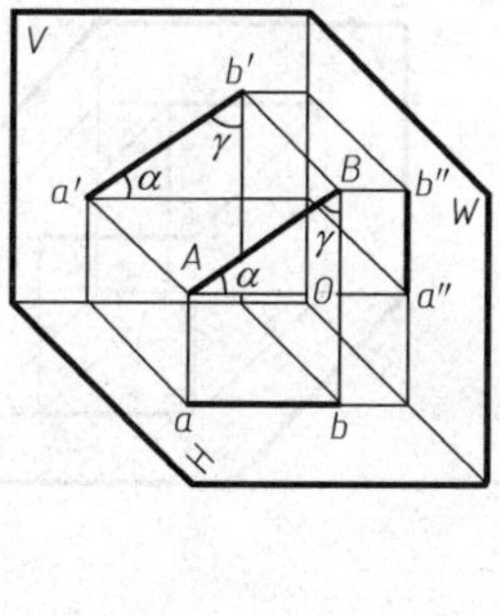	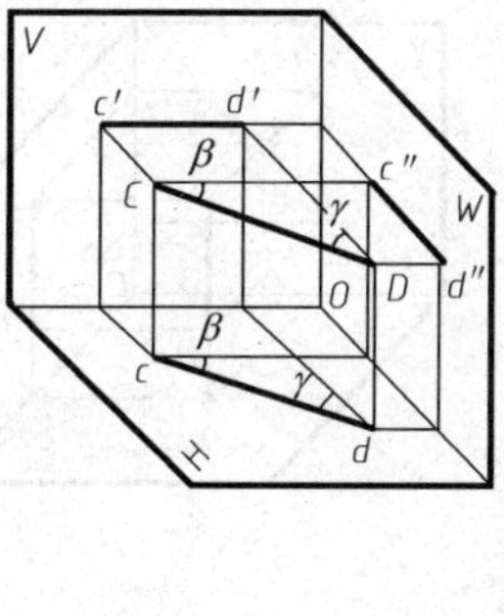	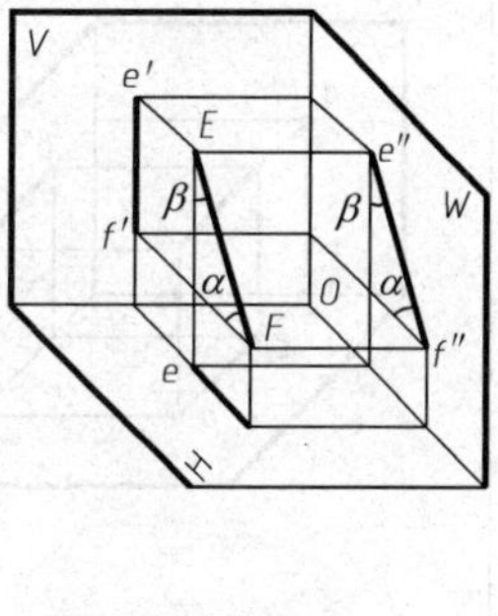

续上表

名称	正平线 AB	水平线 CD	侧平线 EF
投影图	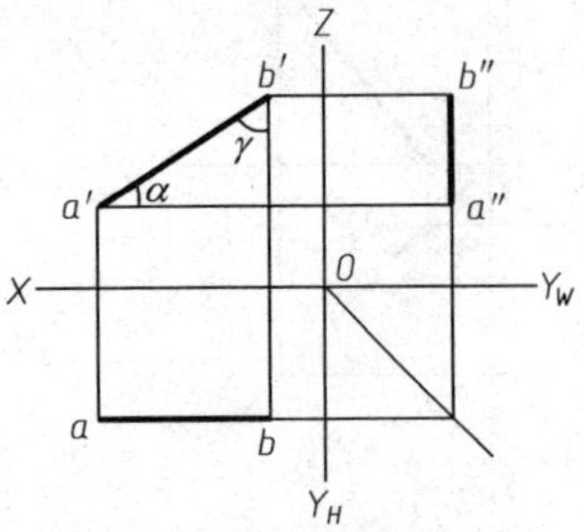	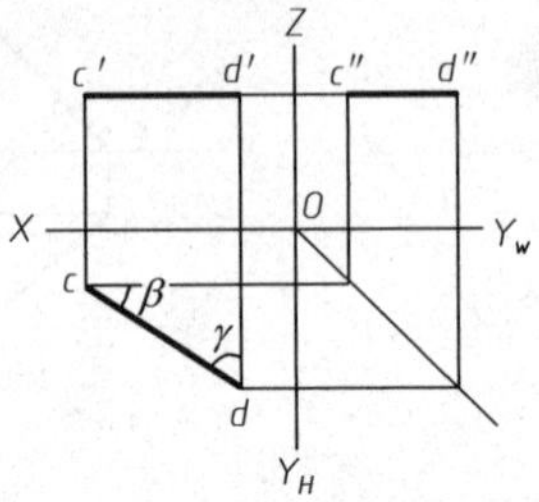	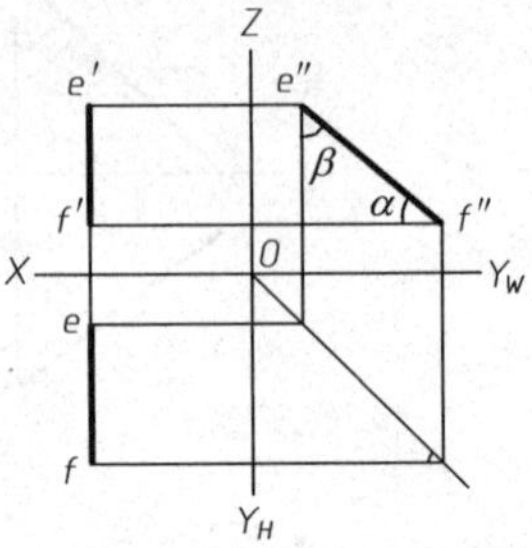
投影特征	(1)在 V 面的投影反映实长 (2)在 H、W 两面的投影分别平行于确定 V 面的 X、Z 两轴，且比实长短 (3)α、γ 分别反映 AB 与 H、W 面的倾角	(1)在 H 面的投影反映实长 (2)在 V、W 两面的投影分别平行于确定 H 面的 X、Y 两轴，且比实长短 (3)β、γ 分别反映 CD 与 V、W 面的倾角	(1)在 W 面的投影反映实长 (2)在 H、V 两面的投影分别平行于确定 W 面的 Y、Z 两轴，且比实长短 (3)α、β 分别反映 EF 与 H、V 面的倾角

(3)投影面垂直线

凡垂直于某一投影面(与另外两个投影面平行)的直线称投影面垂直线。投影面垂直线可分为：

正面垂直线(正垂线)——与 V 面垂直，与 H、W 面平行；

水平面垂直线(铅垂线)——与 H 面垂直，与 V、W 面平行；

侧面垂直线(侧垂线)——与 W 面垂直，与 V、H 面平行。

投影面垂直线的投影图及投影特征见表 4.3。

表 4.3 投影面垂直线

名称	正垂线 AB	铅垂线 CD	侧垂线 EF
体表面上的直线	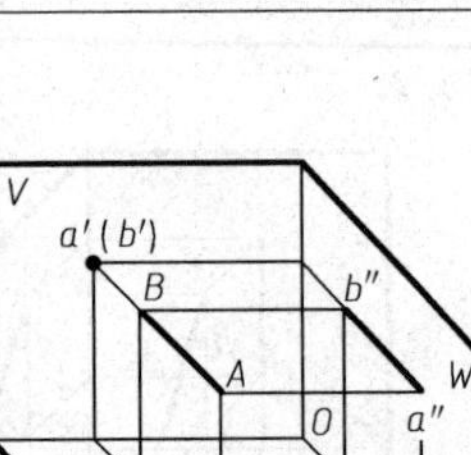	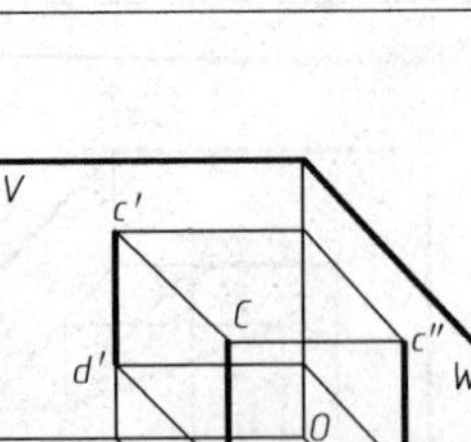	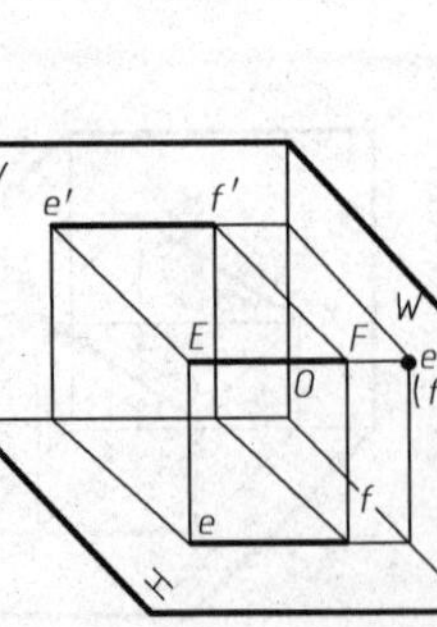
直观图		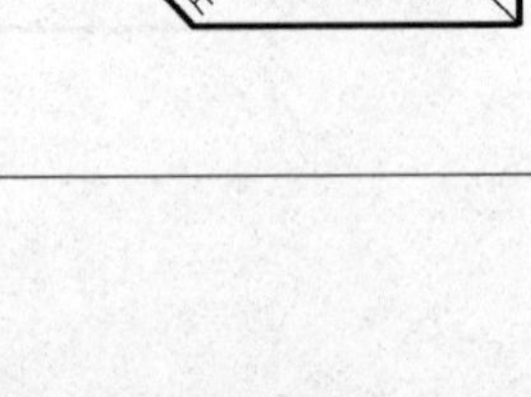	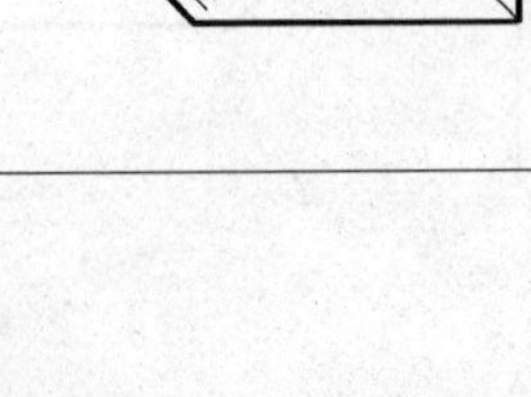

续上表

名称	正垂线 AB	铅垂线 CD	侧垂线 EF
投影图			
投影特征	(1) V 面投影积聚成一点 (2) H、W 面的投影分别垂直于确定 V 面的 X、Z 两轴，且反映实长	(1) H 面投影积聚成一点 (2) V、W 面的投影分别垂直于确定 H 面的 X、Y 两轴，且反映实长	(1) W 面投影积聚成一点 (2) H、V 面的投影分别垂直于确定 W 面的 Y、Z 两轴，且反映实长

由表 4.3 可以得出投影面垂直线的投影特征如下：

①直线在所垂直的投影面上的投影积聚成一点；

②直线在另外两个投影面上的投影反映实长，且分别垂直于确定它所垂直的投影面的两轴。

2. 直线投影图的识读

识读直线的投影图时，主要是根据直线的投影特征来判断其空间位置及指向。

【例 4.3】 试判断图 4.18(b)中 AB、BC、CD 三直线的空间位置及指向。

分析图 4.18(b)：

(1)由直线 AB 三个投影的特征，可以确定该直线为一般位置直线，从 H 面投影可知 A 点在 B 点的右后方，从 V 面投影可知 A 点在 B 点的上方，因此，AB 线的指向是从右后上到左前下。

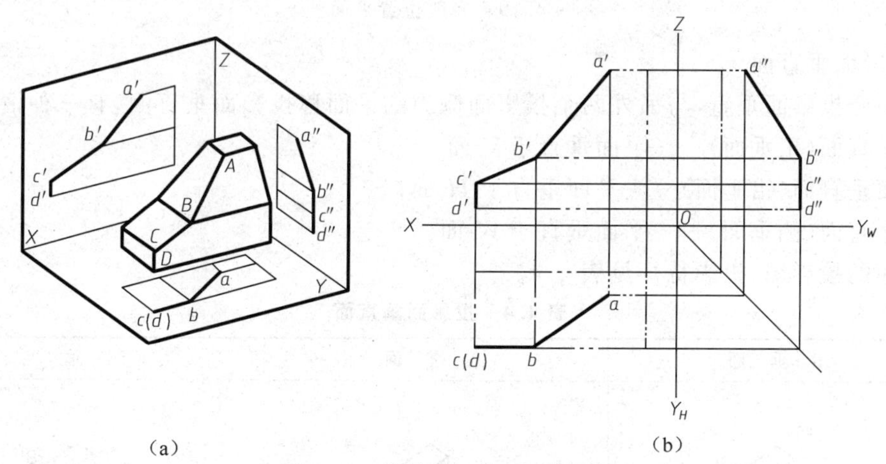

图 4.18　线的空间位置及投影图

(2)直线 BC 在 H、W 面上的投影分别平行于 OX 轴和 OZ 轴(确定 V 面的两轴)，故它为正平线，$b'c'$ 反映其实长，BC 的指向为自右上到左下。

(3)直线 CD 在 H 面上的投影积聚为一点，故它为铅垂线。CD 的指向为由上向下。

(4)AB、BC、CD 三条线连接在一起，可看作如图 4.18(a)所示形体上的三条棱线。

识读判断直线的空间位置时，应充分利用下述特征：直线的三面投影中，有一面投影积聚为一点，即为投影面垂直线；有一面投影平行于投影轴，即为投影面平行线；否则，为一般位置直线。

4.3.3 平面的投影

在投影图中，平面可用几何元素表示，而用平面图形（如三角形、四边形、圆等）表示最为广泛。**平面图形的投影，一般情况下仍为一个类似的平面图形**。这是平面投影的特性。

1. 各种位置平面的投影

空间平面按其在三投影面体系中所处的位置分为三种：一般位置平面、投影面垂直面和投影面平行面。后两种又称特殊位置平面。

(1)一般位置平面

对三个投影面均处于倾斜位置的平面称一般位置平面，如图 4.19(a)所示的正三棱锥侧面 SAB。

一般位置平面的投影特征为：**三面投影均为比实形小的类似形**，如图 4.19(b)、(c)所示。

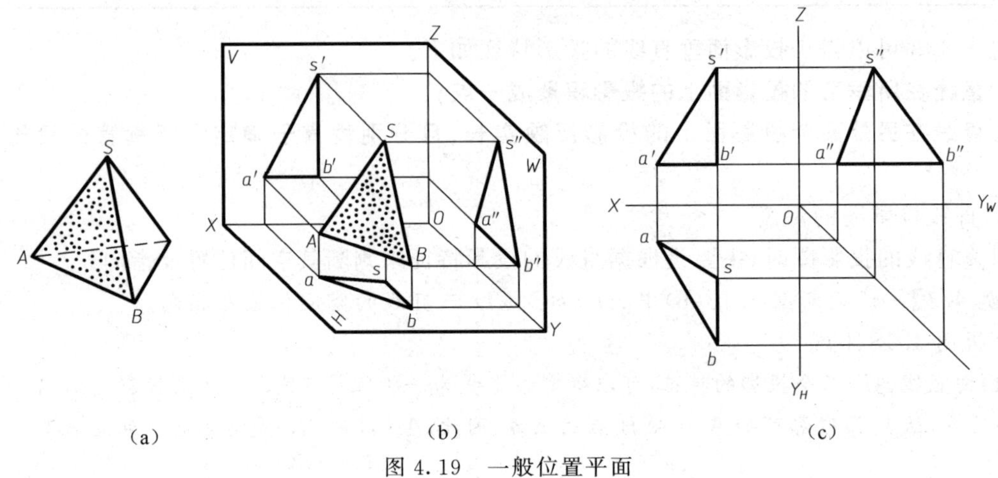

(a)　　(b)　　(c)

图 4.19　一般位置平面

(2)投影面垂直面

凡与一个投影面垂直，与另外两个投影面倾斜的平面称投影面垂直面，有三种情况：

正面垂直面(正垂面)——平面垂直于 V 面；

水平面垂直面(铅垂面)——平面垂直于 H 面；

侧面垂直面(侧垂面)——平面垂直于 W 面。

垂直面的投影图、投影特征见表 4.4。

表 4.4　投影面垂直面

名称	正 垂 面	铅 垂 面	侧 垂 面
体表面上的平面	A B C D	A B C D	A B C D

续上表

名称	正垂面	铅垂面	侧垂面
直观图	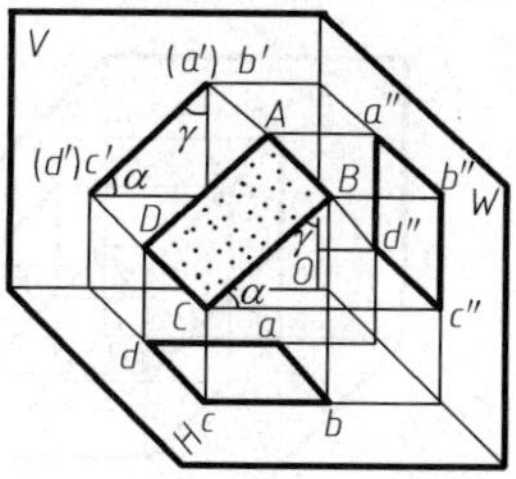	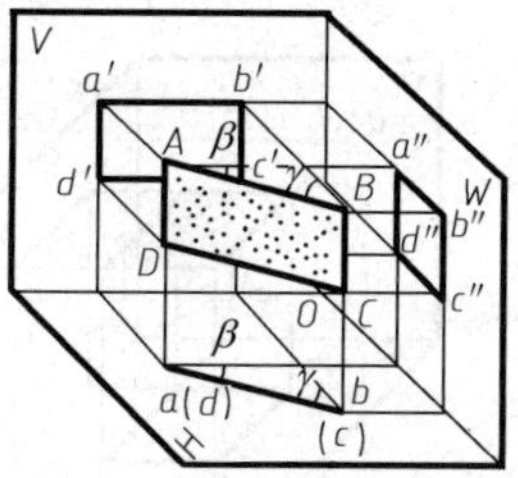	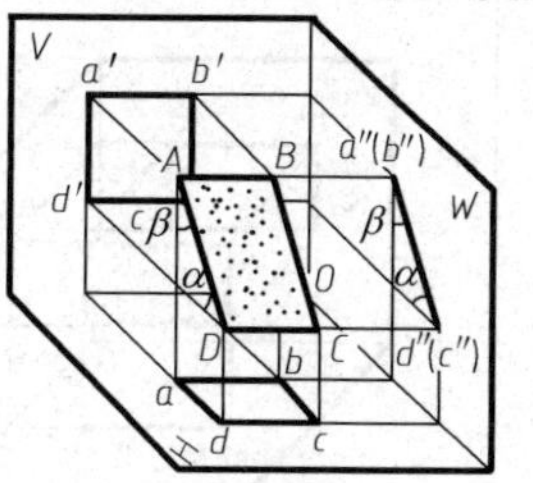
投影图	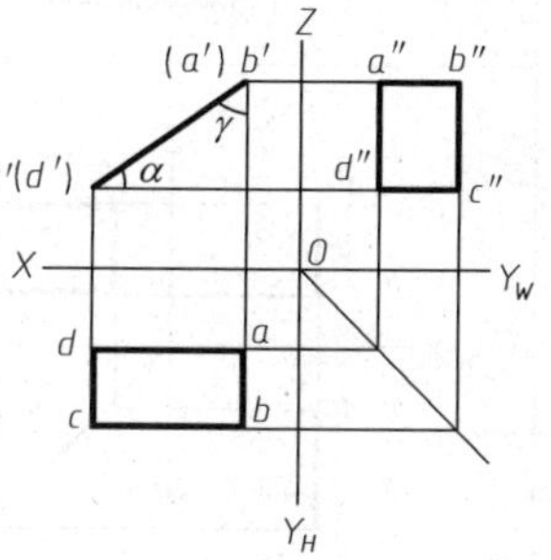	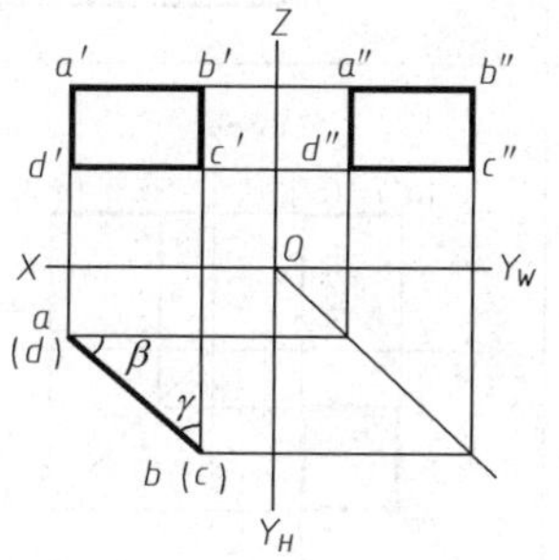	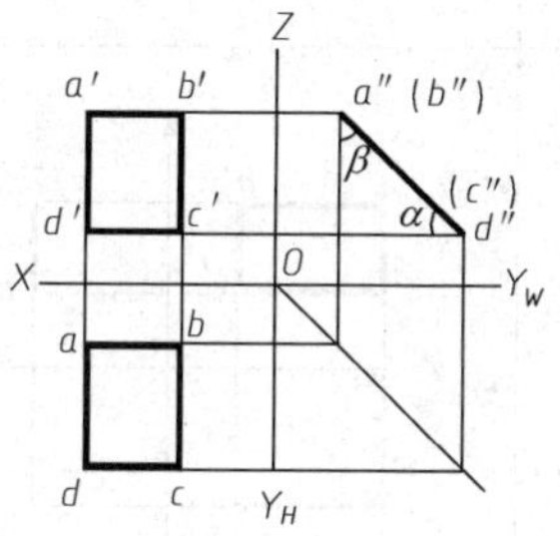
投影特征	(1) V 面投影积聚为一直线 (2) H、W 面的投影是比实形小的类似形 (3) α、γ 反映平面对 H、W 面的倾角	(1)H 面投影积聚为一直线 (2)V、W 面的投影是比实形小的类似形 (3)β、γ 反映平面对 V、W 面的倾角	(1)W 面投影积聚为一直线 (2)V、H 面的投影是比实形小的类似形 (3)α、β 反映平面对 H、V 面的倾角

投影面垂直面的投影特征为：

①在它所垂直的投影面上的投影积聚成一倾斜直线，此线与投影轴的夹角反映该平面对另外两个投影面倾角的真实大小；

②另外两个投影为小于实形的类似形。

(3)投影面平行面

平行于一个投影面(与另外两个投影面垂直)的平面称投影面平行面。有三种情况：

正面平行面(正平面)——平面平行于 V 面；

水平面平行面(水平面)——平面平行于 H 面；

侧面平行面(侧平面)——平面平行于 W 面。

投影面平行面的投影图、投影特征见表 4.5。

表 4.5　投影面平行面

名称	正平面	水平面	侧平面
体表面上的平面	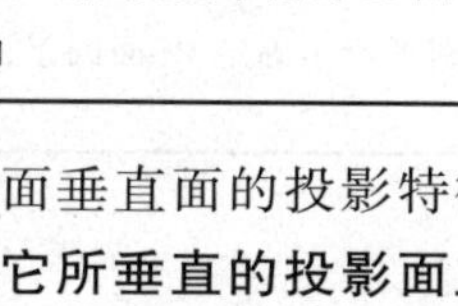	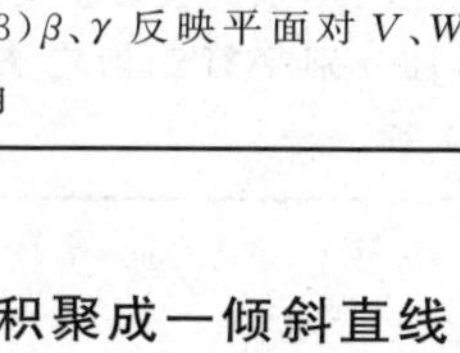	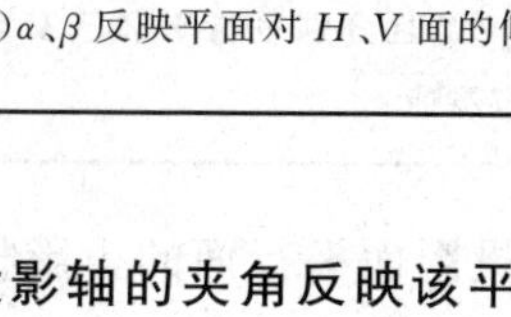

续上表

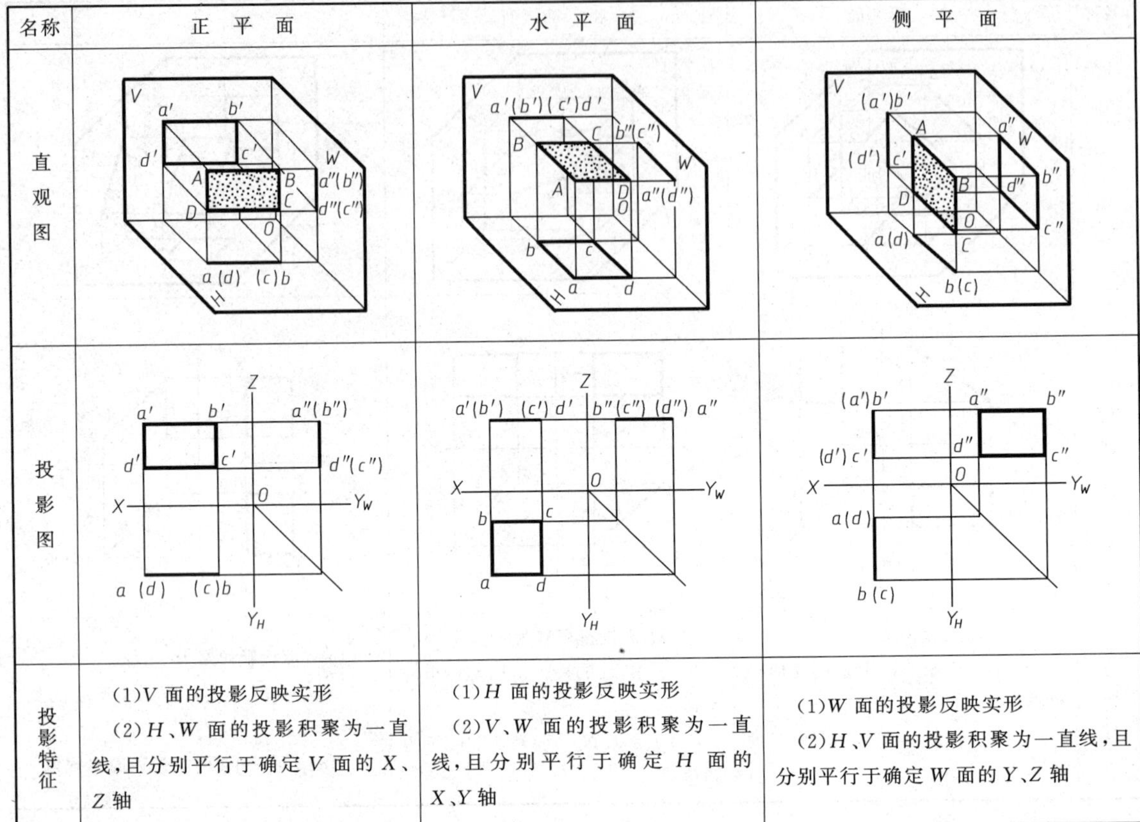

名称	正平面	水平面	侧平面
直观图			
投影图			
投影特征	(1)V面的投影反映实形 (2)H、W面的投影积聚为一直线，且分别平行于确定V面的X、Z轴	(1)H面的投影反映实形 (2)V、W面的投影积聚为一直线，且分别平行于确定H面的X、Y轴	(1)W面的投影反映实形 (2)H、V面的投影积聚为一直线，且分别平行于确定W面的Y、Z轴

投影面平行面的投影特征为：

①在它所平行的投影面上的投影反映实形；

②另外的两个投影分别积聚成一直线，且平行于它所平行的投影面上的两轴。

画图时，对于一般位置的平面形，应先画出各角点的投影，然后将其同面投影顺次连接即可；对于投影面垂直面，应先画有积聚性的投影；对于投影面平行面，则应先画反映实形的投影。

2. 平面投影图的识读

平面投影图的识读，实质上是根据投影图判断其空间位置。比较三类平面的投影特性可以看出：如果某平面的一个投影为平面图形，另外两个投影积聚为平行于投影轴的直线，则该平面必为投影面平行面；如果平面的两个投影为类似形，另外一个投影为斜线，则该平面为投影面垂直面；如果三个投影均为类似形，则该平面为一般位置平面。掌握并善于运用平面的投影特征，对提高识读及绘制平面投影图的能力有极重要的意义。

【例 4.4】　判别如图 4.20(a)所示平面的空间位置。

分析：如图所示，因平面图形的V、H面投影为类似形，故其对V、H面均倾斜，若其侧面投影也是类似形，则该面为一般位置平面，若侧面投影为直线，则该面应为侧垂面。

作图：作图方法如图 4.20(b)所示。

讨论：根据给出的两面投影图，明显地看出，该平面图形中包含着侧垂直AB（或EF、CD），故无需求其侧面投影，便知其必为侧垂面，为什么？读者自行分析。

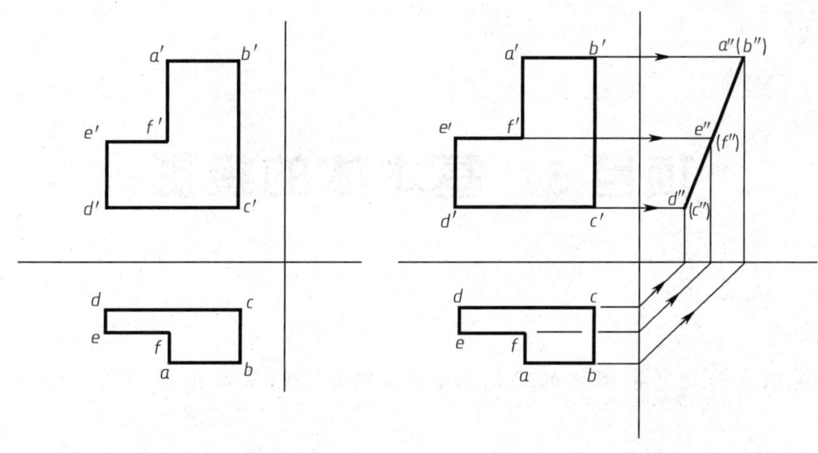

(a) 已知平面图形的V、H面投影　　(b) 求出a''、b''、c''、d''、e''、f''，顺序连接成一斜线，该面为侧垂面

图 4.20 判别平面的空间位置

项目小结

1. 投影的形成：自投影中心沿投影线将空间形体投射到投影面上得到的影称为形体的投影。

2. 投影法分类：中心投影法及平行投影法（正、斜投影法）。

3. 形体的三面投影图：将形体向互相垂直的三投影面进行投影，再将其展开后形成三面投影图，规律为"长对正、高平齐、宽相等"。

4. 点及各种位置直线、各种位置平面投影的特征及规律。

复习思考题

1. 什么是工程上常用的正投影法，其基本性质是什么？

2. 形体三面投影图的画法及规律是什么？

3. 一般位置直线的投影规律是什么？

4. 在投影图上如何判别一般位置平面、投影面平行面、投影面垂直面？它们的投影特征是什么？

项目5 基本体的投影

项目描述

基本形体是组成一切复杂形体的最简形体，本项目介绍基本体投影图的绘制、识读和尺寸标注方法。

学习目标

1. 能力目标

能绘制和识读基本形体的投影图，熟悉由空间到平面的思维方式。

2. 知识目标

掌握基本形体的投影，总结归纳他们的投影特征及尺寸标注的方法，研究体表面上点和线的投影。

3. 素质目标

培养空间想像力和动手能力。

任何工程建筑物、机件，无论形状复杂程度如何，都可以看成由一些简单的几何形体组成，这些最简单的有规则的几何体称为**基本体**，如图5.1所示。

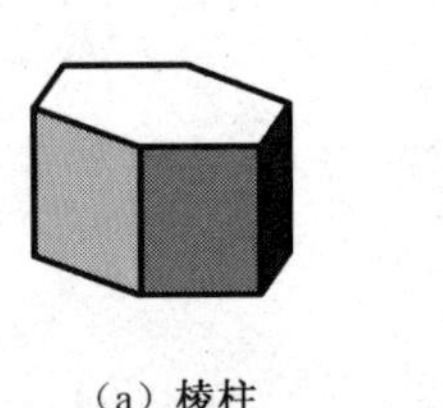

(a) 棱柱

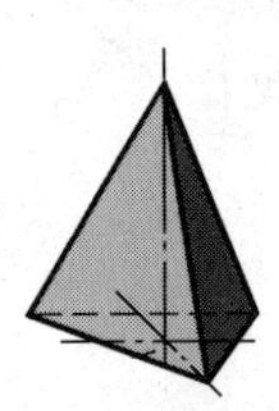

(b) 棱锥

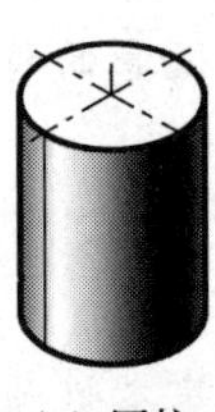

(c) 圆柱

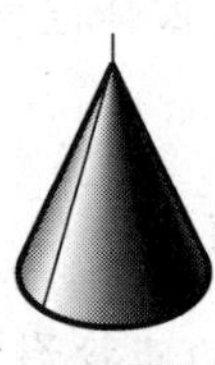

(d) 圆锥

(e) 球

图5.1 常见的基本体

按表面性质不同，基本体可分为平面体和回转体（属曲面体）两大类。平面体的各个表面均为平面，如棱柱、棱锥；回转体的表面为曲面或平面和曲面，如圆柱、圆锥、球。正确分析基本体表面的性质、构型特点，准确地画出投影图，是研究复杂形体的基础。

任务5.1 平面体的投影

5.1.1 棱柱体的投影

棱柱分直棱柱（侧棱与底面垂直）和斜棱柱（侧棱与底面倾斜）。底面为正多边形的直棱柱，称正棱柱。

图5.2为正六棱柱的直观图和投影图。该体上下底面是全等的正六边形且为水平面，各侧面是全等的矩形，前后侧面为正平面，左右侧面为铅垂面。

从图 5.2(b)中可以看出，其水平投影为一正六边形，它是上下底面的投影(重影)，且反映实形；六边形的各边为六个侧面的积聚投影；六个角点是六条侧棱的积聚投影。

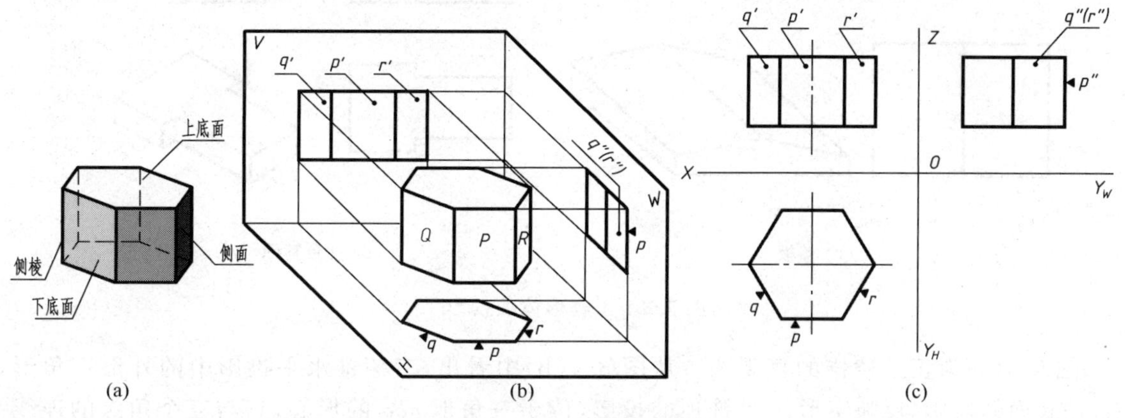

图 5.2　正六棱柱的投影

正面投影是并列的三个矩形线框，中间的线框是棱柱前后侧面的投影(重影)，反映实形；左右的线框是其余四个侧面的投影，为类似形；线框上下两条水平线是上下底面的积聚投影；四条竖直线是侧棱的投影，反映实长。

侧面投影是并列的两个矩形线框，它是棱柱左右四个侧面的投影(重影)，为类似形；两侧竖直线是棱柱前后侧面的积聚投影；中间的竖直线是侧棱的投影；上下水平线则为底面的积聚投影。图 5.2(c)是正六棱柱的投影图。此时，在三面投影图中可去掉投影轴，但必须认清和保持“长对正、高平齐、宽相等”的“三等”关系。

通过分析可以看出，平面体的投影即为组成立体的各面及棱线投影的总和。

工程形体的形状为棱柱者居多，如图 5.3 所示的四种工程形体(棱柱)的投影图，读者可自行分析。

研究上述投影图，可以总结出棱柱体的投影特征：**一面投影为反映底面实形的多边形，另外两面投影为矩形或并列的矩形**(由实线组成或实线与虚线组成)。

5.1.2　棱锥体的投影

底面为正多边形，各侧面为具有公共顶点的全等等腰三角形的棱锥称为正棱锥，其锥顶在过底面中心的垂线上。

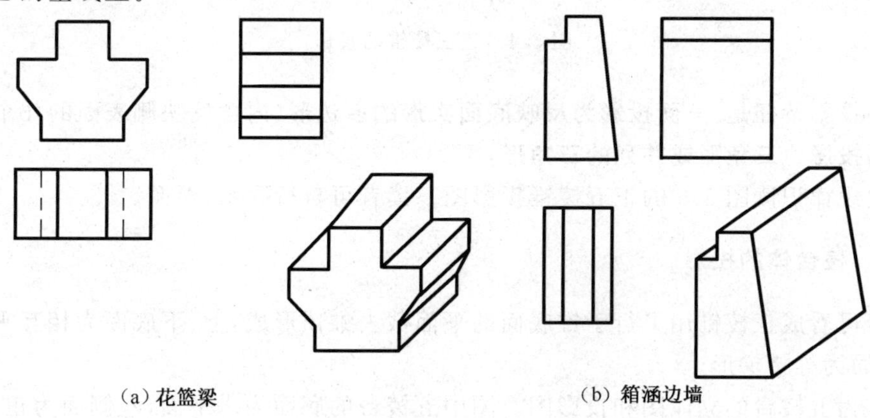

(a) 花篮梁　　(b) 箱涵边墙

图　5.3

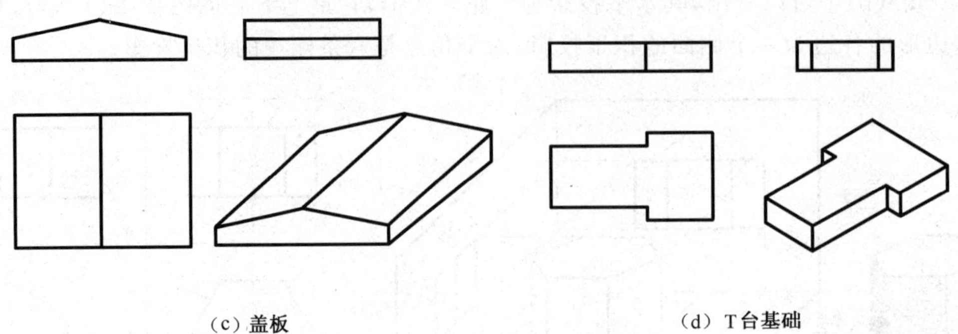

(c) 盖板　　　　(d) T台基础

图 5.3　工程形体的投影

图 5.4(a)为正三棱锥的直观图。从图 5.4(b)中看出,三棱锥水平投影中的外形三角形 *abc* 是底面的投影,反映实形;*s* 是锥顶的投影,位于三角形 *abc* 的形心,它与三个角点的连线 *sa*、*sb*、*sc* 是三条侧棱的投影;中间三个小三角形是三个侧面的投影。

正面投影是两个并列的全等三角形,是三棱锥三个侧面的投影。底面及侧棱的正面投影读者自行分析。

侧面投影是一个非等腰三角形,*s″a″*(*c″*)为三棱锥后侧面的积聚投影,*s″b″*为三棱锥侧棱的投影,其他部分投影由读者自行分析。

图 5.4(c)为正三棱锥的投影图。读者可自行画出去掉投影轴的投影图。

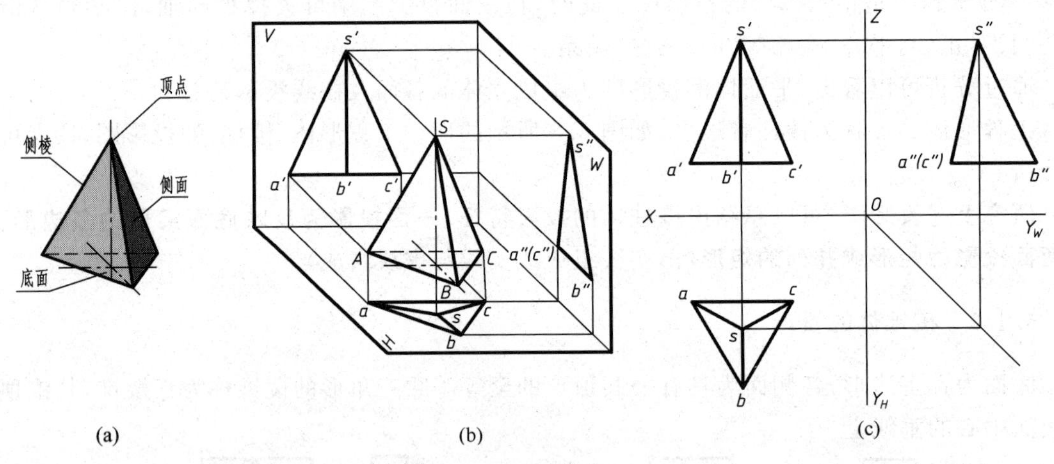

图 5.4　正三棱锥的投影

棱锥的投影特征是:**一面投影为反映底面实形的多边形**(内含反映侧表面的几个三角形),**另外的两面投影为三角形或并列的三角形。**

试用此规律识读图 5.5 的正五棱锥投影图。读者可自行联系、对照。

5.1.3　棱台体的投影

正棱台可看成正棱锥用平行于锥底面的平面截去锥顶形成,上、下底面为相互平行的相似多边形,侧面为等腰梯形。

图 5.6 为五棱台的立体图和投影图。图中五棱台的底面为水平面,左侧面为正垂面,其他

侧面是一般位置面。

从图 5.6 可以看出，棱台的投影特征是：**一面投影为反映底面实形的两个相似多边形和反映侧面的几个梯形，另外两面投影为梯形或梯形的组合。**

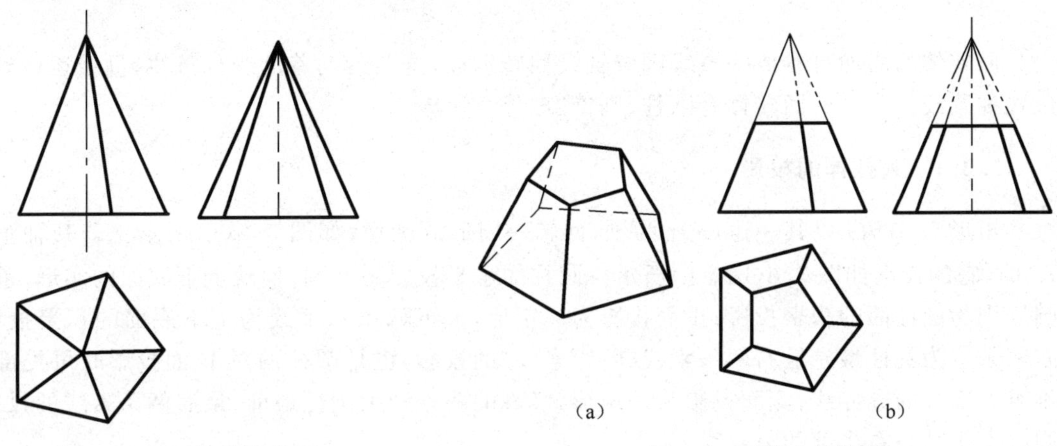

图 5.5　正五棱锥的投影　　图 5.6　五棱台的投影

5.1.4　平面体投影图的画法

画平面体的投影，就是画出构成平面体的侧面（平面）、侧棱（直线）和角点（点）的投影。

画平面体投影图的一般步骤如下：

(1)研究平面体的几何特征，决定正面投影方向，通常将平面体的表面尽量平行投影面；

(2)分析平面体三面投影的特点；

(3)布图（定位），画出中心线或基准线；

(4)先画出反映形体底面实形的投影，再根据投影关系作出其他投影；

(5)检查、整理加深，标注尺寸（本图未标）。

图 5.7 为已知正六边形外接圆直径 ϕ 及柱高 L，作正六棱柱投影图的作图步骤。

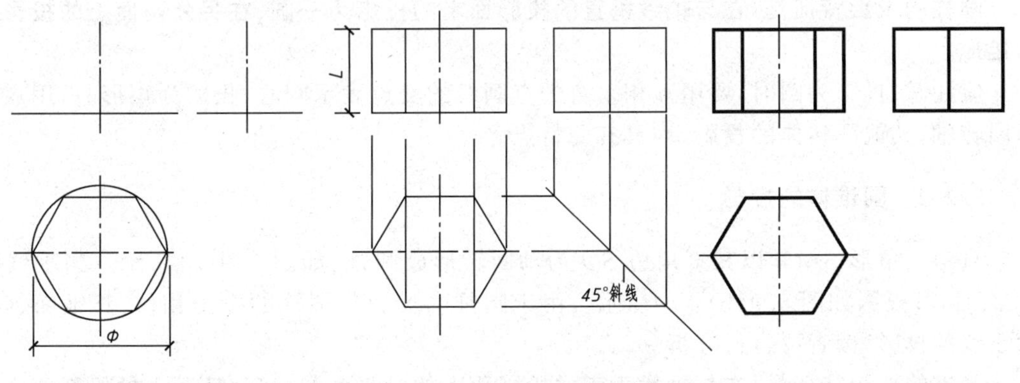

图 5.7　正六棱柱投影图作图步骤

注意作平面体的投影图时可去掉投影轴，45°斜角线的位置也可左、右略作移动，不影响形体的正确表达。

任务 5.2 回转体的投影

回转体的曲面可看成一条线围绕轴线回转形成,这条运动着的线称母线,母线运行到任一位置称**素线**。常见的回转体有圆柱、圆锥、球等。

5.2.1 圆柱体的投影

矩形 O_1ABO 以其一边 OO_1 为轴,回转一周形成圆柱,如图 5.8(a)所示。若其轴垂直于 H 面,它的投影如图 5.8(b)、(c)所示。圆柱的水平投影为一圆,反映上下底面的实形(重影),圆周则为圆柱面的积聚投影;正面投影为一矩形,上下两条水平线为上下底面的积聚投影,左右两条线为圆柱最左最右两条素线(轮廓素线)的投影,也是圆柱面对 V 面投影时可见部分与不可见部分的分界线;侧面投影为一矩形,竖直的两条线为圆柱最前、最后两条素线的投影,是圆柱左半部与右半部的分界线。

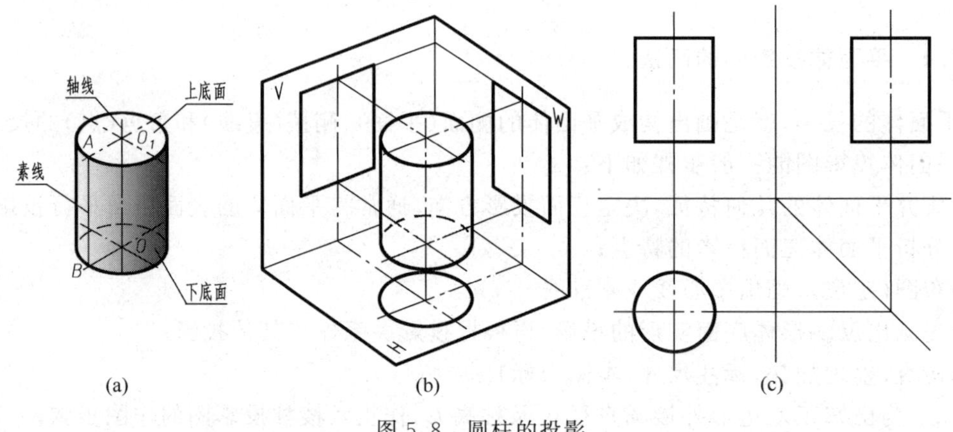

图 5.8 圆柱的投影

圆柱的投影特征是:**在与轴线垂直的投影面上的投影为一圆,在另外两面上的投影为全等的矩形。**

应注意:投影为圆时,要用互相垂直的点画线的交点表示圆心,投影为矩形时,用点画线表示回转轴,其他回转体的投影,均具有此特点。

5.2.2 圆锥体的投影

直角三角形 SAO,以其直角边 SO 为轴回转形成圆锥,如图 5.9(a)所示。当轴线垂直于 H 面时,其投影如图 5.9(b)、(c)所示。由于圆锥的投影与圆柱的投影相仿,其锥面、底面、轮廓素线的投影,读者可自行分析。

圆锥的投影特征是:**在与轴线垂直的投影面上的投影为圆,另外两面上的投影为全等的等腰三角形。**

5.2.3 圆台体的投影

圆锥被垂直于轴线的平面截去锥顶部分,剩余部分称圆台,其上下底面为半径不同的圆

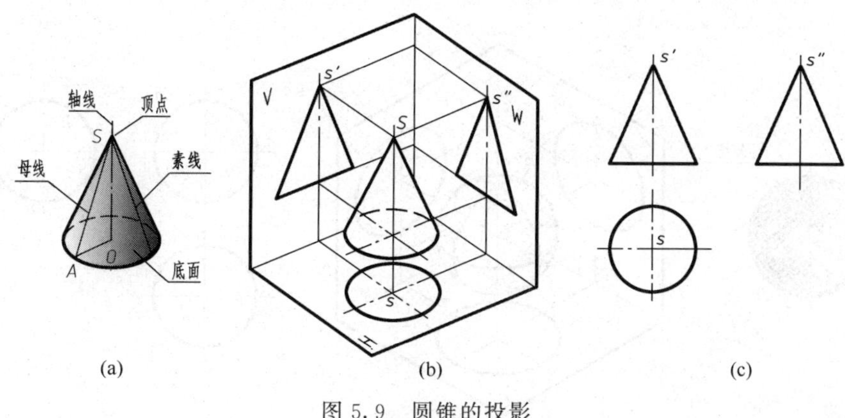

(a)　(b)　(c)

图 5.9　圆锥的投影

面,如图 5.10 所示。

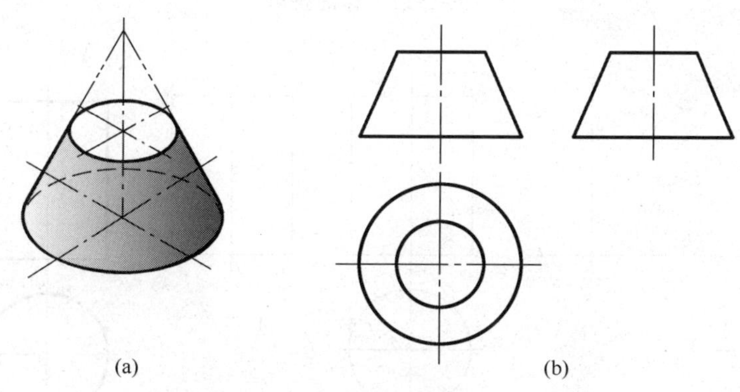

(a)　(b)

图 5.10　圆台的投影

圆台的投影特征是:**与轴线垂直的投影面上的投影为两个同心圆,另外两面的投影为大小相等的等腰梯形。**

5.2.4　球体的投影

半圆或整圆以其直径为轴回转形成球,如图 5.11(a)所示,球无论向哪一方面进行投影,其轮廓均为圆,如图 5.11(b)所示。水平投影中,圆 a 为可见的上半个球面和不可见的下半个球面的重合投影,此圆周轮廓的正面、侧面投影分别为过球心的水平线段 a'、a'',用点画线表示;正面投影和侧面投影中圆 b' 和 c'',分别表示球面上平行正面、侧面的圆周轮廓的投影,该圆周轮廓的另外两投影以及球面投影的可见性问题,请读者自行分析[可结合图 5.11(c)分析]。

球的投影特征是:**三面投影为三个大小相等的圆。**

5.2.5　回转体投影图的画法

回转体投影的作图步骤与平面体相同。图 5.12 和图 5.13 为画圆柱和圆锥投影的作图步骤。

球的三面投影图,也是先画定位中心线,再画三个圆。

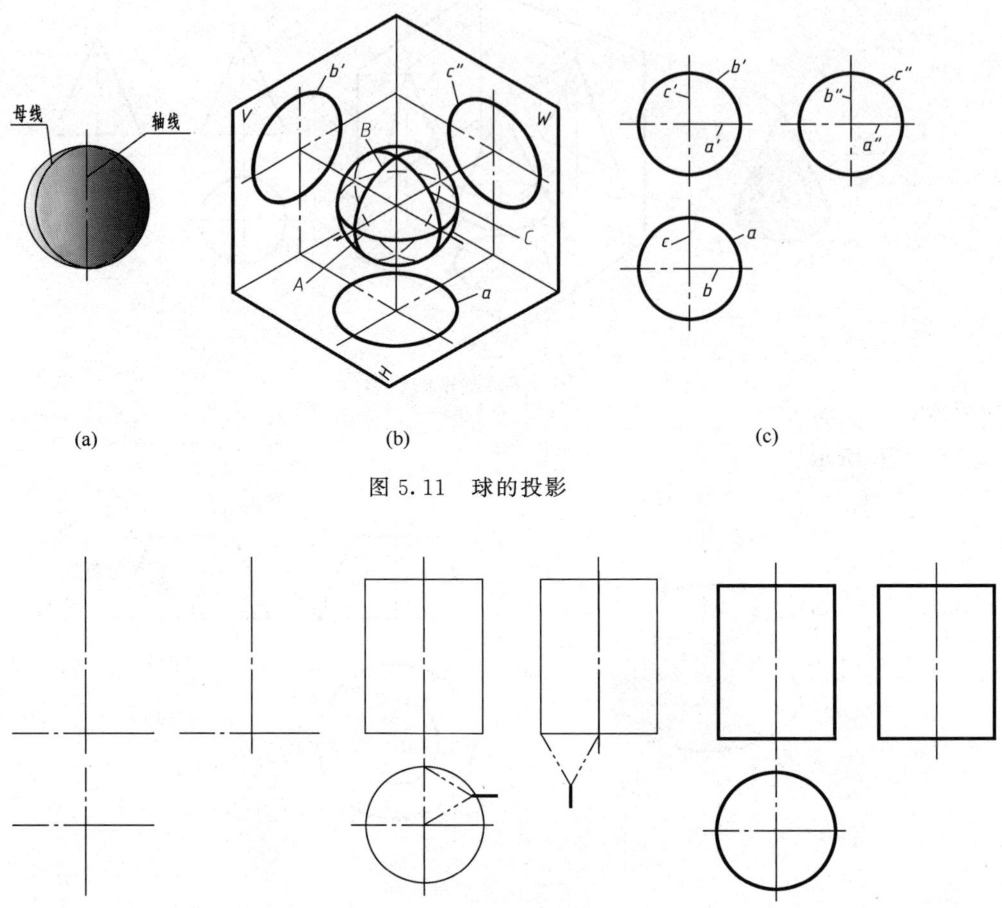

图 5.11　球的投影

(a) 作底面的定位中心线及回转轴线

(b) 作底面圆的实形（水平投影）并同时定出侧面矩形宽度;依投影关系及圆柱高度作正面、侧面投影

(c) 检查、整理加深

图 5.12　圆柱投影图的作图步骤

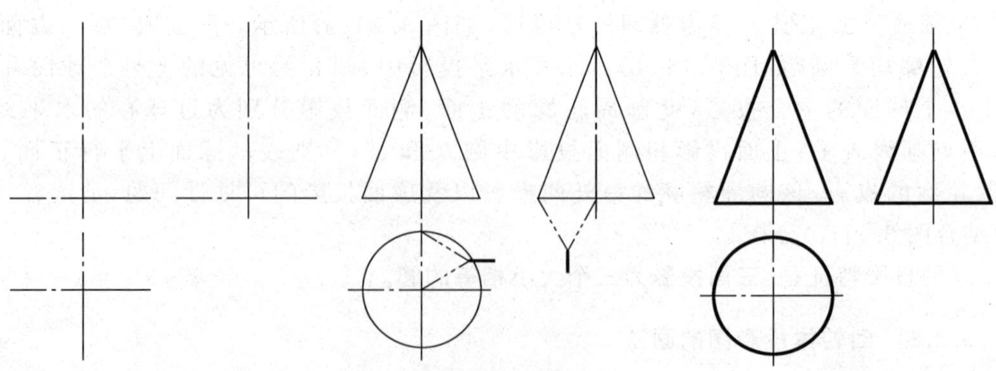

(a) 作底面定位中心线及回转轴线

(b) 作底面圆的实形（水平投影）并同时定出底圆侧面的投影宽度;依投影关系及圆锥高度作正面、侧面投影

(c) 检查、整理加深

图 5.13　圆锥投影图的作图步骤

任务 5.3　基本体投影图的分析和尺寸标注

5.3.1　基本体的投影特征

在土建工程中，以上几种基本形体是最常见的，掌握它们的投影特征，对提高画图和识图能力有很大帮助。

表 5.1 概括了各类基本体的投影特征及表达这些形体需要画出的投影图。

表 5.1　常见基本体的投影图

名称	三面投影图	需要画的投影图和应注的尺寸		投影特征
正六棱柱	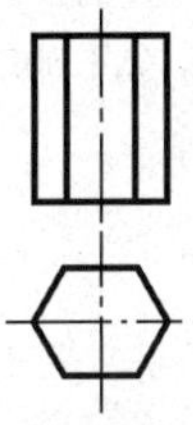	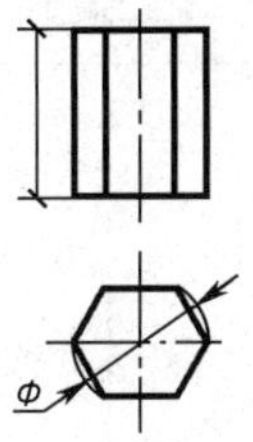	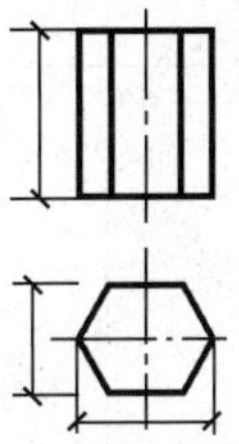	柱类： (1)反映底面实形的投影为多边形或圆 (2)其他两投影为矩形或几个并列的矩形
三棱柱	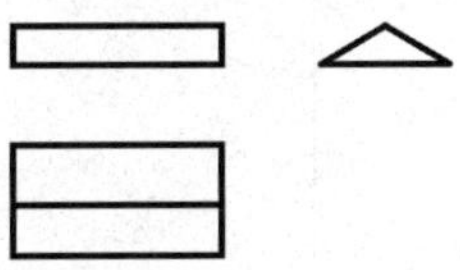	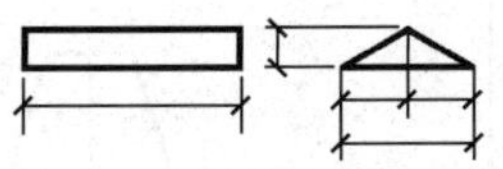		
四棱柱	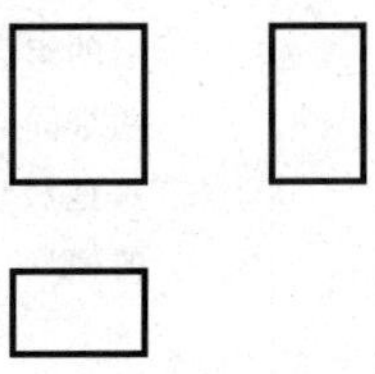	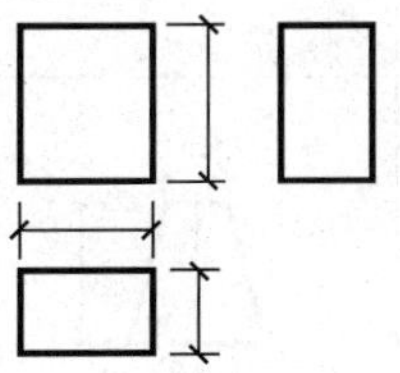		
圆柱	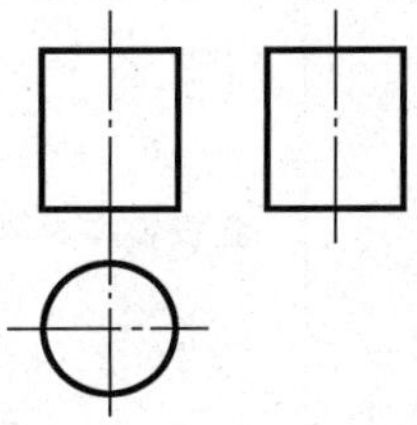	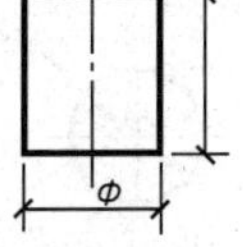 Φ	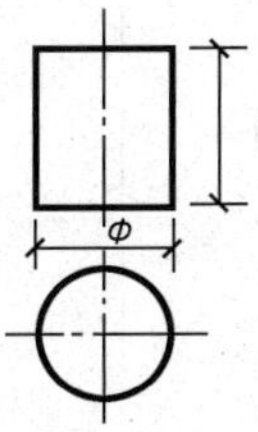 Φ	

续上表

名称	三面投影图	需要画的投影图和应注的尺寸		投影特征
正三棱锥		Φ		锥类： (1)反映底面实形的投影为一个划分成若干三角形线框的多边形或圆 (2)其他投影为三角形或几个并列的三角形
正四棱锥				
圆锥	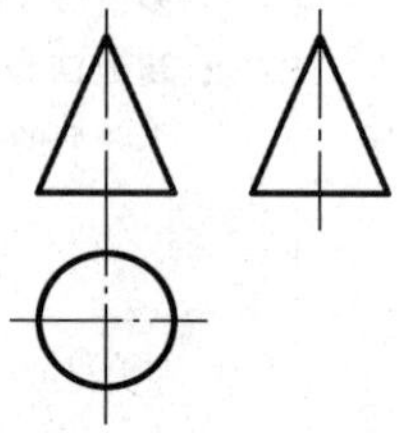	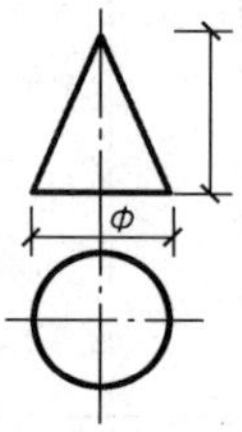 Φ 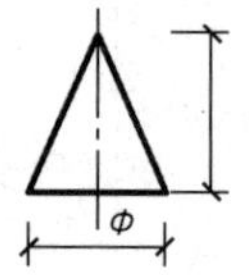	Φ	
四棱台				台类： (1)反映底面实形的投影如为棱台则是多边形和梯形的组合，如为圆台则是两个同心圆 (2)其他投影为梯形或并列的梯形
圆台	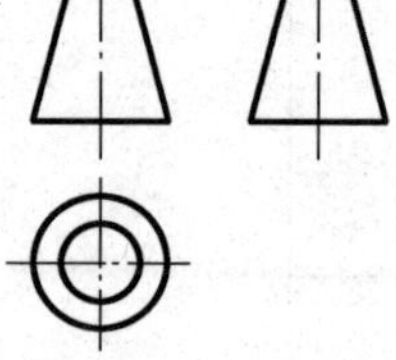	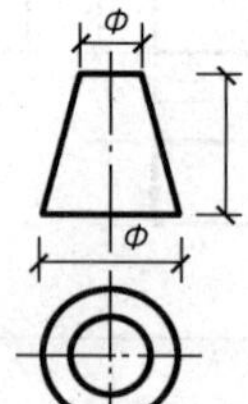 Φ Φ 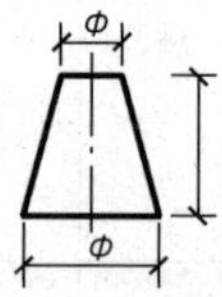	Φ Φ	
球	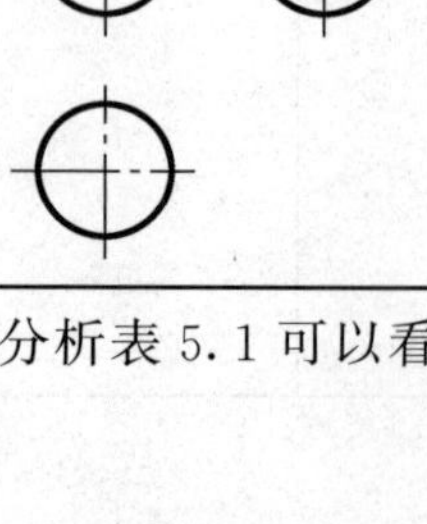	SΦ		各投影均为圆

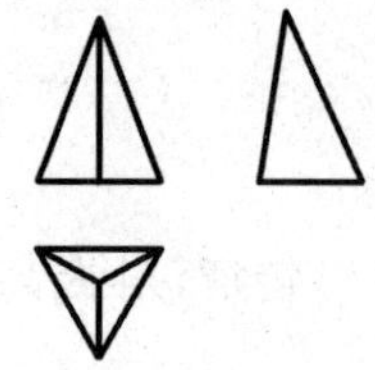

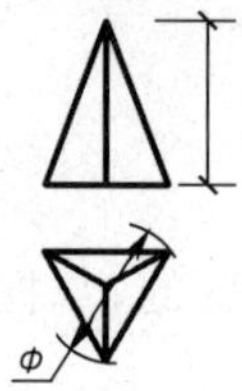

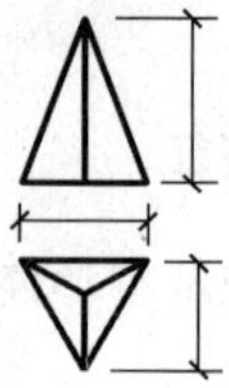

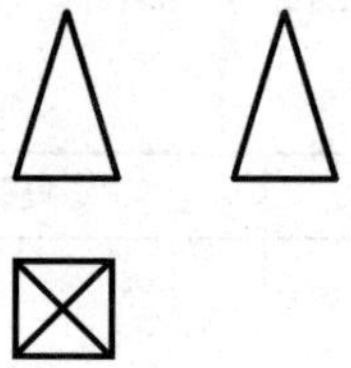

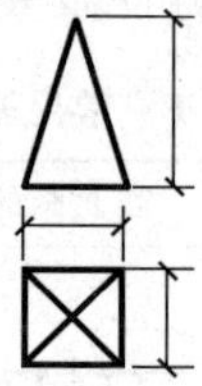

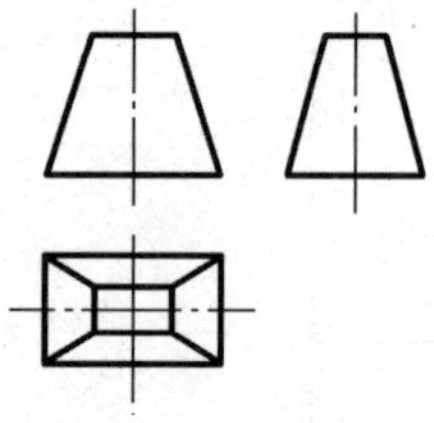

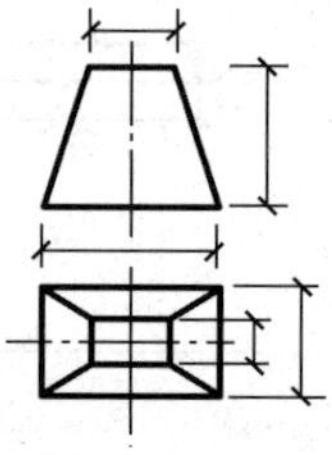

进一步分析表5.1可以看出：

(1)平面体的三面投影,全是多边形或多边形的组合图形,而回转体的三面投影中至少有一个是圆;

(2)决定直棱柱和圆柱、直棱锥和圆锥(包括棱台和圆台)形状和大小的几何条件是底面和高度。

试分析图5.14所示投影图,根据此投影图能否确定其形状,为什么?

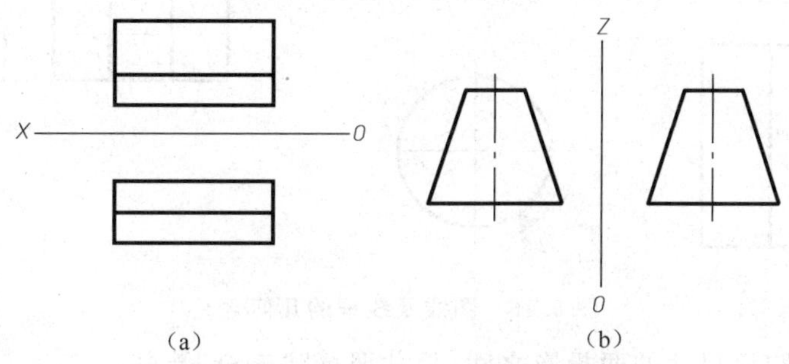

图5.14　判别基本体的形状

对于不完整的基本体,也具备上述投影特征,如图5.15所示,请读者自行分析为何类形体。

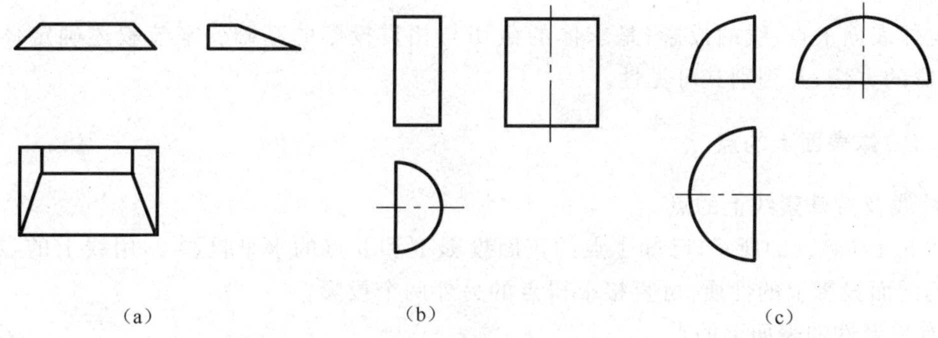

图5.15　不完整的基本体

5.3.2　投影图中图线和闭合线框的几何含义

(1)投影图中的一条图线(实线或虚线)必是下面三种情况之一,如图5.16所示。

①两面交线的投影,用符号“∨”表示;

②面的积聚投影,用符号“▼”表示;

③回转面轮廓素线的投影,用符号“∽”表示。

(2)投影图中的封闭线框,一般情况下代表形体上的一个面(平面、曲面或两个相切的面)的投影。如图5.16所示,矩形线框 p 表示五棱柱上与 H 面倾斜的侧面;矩形线框 q' 表示圆柱体对 V 面可见的前半个柱面;而线框 t' 则表示槽内平行于 V 面的那个侧面。

应当注意,对投影图中的图线及线框的判断,必须根据几个投影图的对应关系而定。

5.3.3　基本体的尺寸标注

投影图只能表达立体的形状,而其大小需由尺寸来确定。任何一个形体都有长、宽、高三个方向的尺寸,因此基本体应注出决定其底面形状的尺寸和高度尺寸,见表5.1。

底面尺寸一般注在反映实形的投影上(回转体的底面直径习惯注在非圆的投影上),高度

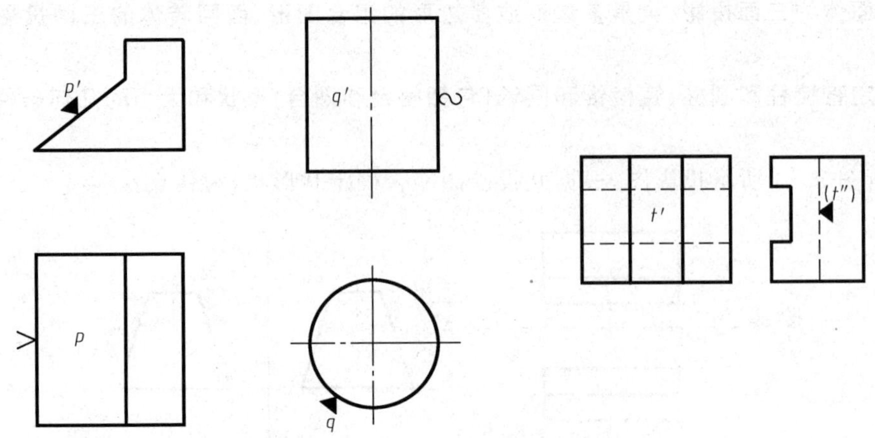

图 5.16　图线及线框的几何含义

尺寸应尽量注在反映该尺寸的两投影之间；尺寸要标注齐全、清楚。

任务 5.4　基本体表面上的点和线

确定体表面上点、线的投影，是求体的截切与相贯投影的基础。本节叙述确定体表面上点、线投影的方法，并判别其可见性。

5.4.1　体表面上的点

1. 棱线及特殊素线上的点

如图 5.17(a)、(b)所示，已知Ⅰ点的正面投影 1′和Ⅱ点的水平投影 2，用线上的点其投影必在线的同面投影上的性质，可直接求得点的另外两个投影。

2. 有积聚性的表面上的点

如图 5.17(c)、(d)所示，已知Ⅲ点的水平投影 3 和Ⅳ点的水平投影 4，利用积聚性，分清面的位置，可直接求得点的另外两个投影。

3. 一般位置表面上的点(需作辅助线确定点的投影)

(1)辅助直线法。如图 5.17(c)所示，已知 A 点的正面投影 a'，过 a' 作辅助线 $s'l'$，求出辅助线的另外两个投影，在其上确定点的投影 a、a''(也可用其他辅助线确定，请读者自行分析)。

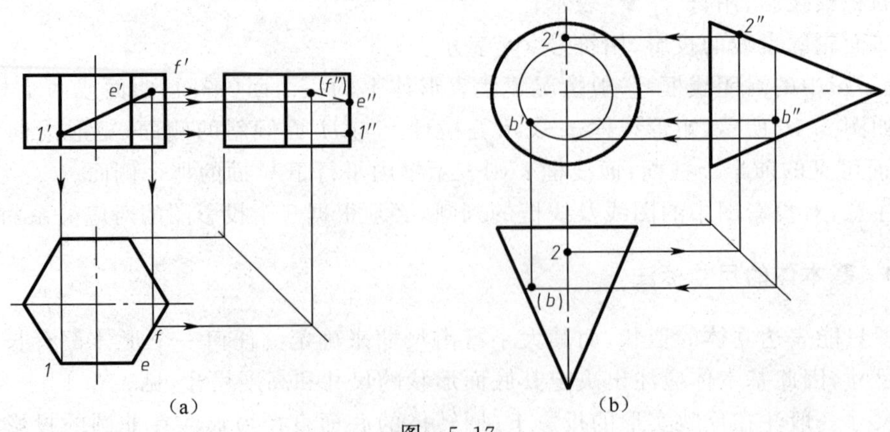

(a)　　(b)

图　5.17

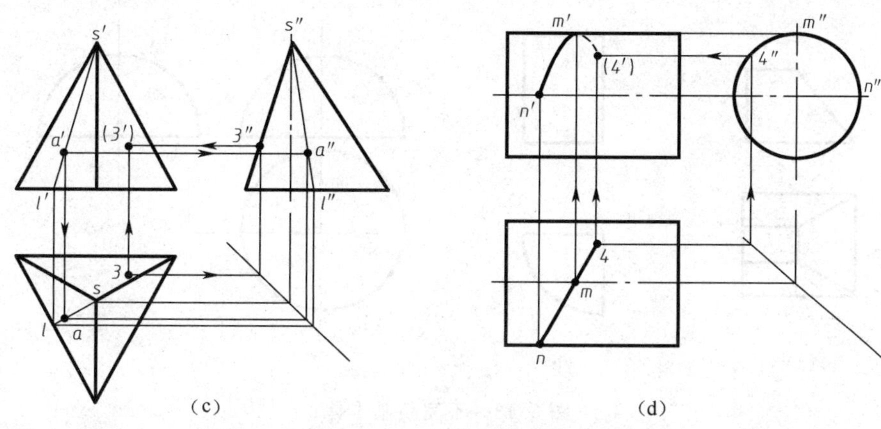

图 5.17　体表面上的点和线

(2)辅助圆法。对于回转体表面上的点,可采用辅助圆法(圆锥也可用辅助素线法)求得,如图 5.17(b)所示,已知 B 点的侧面投影 b'',过 b''作平行于底圆的辅助圆(投影为平行底面的直线),在辅助圆的投影上可确定点的另外两个投影 b'、b。

5.4.2　体表面上的线

确定体表面上线的投影方法与点相同。若为直线,只需确定两端点的投影然后把同面投影相连即可。如图 5.17(a)所示,已知线ⅠEF 的正面投影 $1'e'f'$(由于通过棱,因而为折线),利用前述方法求出 e、f、e''、f'',同面投影连接,并判定可见性;若为曲线,则除确定两端点外,尚需确定适量的中间点及可见与不可见分界点的投影,再行连线。如图 5.17(d)所示,已知曲线Ⅳ N 的水平投影 4、n,请读者自行分析作图,并判定其可见性。

项目小结

1. 基本体可分为平面体(表面由平面围成)和回转体(表面由曲面或平面与曲面围成),又可分为柱体、锥体、台类体和球体。

2. 柱体的投影规律:三面投影为矩形或矩形的组合。

锥体的投影规律:三面投影为三角形(多边形、圆)或三角形的组合。

台类体的投影规律:三面投影为梯形(圆)或梯形的组合。

球体的投影规律:三面投影均为圆形。

3. 位于体表面棱线或素线上的点其投影可以直接求出;在有积聚性面上的点其投影可先求出有积聚性那个面上的投影,在一般位置面上的点投影需用辅助线(面)法求出。

复习思考题

1. 平面体、回转体表面的几何特征是什么?
2. 基本体的投影规律是什么? 怎样总结归纳?
3. 如何标注基本体的尺寸?
4. 识读如图 5.18 所示不完整基本体的投影,说明它们各为何种形体?

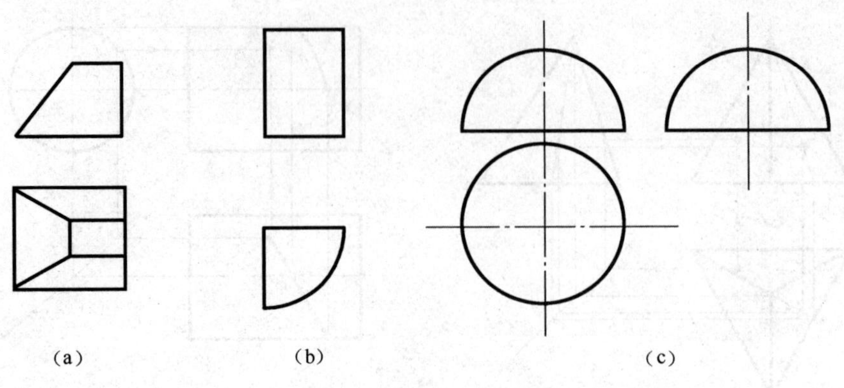

图 5.18　不完整基本体

项目6 轴测投影

项目描述

正投影图虽然能完整准确地表达形体的形状和大小，且作图方便，但它缺乏立体感，所以工程上也采用富有立体感的轴测图作为辅助图样，使之能更便捷直观地了解形体的形状结构，本项目介绍轴测图的基本原理和作图方法。

学习目标

1. 能力目标

有快速、正确地绘制形体轴测图的能力。

2. 知识目标

了解轴测投影图的形成，掌握形体正等测、斜二测图的画法。

3. 素质目标

生产施工、技术交流中常需要根据形体的投影图徒手迅速地画出立体图，本项目着重培养这种工作能力。

任务6.1 轴测投影图的基本概念

6.1.1 轴测投影图的形成

图6.1所示为一个木榫头的正投影图和轴测投影图的形成比较。为了便于分析，假想将木榫头上三个互相垂直的棱与空间坐标轴 X、Y、Z 重合，O 为原点。其正投影如图6.1(a)所示，仅能反映木榫头正面(X、Z 方向)的形状和大小，因此缺乏立体感。如果改变立体对投影面的相对位置，如图6.1(b)所示或改变投影方向，如图6.1(c)所示，就能在一个投影中同时反映出立体的 X、Y、Z 三个方向的形状，即可得到富有立体感的轴测投影图。

综上，如图6.1(b)、(c)所示，**将形体连同确定形体长、宽、高方向的空间坐标轴一起沿 S 方向，用平行投影法向 P 面进行投影称轴测投影，应用这种方法绘出的投影图称轴测投影图，简称轴测图。**

图6.1(b)、(c)中，P 面称**轴测投影面**，空间坐标轴 OX、OY、OZ 在轴测投影面上的投影 O_1X_1、O_1Y_1、O_1Z_1 称**轴测投影轴**(轴测轴)，轴测轴之间的夹角 $\angle X_1O_1Y_1$、$\angle X_1O_1Z_1$、$\angle Y_1O_1Z_1$ 称**轴间角**，平行于空间坐标轴的线段，其轴测投影长度与实际长度之比称**轴向变化率**。

$$\frac{O_1X_1}{OX}=p \quad \text{称之为 } X \text{ 轴的轴向变化率}$$

$$\frac{O_1Y_1}{OY}=q \quad \text{称之为 } Y \text{ 轴的轴向变化率}$$

$$\frac{O_1Z_1}{OZ}=r$$ 称之为 Z 轴的轴向变化率

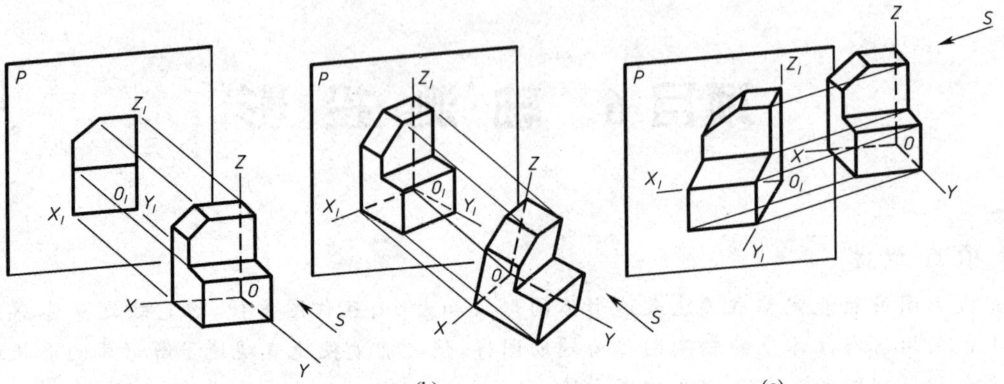

(a)　(b)　(c)

图 6.1　轴测投影的形成

6.1.2　轴测图的种类

(1)如图 6.1(b)所示,将形体放斜,使立体上互相垂直的三个棱均与 P 面倾斜,用垂直于 P 面的 S 方向进行投影,称正轴测投影。

(2)如图 6.1(c)所示,选取形体上坐标面如 XOZ 与 P 面平行,用倾斜于 P 面的 S 方向进行投影,称斜轴测投影。

在轴测图中,由于形体与轴测投影面相对位置不同或投影方向与轴测投影面的夹角不同,致使三个轴向变化率不同,可得到不同的轴测图,常用的有正等轴测图和斜二轴测图。

6.1.3　轴测投影的特点

由于轴测投影采用的是平行投影法,所以它具有平行投影的基本性质:

(1)形体上相互平行的线段,其轴测投影平行;与空间坐标轴平行的线段,其轴测投影与相应的轴测轴平行——平行性。

(2)形体上平行于坐标轴的线段,其投影的变化率与相应轴测轴的轴向变化率相同,形体上成比例的平行线段,其轴测投影仍成相同比例——定比性。

由此,凡与 OX、OY、OZ 平行的线段,其轴测投影不但与相应的轴测轴平行,且可直接度量尺寸,与坐标轴不平行的线段,则不能直接量取尺寸,"轴测"一词即由此而来,轴测图也可说是沿轴向测量所画出的图。

任务 6.2　正等轴测投影图

形体的三个坐标轴与轴测投影面的倾角相等时,获得的轴测图称为**正等轴测投影图**简称**正等测图**。

6.2.1　轴间角及轴向变化率

1. 轴 间 角

经推证可知,正等测图的轴间角 $\angle X_1O_1Y_1=\angle X_1O_1Z_1=\angle Y_1O_1Z_1=120°$,$O_1Z_1$ 一般画成竖直方向,如图 6.2 所示,O_1X_1 轴 O_1Y_1 轴可用 30°三角板很方便地作出。

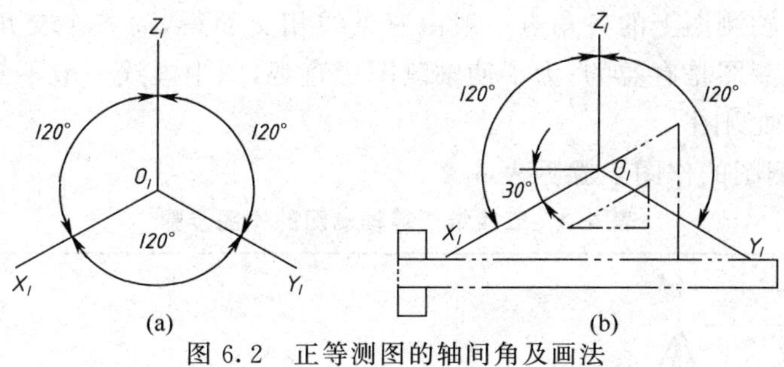

图 6.2 正等测图的轴间角及画法

2. 轴向变化率

由于三个坐标轴与轴测投影面的倾角相同,它们的轴向变化率也相同,经计算可知:$p=q=r\approx0.82$。画图时,应按这个系数将形体的长、宽、高尺寸缩短,但在实际作图时取其实长,即 $p=q=r=1$ 称**简化的轴向变化率**。用此法画出的图,三个轴向尺寸都相应放大了 1/0.82=1.22 倍,这样作图其形状未变而方法简便。

6.2.2 平面体正等测图的画法

画平面体轴测图的基本方法是坐标法,据平面体各角点的坐标或尺寸,沿轴测轴,按简化的轴向变化率,逐点画出,然后依次连接,即得到平面体的轴测图。

1. 棱柱的正等轴测图

四棱柱的正等测图,其作图步骤见表 6.1。

表 6.1 四棱柱正等测图的作图步骤

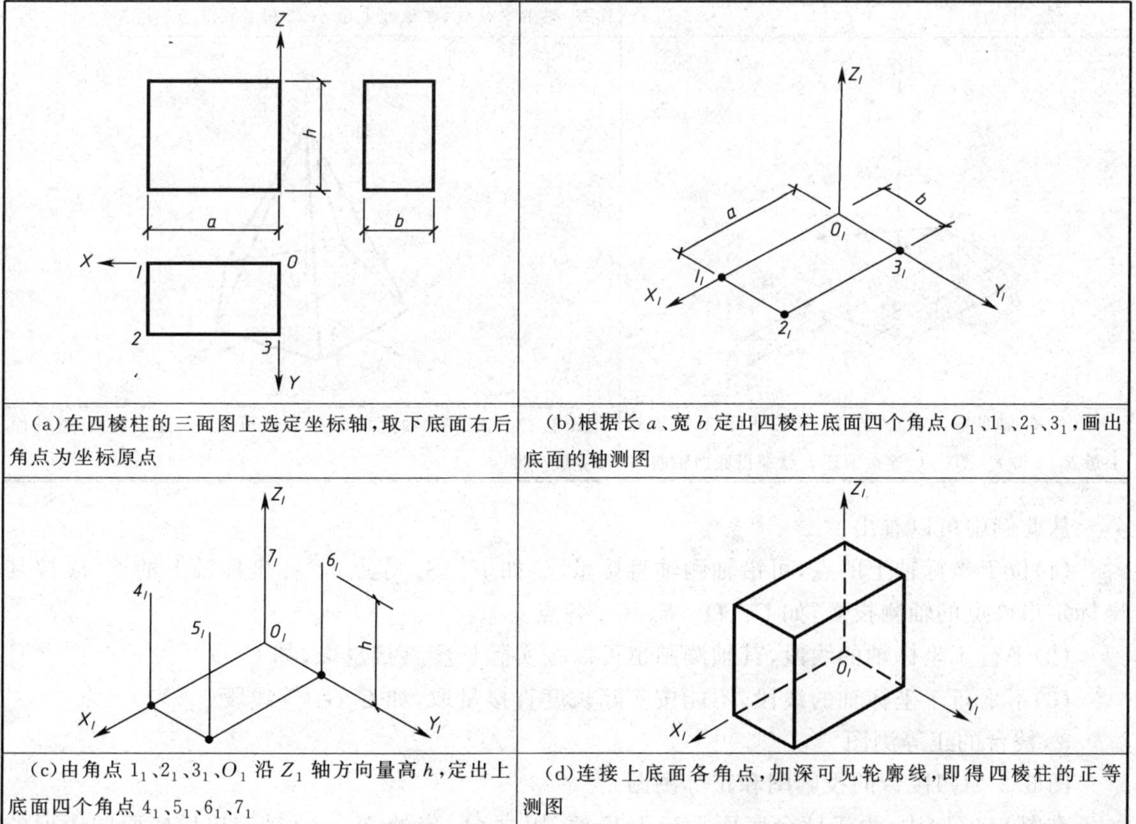

(a)在四棱柱的三面图上选定坐标轴,取下底面右后角点为坐标原点	(b)根据长 a、宽 b 定出四棱柱底面四个角点 O_1、1_1、2_1、3_1,画出底面的轴测图
(c)由角点 1_1、2_1、3_1、O_1 沿 Z_1 轴方向量高 h,定出上底面四个角点 4_1、5_1、6_1、7_1	(d)连接上底面各角点,加深可见轮廓线,即得四棱柱的正等测图

从表 6.1 可知：轴测图上的各角点一般由三条线相交而得，而各个交角是由三个面构成，掌握此特点，对作轴测图是有益的；为了使轴测图更直观，图中虚线一般不画。

2. 棱锥的正等轴测图

五棱锥正等轴测图的作图步骤见表 6.2。

表 6.2　五棱锥正等轴测图的作图步骤

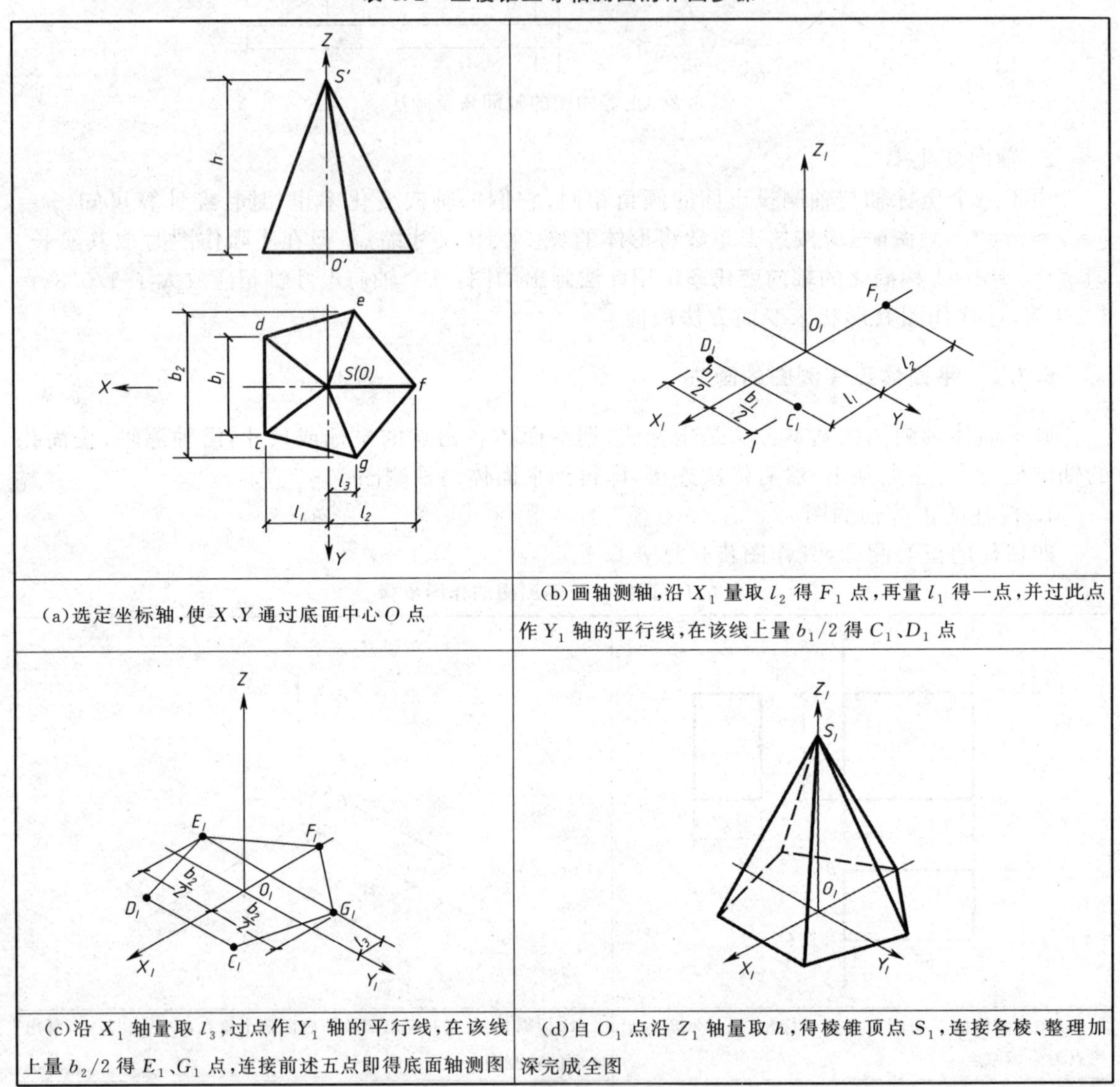

(a)选定坐标轴，使 X、Y 通过底面中心 O 点	(b)画轴测轴，沿 X_1 量取 l_2 得 F_1 点，再量 l_1 得一点，并过此点作 Y_1 轴的平行线，在该线上量 $b_1/2$ 得 C_1、D_1 点
(c)沿 X_1 轴量取 l_3，过点作 Y_1 轴的平行线，在该线上量 $b_2/2$ 得 E_1、G_1 点，连接前述五点即得底面轴测图	(d)自 O_1 点沿 Z_1 轴量取 h，得棱锥顶点 S_1，连接各棱、整理加深完成全图

从此例中可以看出：

(1)位于坐标轴上的点，可沿轴测轴直接量取，如 F_1、S_1 等点；不在坐标轴上的点，应按其坐标定出该点的轴测投影，如 C_1、D_1、E_1、G_1 各点。

(2)平行于坐标轴的线段，其轴测图也可以按实际长度直接量取，如 C_1D_1。

(3)不平行于坐标轴的线段，不能按实际长度直接量取，如 C_1G_1 等线段。

3. 棱台的正等测图

图 6.3 为四棱台的投影图和正等测图。

在图 6.3(b)中，由于棱台底面平行于 V 面，用过 O_1 点的 X_1、Z_1 轴定出后底面四边形的轴测图，再在 O_1Y_1 轴上确定前底面中心 O_2，过 O_2 点用同法定出前底面四边形的轴测图，再将相应的角点相连，整理加深即得侧棱的轴测图。（读者自行描画完整）

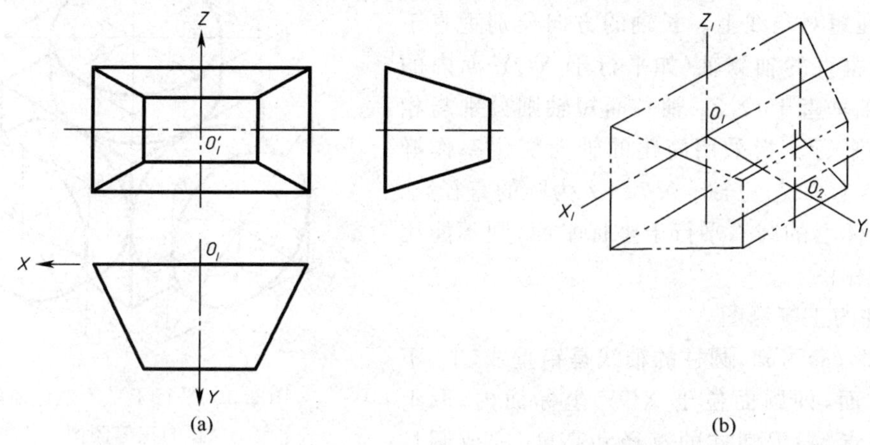

图 6.3 四棱台的投影图和正等测图

6.2.3 回转体正等测图的画法

1. 圆的正等测图

回转体的底面常常具有圆和圆弧，作此类体的正等测图时，应使其底面与投影面平行，它们在正等测图中成为椭圆或椭圆弧。由于三个坐标平面与轴测投影面倾角相等，因此，三个坐标面上的椭圆作法相同。工程上常用辅助菱形法（近似画法）作圆的轴测图。现以水平圆为例，其作图步骤见表 6.3。

表 6.3 辅助菱形法作椭圆的步骤

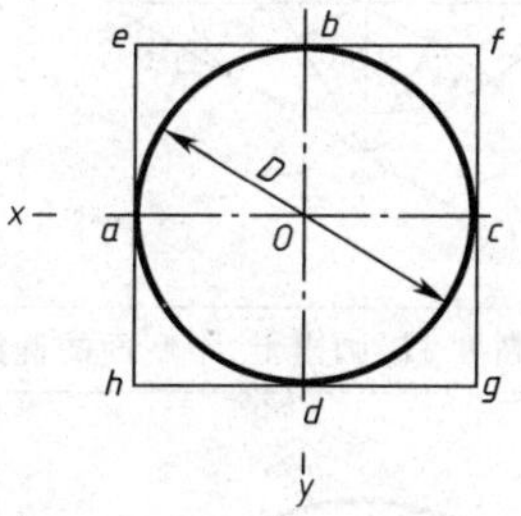 (a)画圆的外切正四边形 $efgh$，与圆切于 a、b、c、d 四点	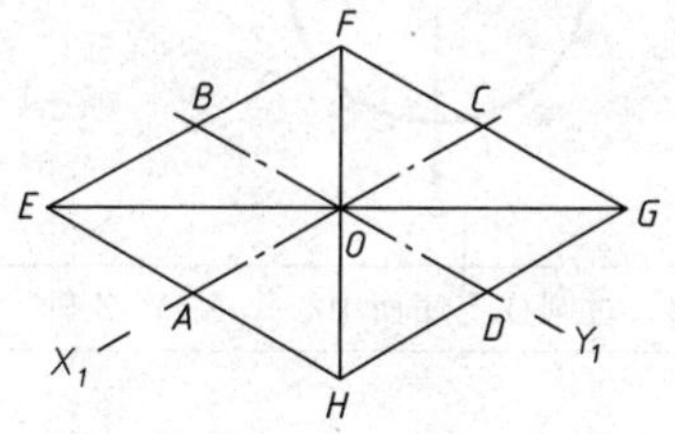 (b)画轴测轴。作外切正四边形的轴测图(菱形)
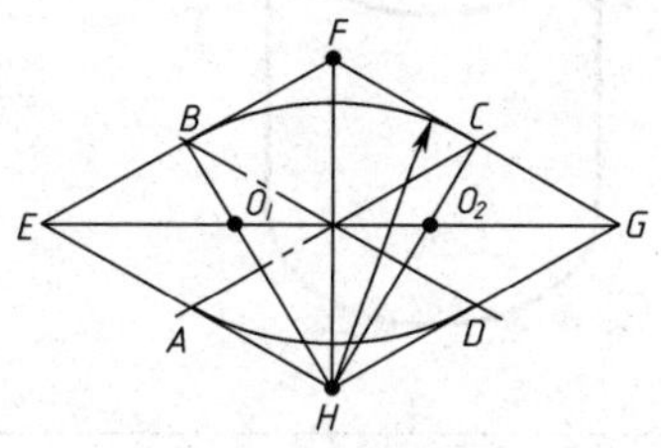 (c)连 HB、HC 交菱形长对角线于 O_1、O_2 点，以 H、F 为圆心、以 HB 为半径画大弧 $\overset{\frown}{BC}$、$\overset{\frown}{AD}$	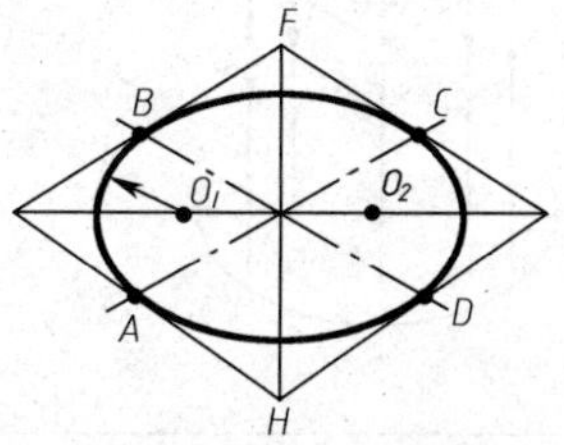 (d)以 O_1、O_2 为圆心，以 O_1A 为半径画小圆弧 $\overset{\frown}{AB}$、$\overset{\frown}{CD}$，四段圆弧构成近似椭圆

注：此圆为水平面采用 X、Y 轴作图，若为正平面或侧平面则所选取的坐标轴不同。

图 6.4 所示为底面平行于三个坐标面圆的正等测图。由图可知：椭圆的长轴在菱形的长对角线上，而短轴在短对角线上。长轴的方向分别垂直于与该坐标面垂直的轴测轴（如平行于 XOY 面内的椭圆，其长轴垂直于 O_1Z_1 轴），而短轴则分别与相应的轴测轴平行。当采用简化的轴向变化率作椭圆时，长轴≈$1.22d$，短轴≈$0.7d$（d 为圆的直径）。

如果形体上的圆不平行于坐标平面，则不能用辅助菱形法作图。

2. 圆柱的正等测图

由表 6.4(a)可知，圆柱的轴线是铅垂线，上、下底圆是水平面，即圆面位于 XOY 坐标面内，取上底圆心为原点，根据圆柱的直径和高度，完成圆柱的正等测图。作图步骤如表 6.4 所示。

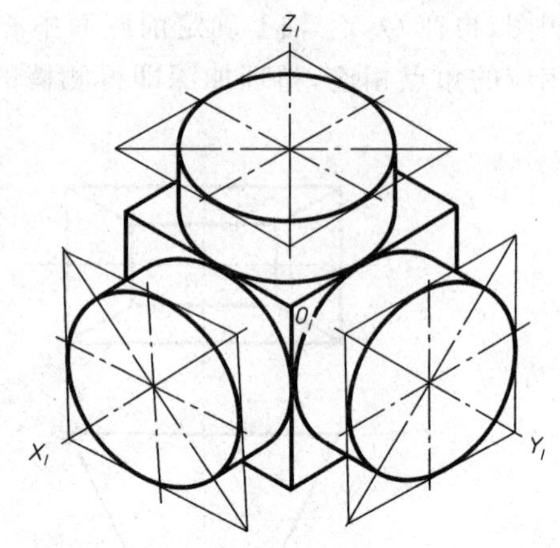

图 6.4　平行于三个坐标面的圆的正等测图

表 6.4　圆柱正等测图作图步骤

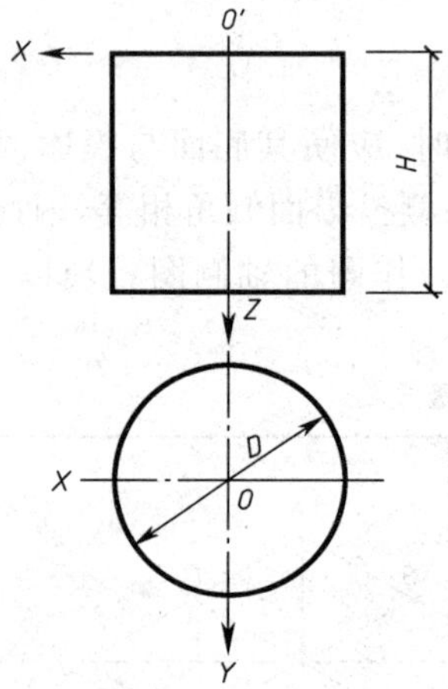 (a)选坐标轴。过圆柱上底面中心作 X、Y、Z 轴	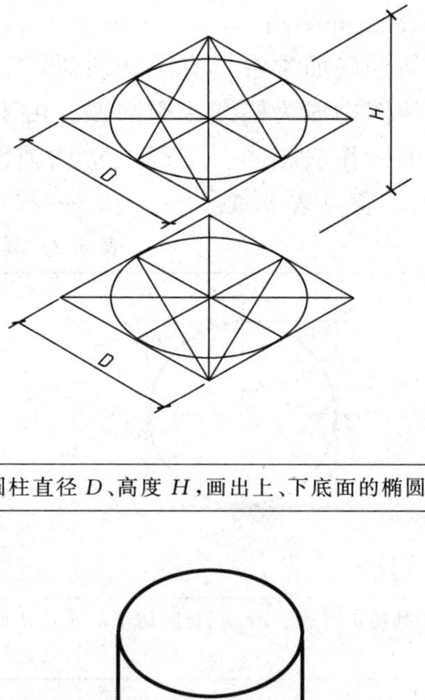 (b)根据圆柱直径 D、高度 H，画出上、下底面的椭圆
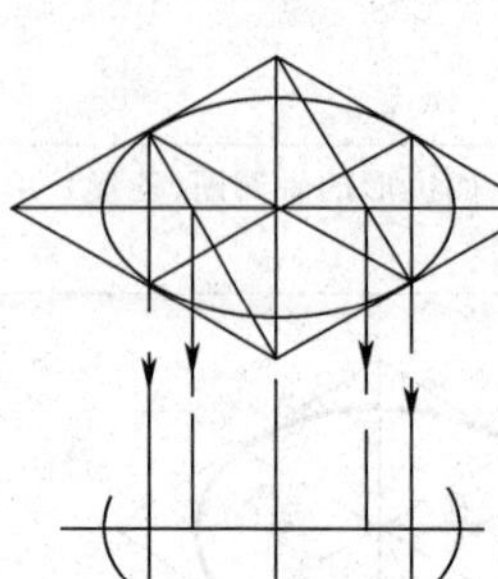 (c)下底面椭圆也可用**移心法**作出	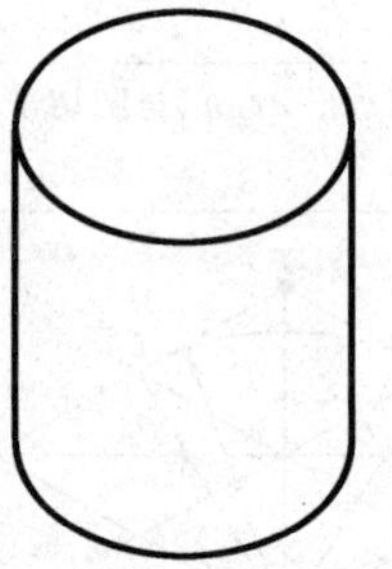 (d)作两椭圆的切线，整理加深

3. 圆台的正等测图

表 6.5 所示为圆台正等测图的作图步骤。

表 6.5　圆台正等测图作图步骤

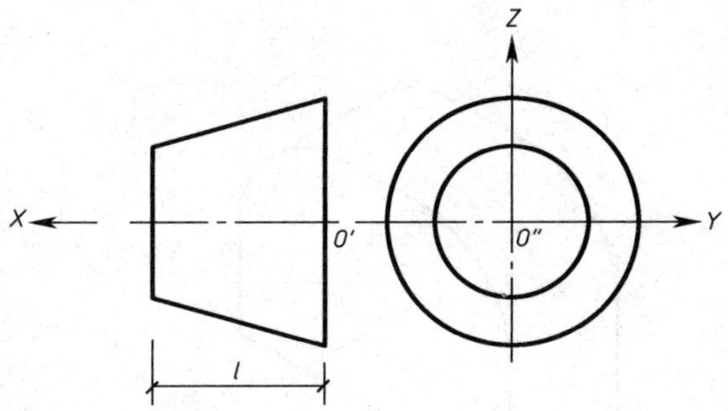 (a)定坐标轴	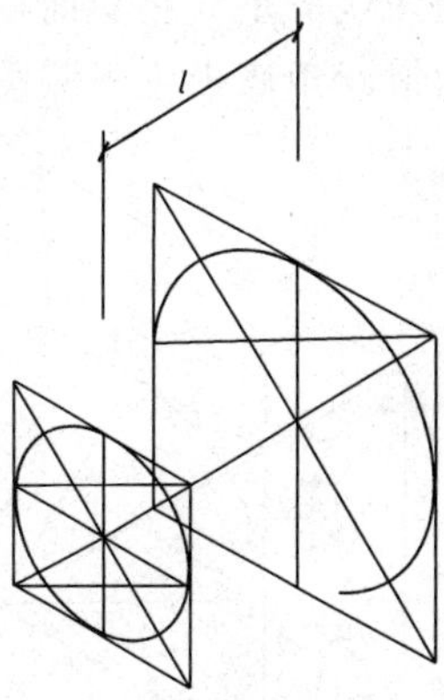 (b)作位于 *YOZ* 坐标面内左、右底面的椭圆,为了简化作图,右面椭圆可只画一部分
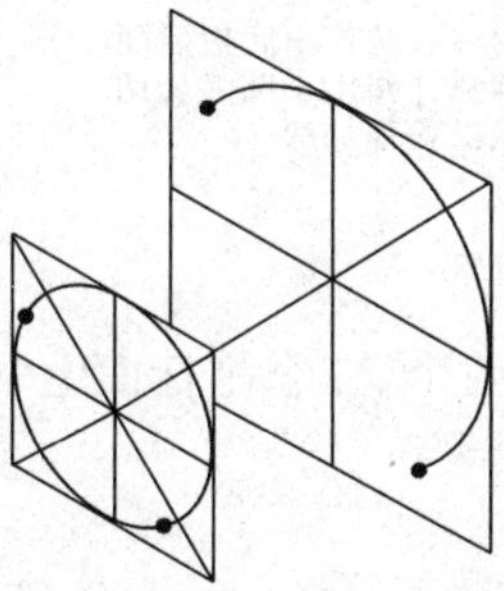 (c)作椭圆的公切线。由于椭圆大小不同,切点在长轴两端点偏左的位置	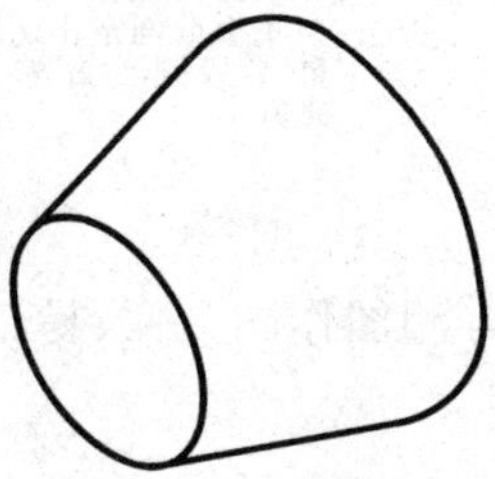 (d)整理、加深

4. 圆角的正等测图

图 6.5(a)是带圆角的矩形底板。对于四分之一圆周的圆角,不必把整圆的轴测图画出,只要根据圆正等测图的做法,直接定出所需的切点和圆心,画出相应的圆弧即可。如图 6.5(b)

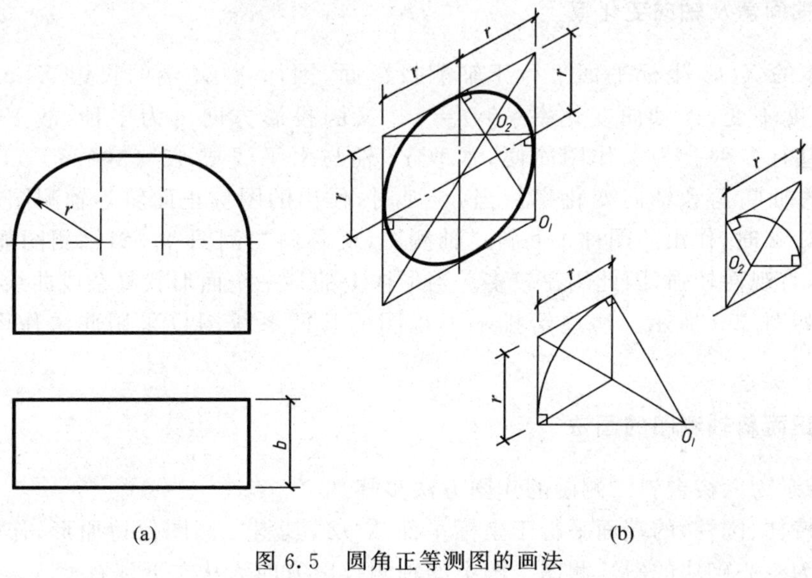

图 6.5　圆角正等测图的画法

所示矩形底板的两圆弧，其轴测图可视为椭圆上大小不同的两段弧，该两弧圆心 O_1、O_2 可自切点作圆弧两切线的垂线相交而得到(为什么，读者可自行分析)。

图 6.6 为带圆角底板正等测图的作法。

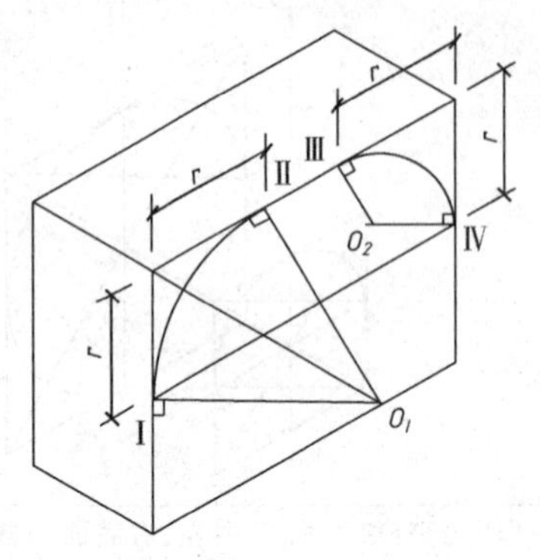

(a)作长方形底板正等测图，在底板前面定出切点Ⅰ、Ⅱ、Ⅲ、Ⅳ及圆心O_1、O_2，作出圆弧

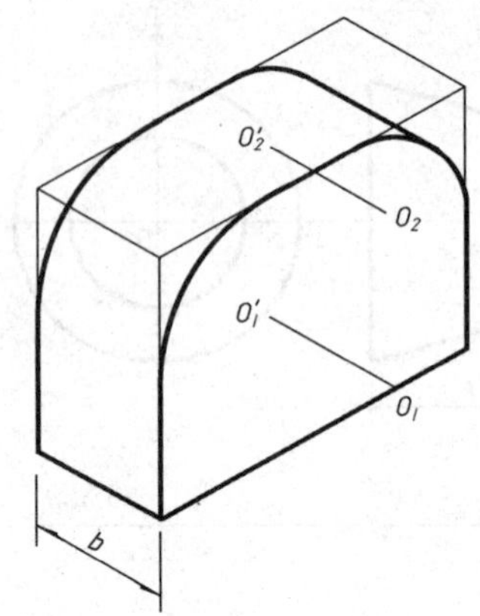

(b)用移心法作出底板后面圆弧并作出小圆弧公切线，整理加深

图 6.6 带圆角底板正等测图的画法

综上，正等测图作图方便，易于度量，尤其是柱类形体和两个、三个坐标面上均带有圆形结构者更宜采用。

任务 6.3 斜轴测投影图(正面斜轴测图)

不改变形体对投影面的位置，而使投影方向倾斜于投影面，如图 6.7 所示，即得斜轴测投影图，简称斜轴测图。

以 V 面或 V 面平行面作为轴测投影面所得到的斜轴测图，称为正面斜轴测图。

6.3.1 轴间角及轴向变化率

由于形体的 XOZ 坐标平面平行于轴测投影面，因而 X、Z 轴的投影 X_1、Z_1 轴互相垂直，且投影长度不变，即轴向变化率 $p=r=1$。又因投影方向可为多种，故 Y 轴的投影方向和变化率也有多种。为了作图简便，常取 Y_1 轴与水平线成 45°(30°、60°)，图 6.8 为正面斜轴测图的轴间角和轴向变化率。当 $q=1$ 时，作出的图称正面斜等轴测图(简称斜等测图)；若取 $q=1/2$ 时，作出的图称正面斜二轴测图(简称斜二测图)。斜轴测图能反映正面实形，作图简便，直观性较强，因此用得较多。当形体上的某一个面形状复杂或曲线较多时，用该法作图更佳，如图 6.9 所示。房屋给排水工程图的管网系统图也采用此法作图，如图 6.10 所示。

6.3.2 正面斜轴测图的画法

表 6.6 所示为六棱台斜二测图的作图方法步骤。

若柱体(棱柱、圆柱)的端面平行于坐标平面 XOZ，其斜二测图保持原形，作图尤为简便。图 6.11 所示为空心砌块的斜二测图。图中的轴测投影方向为从左下到右上。

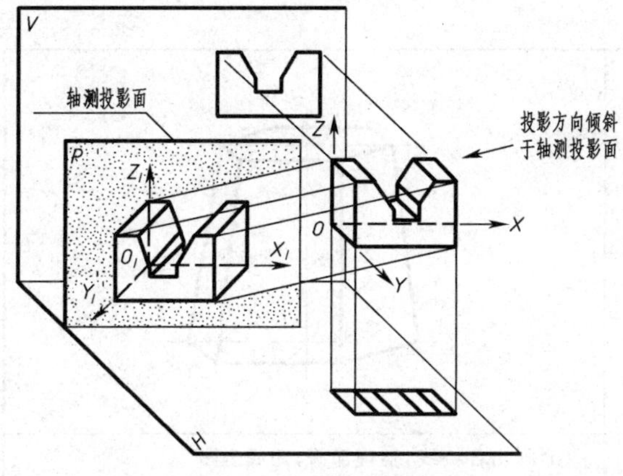

图 6.7　斜轴测图的形成

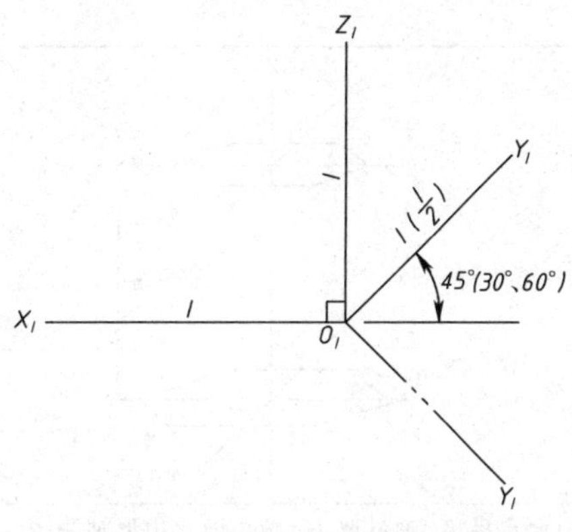

图 6.8　正面斜轴测图的轴间角及轴向变化率

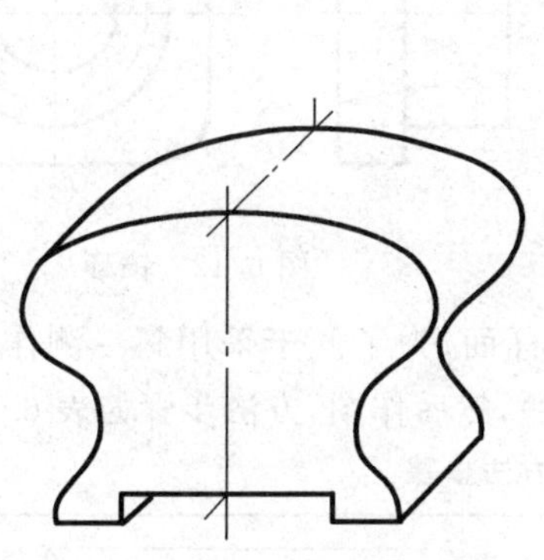

图 6.9　立体的斜二测图

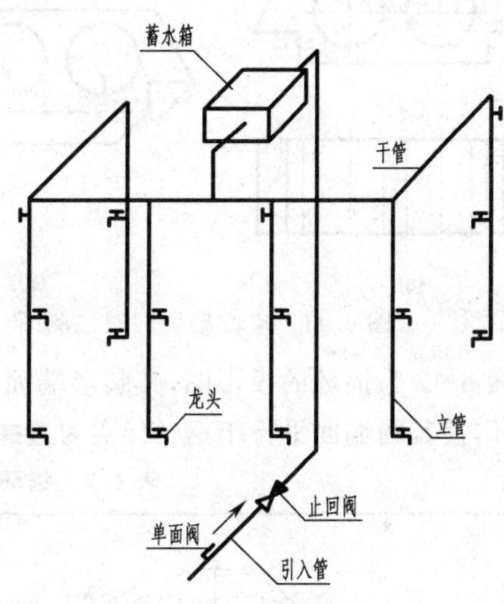

图 6.10　管网系统图(斜等测图)

表 6.6　六棱台斜二测图作图的方法步骤

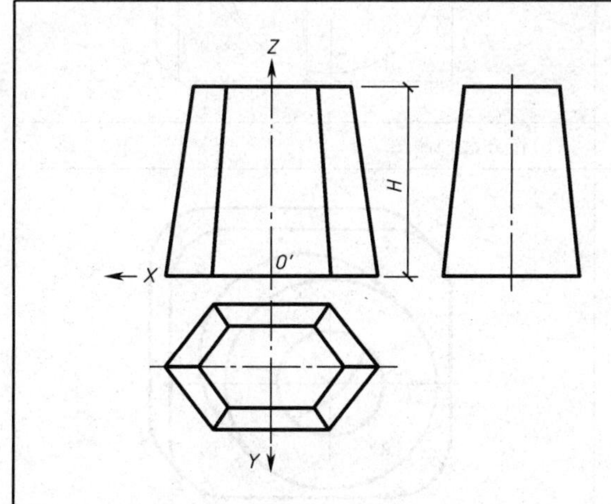	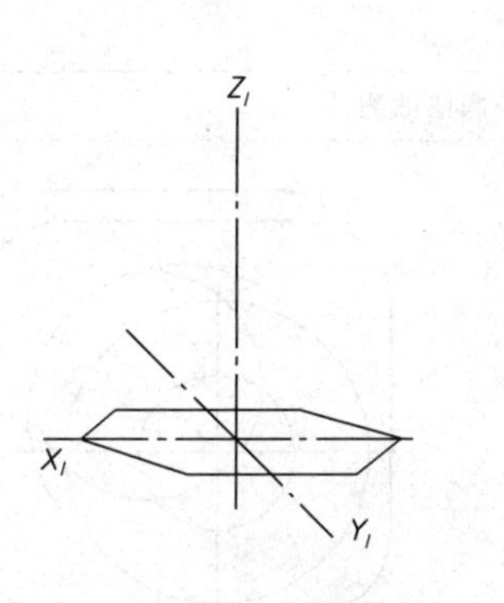
(a)确定原点,画出坐标轴	(b)画轴测轴,完成底面六边形轴测图(Y 向尺寸量½实长)

续上表

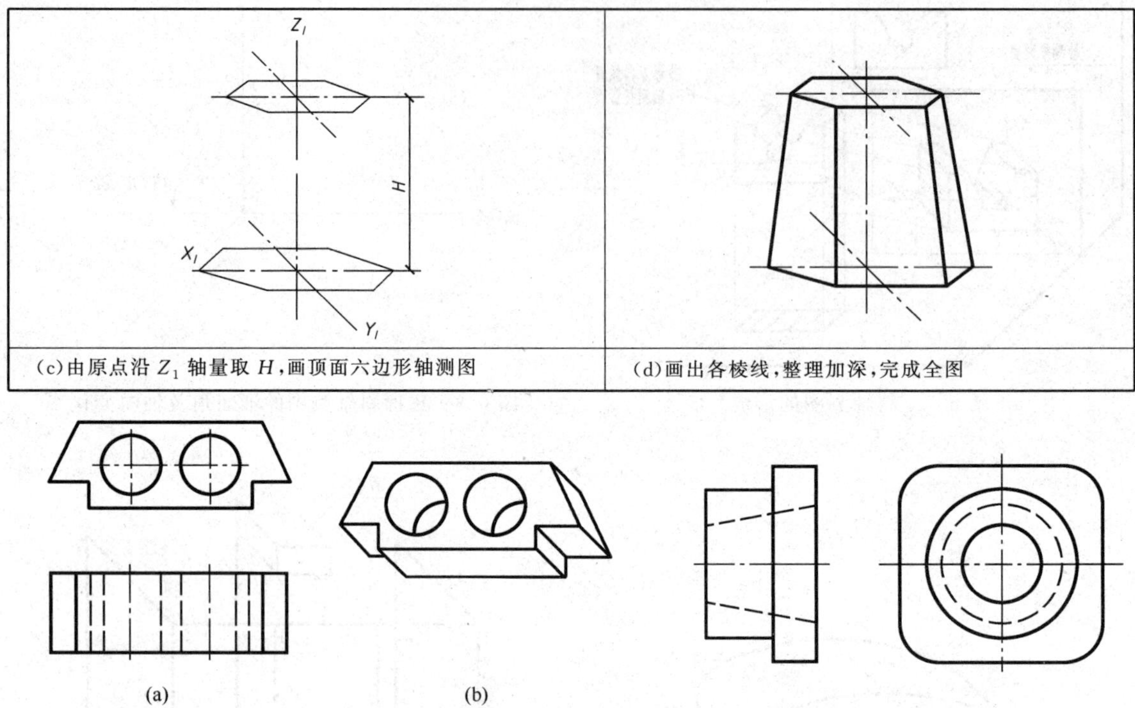

图 6.11　空心砌块的斜二测图　　　　图 6.12　锚环

图 6.12 为锚环的投影图,其圆形端面平行于 YOZ 坐标面,为了便于采用斜二测作图,可转动锚环,使其圆端面平行于 XOZ(实为选择安放位置,后述),然后作图,方法步骤如表 6.7 所示。

表 6.7　锚环斜二测图作图的方法步骤

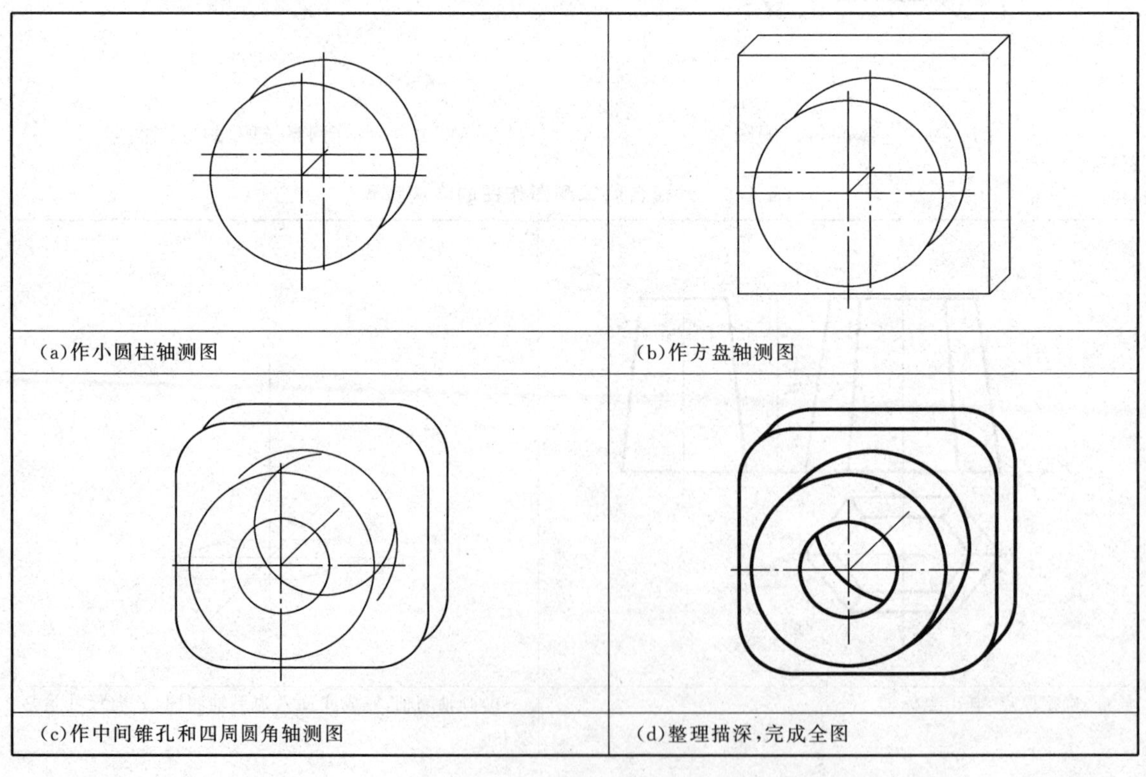

斜等测图与斜二测图的画法相同，区别仅在于 $q=1$。读者可自行试画。

任务 6.4　轴测投影图的选择

选择轴测图的类型时，可根据画出的轴测图立体感是否强、图样是否清晰、作图是否简便的原则进行考虑。

6.4.1　图样要富有立体感

为达到轴测图有较好的图示效果，作轴测图时，应尽量避免：**形体转角处交线的轴测投影形成一条直线，或形体的某一侧面的轴测投影积聚成一条直线的情况。**

图 6.13(a)所示柱的正等测图中，其转角上下成为一条直线，不仅不能表达该处的形象，还会影响其他部分的表达效果，而柱的斜二测图则立体感较好。图 6.13(b)中，形体的斜二测图，其后上方侧面积聚成一条线，虽然可以通过改变 Y_1 角度改善图示效果，但选用正等测图则表达效果较好。确定形体的侧面或转角，在轴测图中是否会形成直线的方法是，**根据轴测投影方向的三面投影来决定。**经推证可知，正等测图、斜二测图投影方向的三面投影如图 6.14(a)、(b)所示。

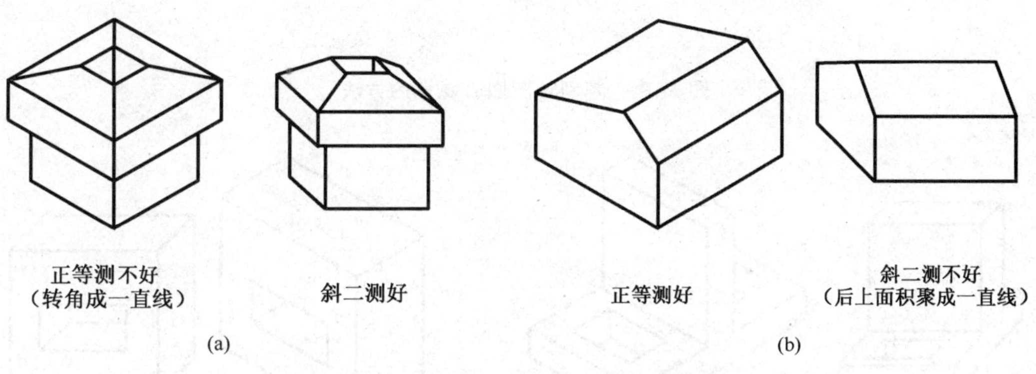

图 6.13　正等测、斜二测图直观效果的比较

当形体表面的积聚投影或两面交线的方向与轴测投影方向的同面投影平行时，其轴测投影必成一直线，如图 6.14(c)柱转角的水平投影成 45°线，则该柱采用正等测图时立体感就较差；在图 6.14(d)中，形体的后上面，其侧面投影积聚成一直线与水平线夹角≈20°时，则采用斜二测图表达效果必然要差。

6.4.2　图形要完整清晰

选择轴测图时，还应注意使所画出的图形能充分显示该形体的主要部分(外形、孔洞)的形状和大小，使被遮挡的部分较少，且不影响整体形状的表达，如图 6.15 所示。

6.4.3　作图应简便

作图方法是否简便，直接影响绘图的速度和质量。

正等测图接近于视觉，较为悦目，且作图简便，尤其形体的三个坐标面上均有圆(轴测图中为椭圆)时，采用正等测图为宜，若形体某一面的形状复杂或曲线较多时，采用斜二测图较好，如图 6.16 所示。

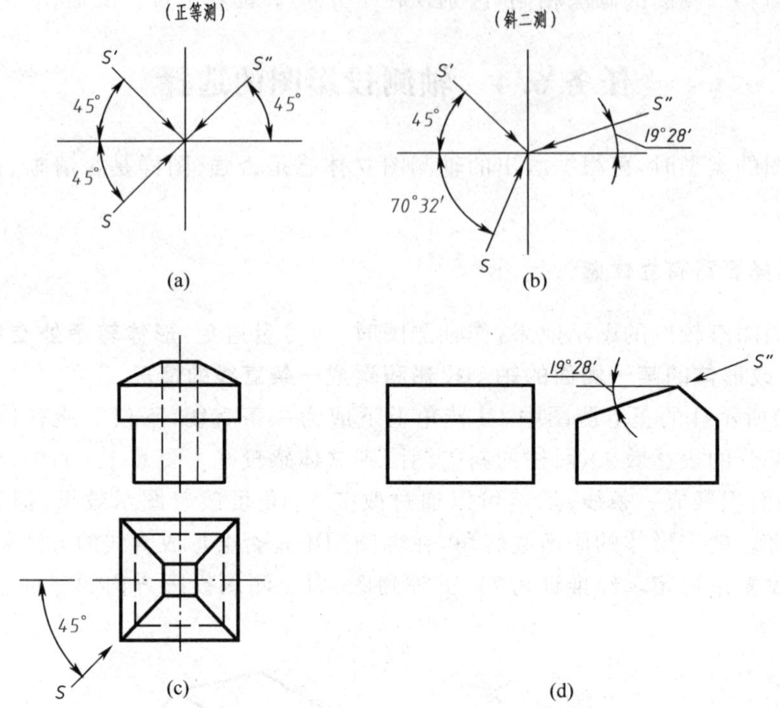

图 6.14　判别轴测图直观性的方法

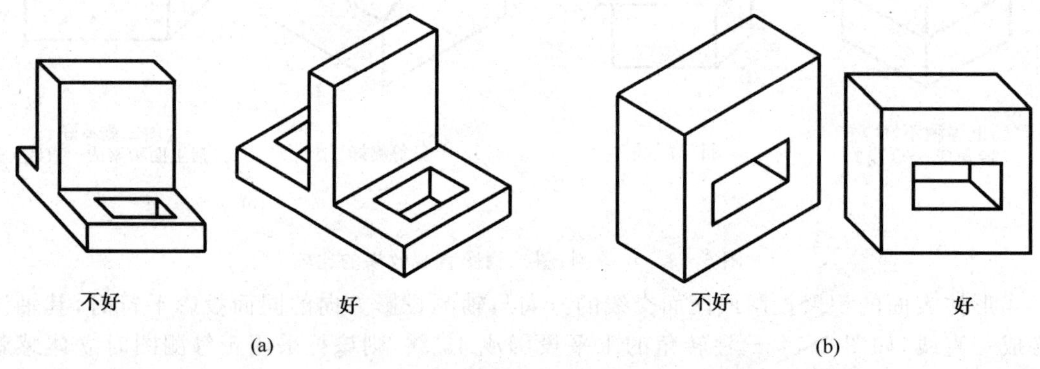

图 6.15　轴测图的清晰性比较

坐标原点的选择也很重要，选择得恰当，不仅作图简便，而且图形又清晰，如表 6.2 所示。影响轴测图表达效果的因素，还应考虑形体的安放位置，如图 6.17(b) 所示，就不如图

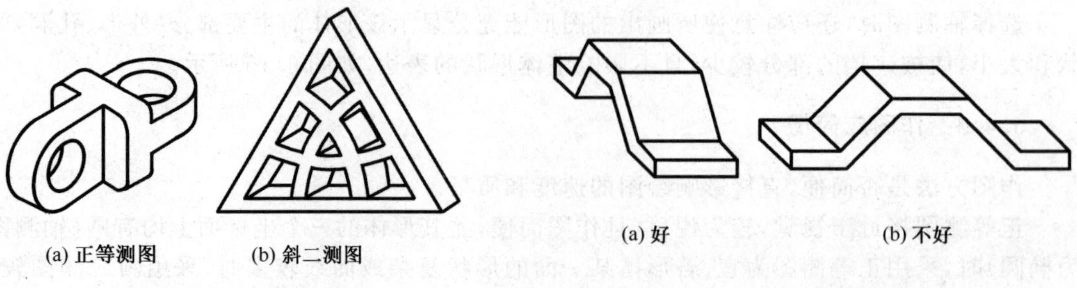

图 6.16　轴测图作图的简便性比较　　　　图 6.17　形体安放位置的比较

6.17(a)好；作轴测图还应选择有利的观察方向，以正等测图为例，有四种投影方向可供选择，如图 6.18 所示。

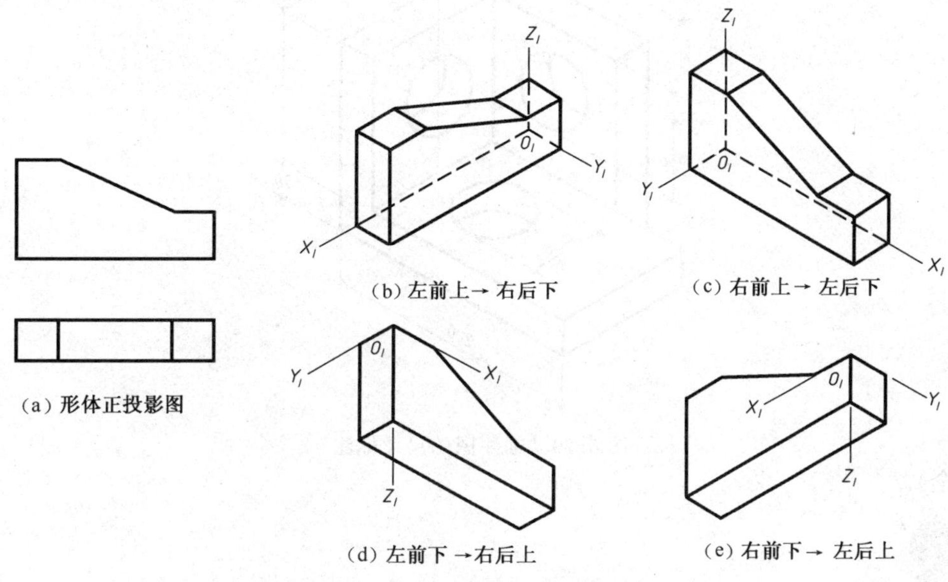

图 6.18　轴测图的四种投影方向

试分析图 6.19(a)柱基础、图 6.19(b)板梁柱节点的轴测投影方向是如何选择的，为什么？

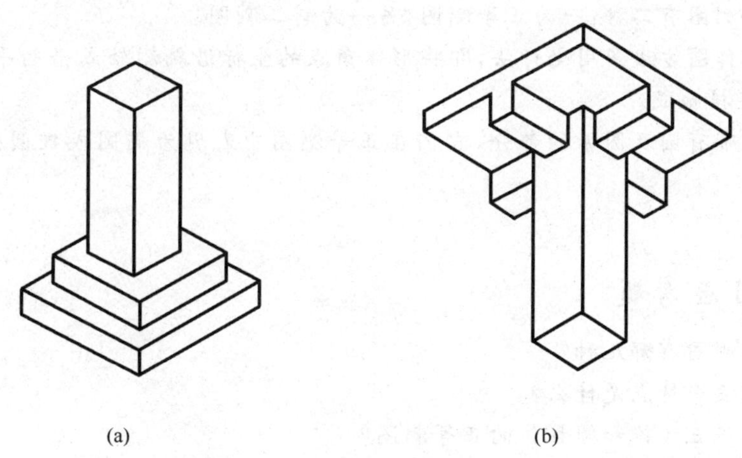

图 6.19　形体轴测投影方向的选择

任务 6.5　轴测图的尺寸标注

轴测图的线性尺寸，应标注在各自所在的坐标平面内。尺寸线平行于被注长度，尺寸界线平行于相应的轴测轴，尺寸数字的字头方向平行于尺寸界线，若出现字头向下倾斜时，应将尺寸线断开，在该处水平方向注写数字，轴测图中的起止符号宜用小圆点；轴测图的圆直径尺寸，也应标注在圆所在的坐标面内，尺寸线、尺寸界线分别平行各自的轴测轴，圆弧半径及小圆直径尺寸可引出标注，但尺寸数字应注写在平行于轴测轴的引出线上，如图 6.20 所示(图中尺寸

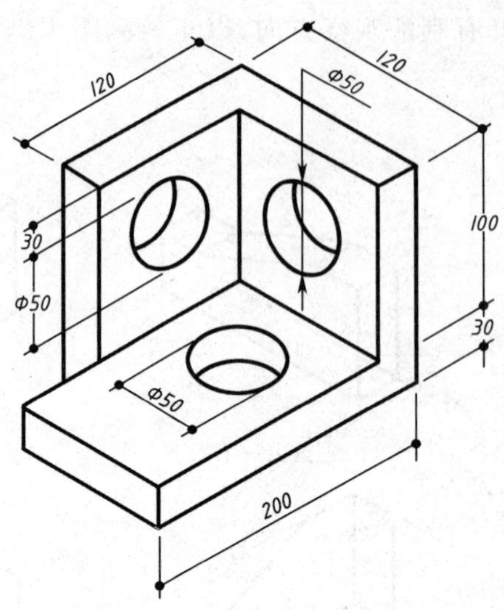

图 6.20 轴测图的尺寸标注

尚未注全)。

项目小结

1. 轴测图是能在同一投影面上反映形体长、宽、高三个向度富有立体感的直观图,它也具有平行投影的特性。

2. 常用的轴测图有二种:一为正等测图,另一为斜二测图。

3. 轴测图的作图方法多用坐标法,即将形体角点的坐标沿轴测轴或借助平行轴测轴的线段测量出来,再连接而成。

4. 曲面体中带有圆及圆弧的部分,它们在正等测图中表现为椭圆或椭圆弧,可用菱形法作出。

复习思考题

1. 常用的轴测图有哪几种?

2. 轴测图的投影特点是什么?

3. 如何画出正五棱锥和圆柱体的正等测图?

4. 斜二测图的画法特点是什么?

5. 选择轴测图种类的原则是什么?

项目7　组合体的投影

项目描述

本项目介绍组合体的组合形式、组合体投影图的画法和识读方法并说明组合体的尺寸注法和轴测图的画法。

学习目标

1. 能力目标

能分析组合体的组成，掌握组合体投影图的绘制和识读方法，为研究复杂的工程形体奠定坚实基础。

2. 知识目标

熟悉形体分析法，能运用形体分析法画出组合体投影图并能快速地识读组合体投影图。

3. 素质目标

培养分析问题解决问题的能力，养成善于分析的习惯，丰富空间想像能力。

任务7.1　组合体的组合形式及其表面交线的分析

工程建筑物和机械零件，从形体角度均可以看成是由基本体组合而成的。这种由基本体按一定形式组合而成的立体称为组合体。

7.1.1　组合形式

组合体按其组合形式可分为叠加式、切割式和综合式三种。

(1)由几个基本形体叠加而形成的体称叠加式组合体，如图7.1(a)所示水塔是由圆柱和圆台组成的。

(2)从一个基本形体上切割掉若干基本形体，或一个基本形体被平面截切而形成的体称切割式组合体，图7.1(b)所示压块是由一个四棱柱体被切去三个四棱柱和一个圆柱形成的。

(3)由上述两种形式共同形成的体称综合式组合体，图7.1(c)所示圆涵管节是由棱柱、圆柱叠加，又被挖去一个圆柱体而形成的。

7.1.2　组合体表面交结处分析

组成组合体的各基本体组合在一起，其表面结合成不同情况，分清它们的连接关系，才能避免绘图中出现漏线或多画线的问题。

体表面交结处的关系，可分为平齐、不平齐、相切、相交四种。

(1)平齐：如图7.2(a)、(b)所示，由三个四棱柱叠加而形成的台阶，左侧面结合处的表面平齐没有交线，在侧面投影中不应画出分界线，图 7.2(c)是错误画法。

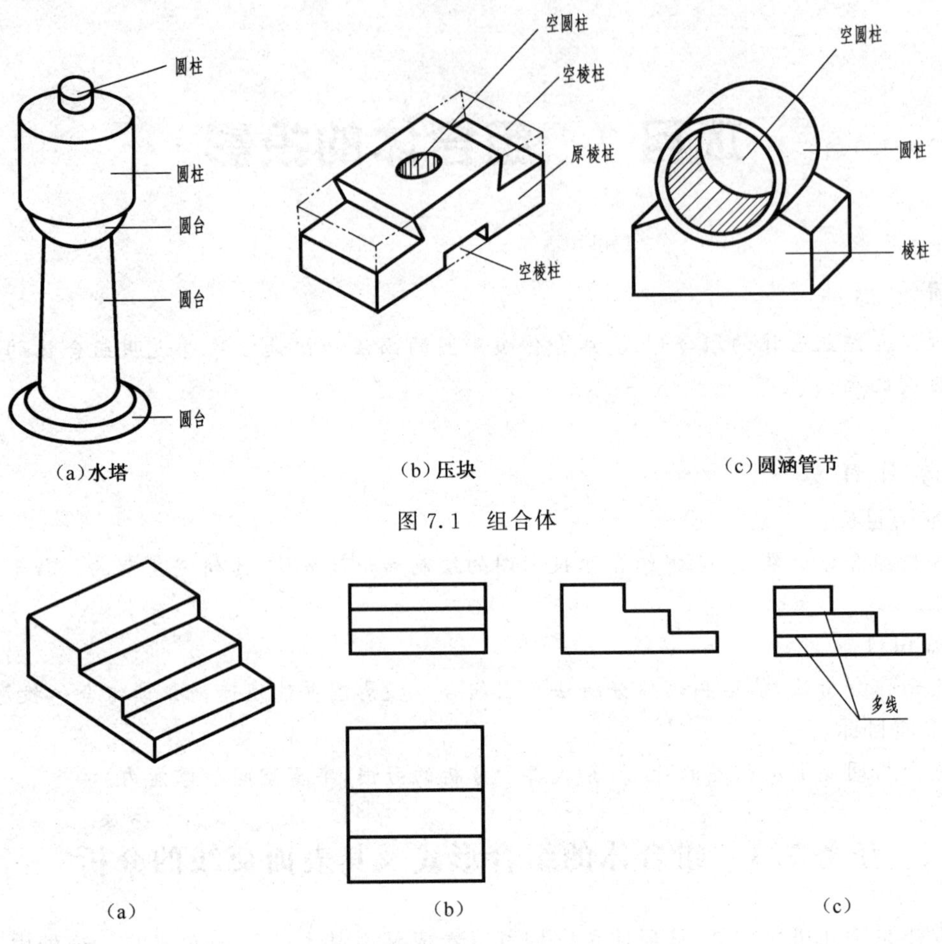

图 7.1　组合体

图 7.2　表面交结处的分析(一)

(2)不平齐：当形体表面结合成不平齐而形成台阶时，则在投影图中应画出线将它们分开，如图 7.2(b)中的水平投影和正面投影。

(3)相切：当形体表面相切时，在相切处不画线，如图 7.3(a)所示。

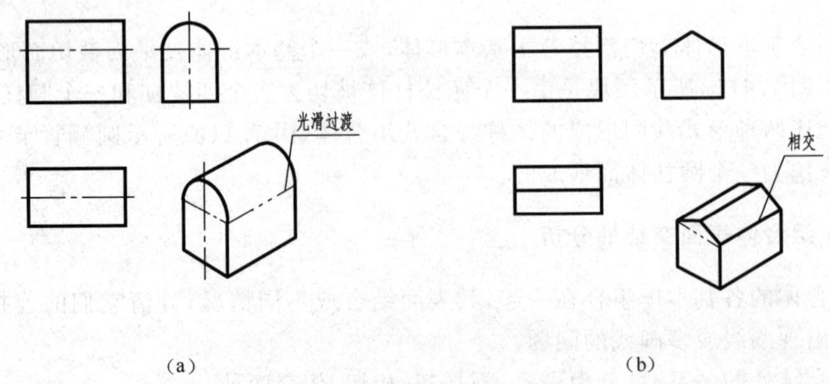

图 7.3　表面交结处的分析(二)

(4)相交:当形体表面相交时,相交处必须画出交线,如图 7.3(b)所示。

任务 7.2 组合体投影图的画法

画组合体投影图的基本方法是**形体分析法**。

所谓形体分析法就是:**假想将组合体分解成几个基本体,分析它们的形状、相对位置、组合形式和表面交线,将基本体的投影图按其相互位置进行组合,便得出组合体的投影图。**

现以图 7.4 所示简化的排水管出口为例,分析一般作图步骤。

7.2.1 形体分析

该出口可以看成由基础(L 形柱体)、端墙(四棱柱体)、帽石(四棱柱体)和圆管(中空的圆柱体)组成;该体对称于 $Y—Z$ 平面,位于下面的基础顶与中间的端墙底共面且向前错开,顶上的帽石底与端墙顶共面并向前错开,基础顶也是圆管底的切面。

7.2.2 选择投影图

1. 考虑安放位置,确定正面投影方向

形体对投影面处于不同位置就得到不同的投影图。一般应使形体自然安放且形态稳定;并将主要面与投影面平行,以便使投影反映实形;正面投影应反映形体的形状特征,并使各投影图中尽量少出现虚线。

图 7.4 中 W 方向反映该体各组成部分的相对位置明显,但考虑到 V 方向表达其形状特征明显,图形对称又便于布图,因此确定 V 方向为正面投影方向。

2. 确定投影图的数量

应在能正确、完整、清楚地表达形体的原则下,使用最少数量的投影图。

虽然基础、圆管、端墙均可用正面、侧面投影即能将其表达清楚,但帽石尚需三面投影才能确定其形状,因而该组合体采用三面投影。分析时,可进行构思或画出各部分投影草图,如图 7.5 所示。

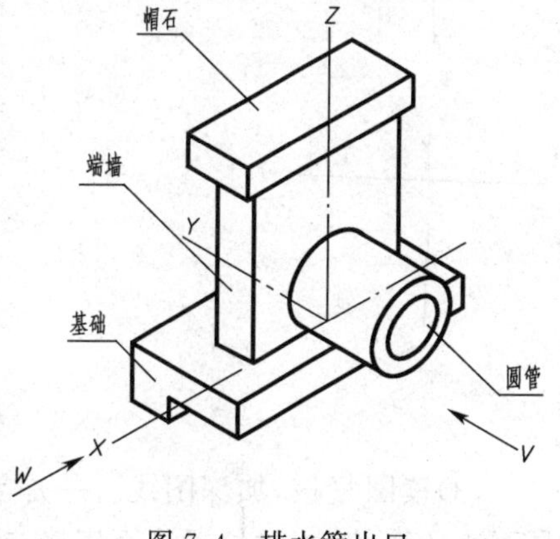

图 7.4 排水管出口

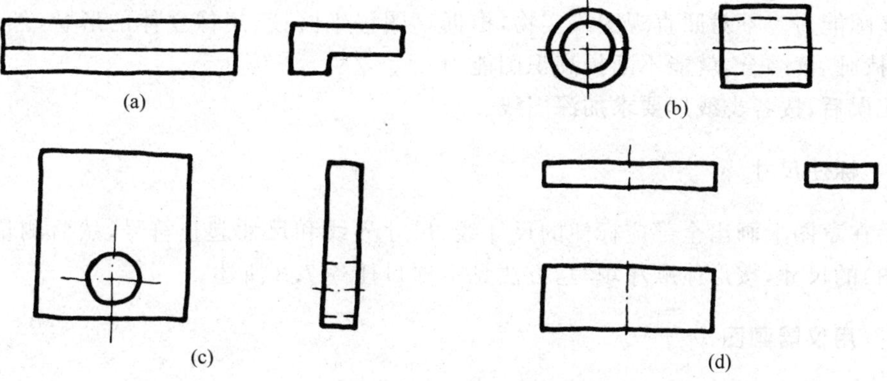

图 7.5 排水管出口各组成部分草图

7.2.3 画组合体草图

绘制工程图,一般先画草图。草图不是潦草的图,它是目测形体大小比例徒手绘制的图形。画草图是在用仪器画图之前的构思准备过程,也是工程技术人员进行创作、交流的有力工具,因此掌握草图的绘制技能是工程技术人员不可缺少的基本功。草图上的线条要基本平直,方向正确,长短大致符合比例,线形符合国家标准(参考项目 2 任务 2.2)。

排水管出口草图的画法步骤如下:

(1)布图。用轻、细的线条在方格纸或普通纸上定出投影图中长、宽、高方向的基准线,如图 7.6(a)所示。

(2)画投影图。将组成出口的四个基本体的投影按顺序画出,每个基本体要先画反映底面实形的投影,如图 7.6(b)所示。必须注意,建筑物或构件形体,实际上是一个不可分割的整体,形体分析仅是一种假想的分析方法,因此画图时要准确反映它们的相互位置并考虑交结处的情况(也可不标注尺寸)。草图是思维想像构思的过程,实际作图时可省去此步。

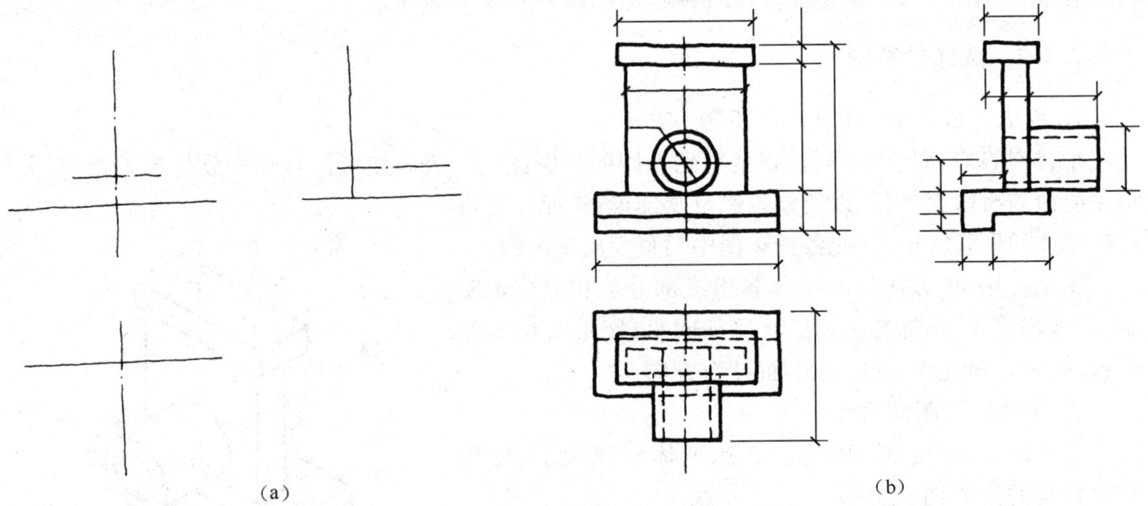

图 7.6　排水管出口草图

(3)读图复核,加深图线。一是复核有无错漏和多余线条,用形体分析法检查每个基本体是否表达清楚,相对位置是否正确,交结关系处理是否得当。例如:圆管是位于基础顶面且左右对称,其圆孔是通透端墙的,因此,圆管的水平投影(矩形)对称于中心线,且虚线通透端墙;二是提高读图能力。不对照直观图或实物,根据草图仔细阅读、想像立体的形状,然后再与实物比较,坚持画、读结合,就能不断提高识图能力。

检查无误后,按各类线形要求加深图线。

7.2.4 标注尺寸

先徒手在草图上画出全部应标注的尺寸线、尺寸界线和尺寸起止符号,然后测量实物(模型或直观图)的尺寸,按形体顺序填写,方法见本项目任务 7.3 所述。

7.2.5 用仪器画图

草图复核无误后,根据草图用仪器绘制图形,如图 7.7 所示。

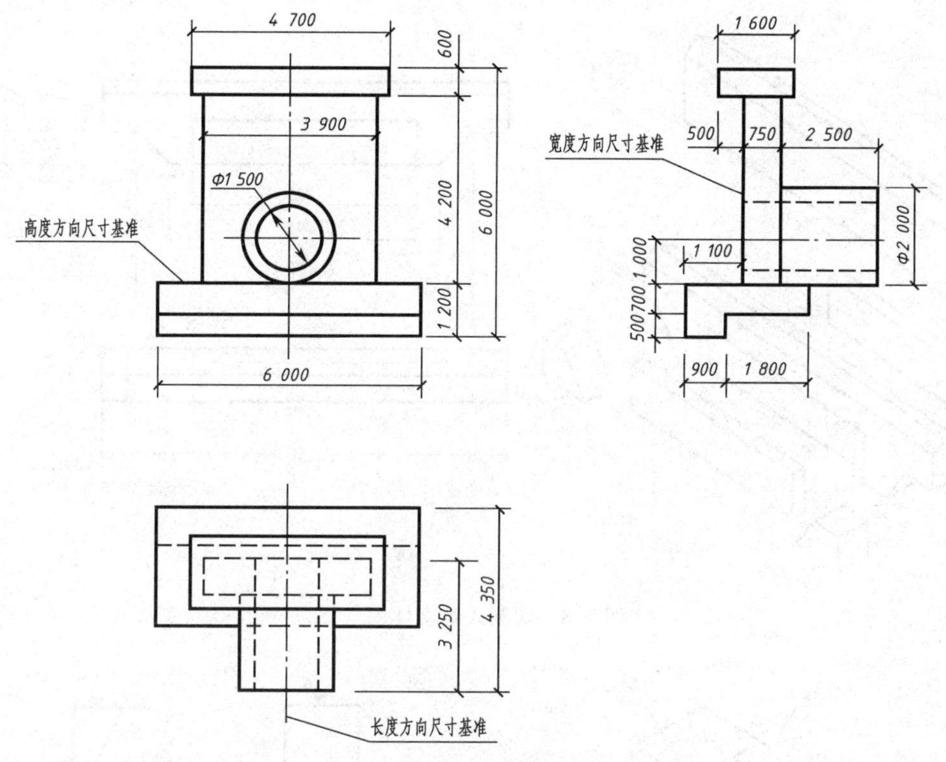

图 7.7　用仪器画图(投影部分)

(1)选择比例和图幅；

(2)布图、确定基准线；

(3)画投影图底稿；

(4)检查并加深图线；

(5)标注尺寸；

(6)填写标题栏。

用仪器画图要求投影关系正确,尺寸标注齐全,布图均匀适中,图面规整清洁,字体、线形符合国家标准。当然,以上作图完全可以用计算机绘图取代。

图 7.8(a)所示为切割式组合体——檩。

檩的原始形状为一个五棱柱,在五棱柱的下部中央,前后各切去一个薄四棱柱体,左右两端下角处,对称地各切去一个梯形四棱柱,图 7.8(b)为其三面投影,读者可自行分析,按上例步骤作图。

当遇到如图 7.9(a)所示不规则的形体时,应采用**线面分析法**画其投影图。

作不规则形体投影图的整体步骤仍参照形体分析法,不再赘述。这种形体因无法将其分解成几个基本体,而必须对组成形体的各个表面进行分析,确定其形状及空间状态,依线面的投影性质及其相互位置,将其一个个组合在一起即为组合体的投影。下面只将“画组合体投影”的具体步骤进行介绍。

图 7.9(a)中箭头方向为正面投影方向,A 为矩形正垂面,B(不可见)为梯形侧垂面,C 为三角形一般位置面。D、L(不可见)为水平面,E 为正平面,F、P(不可见)为侧平面,其相对位置及作图步骤如图 7.9(b)、(c)、(d)所示。

上述两种画组合体投影图的方法,通常是结合起来运用的。

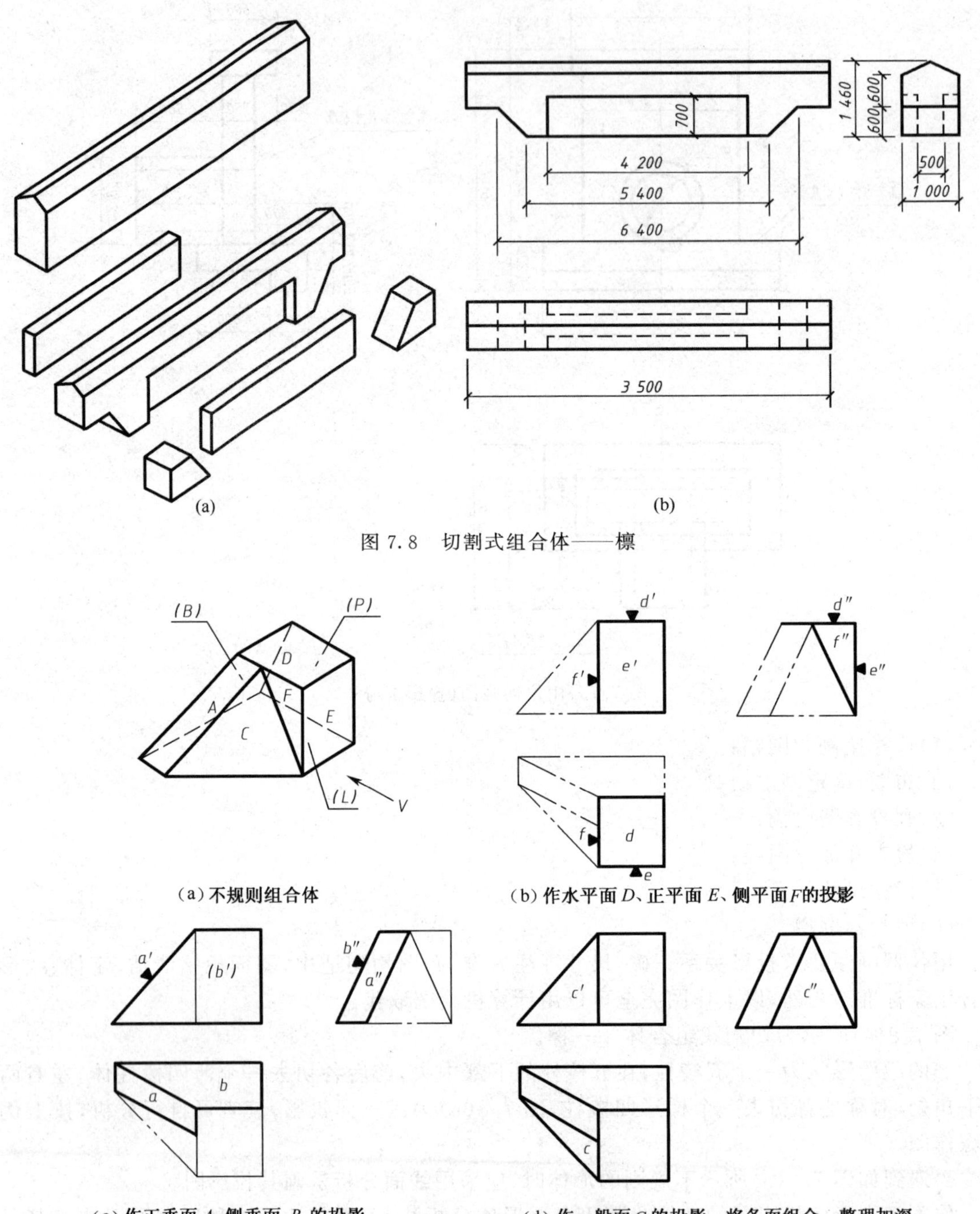

(a)　(b)

图 7.8　切割式组合体——檩

(a) 不规则组合体　(b) 作水平面 D、正平面 E、侧平面 F 的投影

(c) 作正垂面 A、侧垂面 B 的投影　(d) 作一般面 C 的投影，将各面组合，整理加深

图 7.9　线面分析法作投影图

任务 7.3　组合体的尺寸标注

投影图是表达形体的形状和各部分的相互关系，而有足够的尺寸才能表明形体的实际大小和各组成部分的相对位置。

7.3.1　尺寸种类

以形体分析法为基础，注出组合体各组成部分的大小尺寸——**定形尺寸**，各组成部分相对于基准的位置尺寸——**定位尺寸**及组合体的总长、宽、高尺寸——**总体尺寸**。

7.3.2　尺寸基准

欲注组合体的定位尺寸必须确定**尺寸基准——即标注尺寸的起点**。组合体需有长、宽、高三个方向的尺寸基准，才能确定各组成部分的左右、前后、上下关系，通常以其底面、端面、对称平面、回转体的轴线和圆的中心线作尺寸基准，如图 7.7 所示。

7.3.3　标注尺寸的顺序(图 7.7)

(1)首先注出定形尺寸如基础长 6 000，宽 1 800、900，高 500、700；端墙长 3 900，宽 750，高 4 200；帽石长 4 700，宽 1 600，高 600；圆管 ϕ1 500、ϕ2 000，轴向尺寸为 3 250、2 500。

(2)再注定位尺寸如圆管轴线高 1 000，基础后端面、帽石后端面定位宽 1 100、500，其他组成部分的端面或轴线位于基准线上，则该方向定位尺寸为零，省略不注。

(3)最后注总体尺寸如总长 6 000，总宽 4 350，总高 6 000。

7.3.4　注意事项

(1)尺寸标注要求完整、清晰、易读。

(2)各基本体的定形、定位尺寸，宜注在反映该体形状、位置特征的投影上，且尽量集中排列。

(3)尺寸一般注在图形之外和两投影之间，便于读图。

(4)以形体分析为基础，逐个标注各组成部分的定形、定位尺寸，不能遗漏。

任务 7.4　组合体投影图的识读

读图和画图是相反的思维过程。读图就是根据正投影原理，通过对图样的分析，想象出形体的空间形状。因此，要提高读图能力，就必须熟悉各种位置的直线、平面(或曲面)和基本体的投影特征，掌握投影规律及正确的读图方法步骤，并将几个投影联系对照进行分析，而且要通过大量的绘图和读图实践，才能得到。

读图最基本的方法是**形体分析法和线面分析法**。本节分别介绍其要领，但实际读图时，两种方法常常配合起来运用。不管用哪种方法读图，都要先认清给出的是哪几面投影，从形状特征和位置特征(两者往往是统一的)明显的投影入手，联系各投影，想像形体的大概形状和结构，然后由易到难，逐步深入地进行识读。

7.4.1　形体分析法

即从形体的概念出发，先大致了解组合体的形状，再将投影图假想分解成几个部分，读出各部分的形状及相对位置，最后综合起来想像出整体形状。如图 7.10 所示为 T 形桥台投影图的读图步骤。图中正面投影较明显地分成三个部分，因而以正面投影为主，联系各投影，首先找出各基本体的底面形状和反映它们相对位置的投影，便能较快地把图读懂。

7.4.2　线面分析法

根据线面的投影特征，用分析线、面的形状和相对位置关系，相像形体形状的方法。

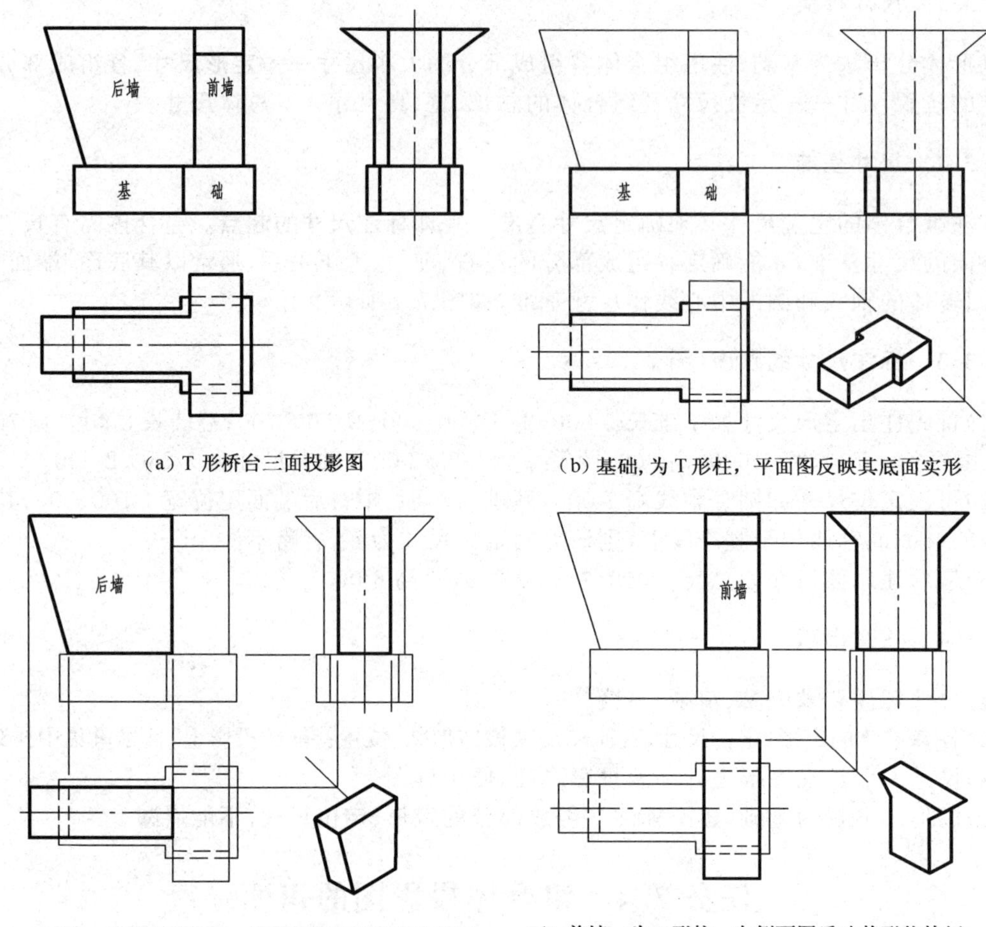

(a) T 形桥台三面投影图　　(b) 基础，为 T 形柱，平面图反映其底面实形

(c) 后墙：为梯形四棱柱，正面投影反映其底面实形　　(d) 前墙：为 Y 形柱，左侧面图反映其形状特征

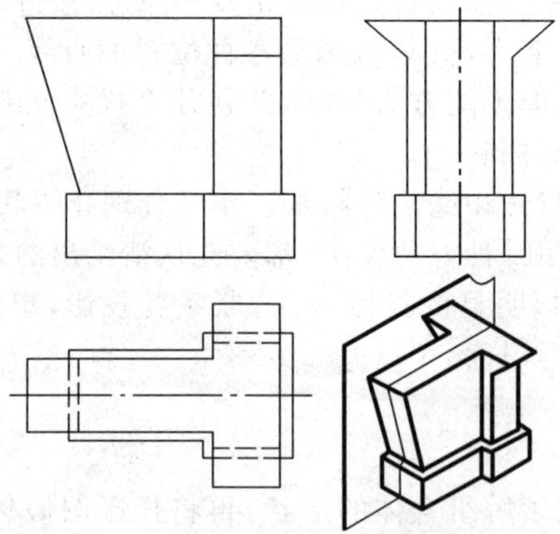

(e) 由其对称面确定各组成部分的位置，综合想像出整体形状

图 7.10　T 形桥台图的识读

在基本体投影的分析中，已叙述了图线及线框的含义，采用此法读图时，先从明显的实线线框组成的投影图入手，按一定顺序确定一个个线框，并找出其相对应的投影(类似形或线段)，判断其形状、位置及与相邻表面的关系，将体上各面、棱线识读清楚，整个形体也就想像出

来了。

试读图 7.11 所示拱涵翼墙的投影图。

由于拱涵翼墙平面图中的线框明显清楚，因此首先将其分成六个线框进行识读。与线框 1 对应的正面、侧面图中为水平线，说明它是一水平面，且居位最高；与线框 2 对应的正面图为平行四边形，而侧面为一斜线，说明线框 2 为一侧垂面，其上连水平面 1，下接水平面 3；线框 4 对应的正面图为一斜线（虚线），侧面图为一类似梯形，它是位于 1 面左侧且左低右高的正垂面；线框 5 的正面、侧面图均为三角形（且角点符合点的投影规律），说明线框 5 表示一般位置平面，它与平面 2、4、6 相连；还可以用分析棱线的投影确定面的空间位置，如线框 6，其前后两边为侧垂线，则它一定为侧垂面；线框 7″和线框 8′，读者可自行分析。将翼墙各表面的形状、位置、相互关系识读清楚，综合起来，即可想象出翼墙的外形，如图 7.12 所示。

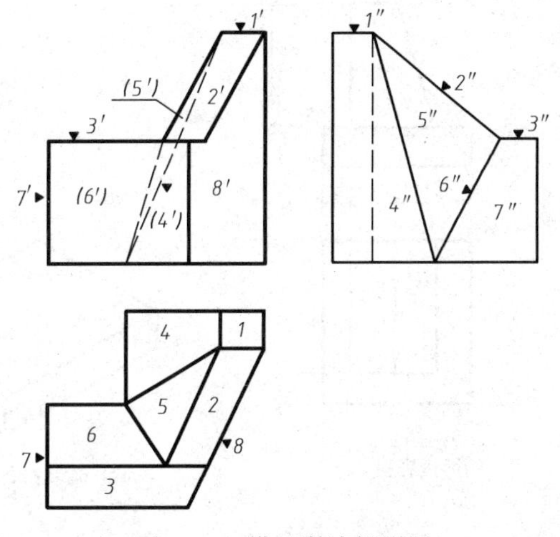

图 7.11　拱涵翼墙投影图

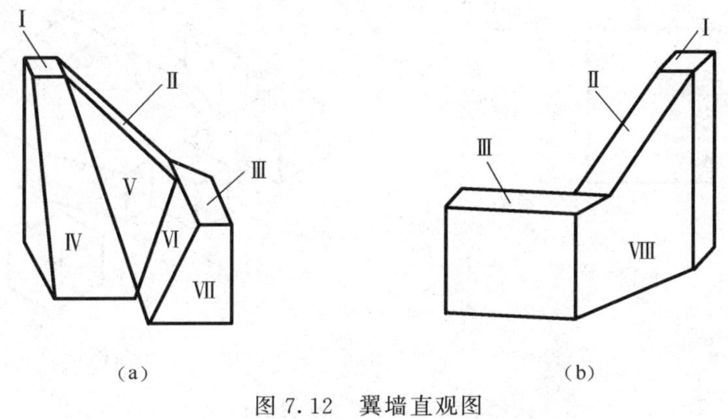

图 7.12　翼墙直观图

任务 7.5　组合体轴测图的画法

一般组合体均可看成由基本体叠加、挖切而成，因此画组合体轴测图时也可用**叠加**和**挖切**的方法来实现，但它们都以坐标法为基础。

叠加是将组合体分成几个基本体，按其相互位置关系逐个作其轴测图，使之叠加，即得组合体轴测图。

图 7.13(a)为挡土墙的投影图，图 7.13(b)、(c)为其正等测图的叠加画法，再整理加深，完成全图。

由于轴测图中一般不画虚线，为了减少图线重叠，上图中可先画墙身，后画基础的可见部分。

挖切法是将组合体视为某个完整的基本体，再将切角、孔槽等挖去得到所需的形体。

图 7.14 所示榫头，可看成将四棱柱左端的前、后均切掉一小四棱柱，再在其右各切掉一小三棱柱而成。具体作图读者可自行分析。

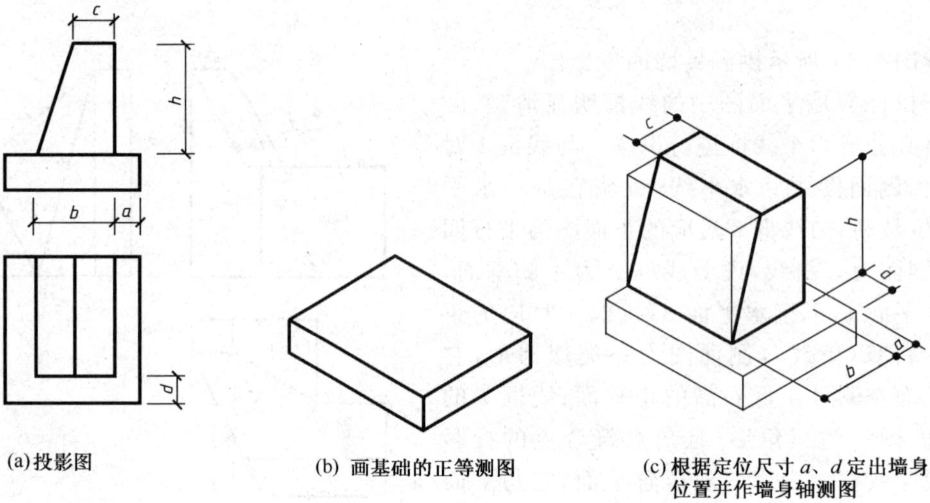

(a)投影图　　(b) 画基础的正等测图　　(c)根据定位尺寸 a、d 定出墙身位置并作墙身轴测图

图 7.13　挡土墙(叠加法)

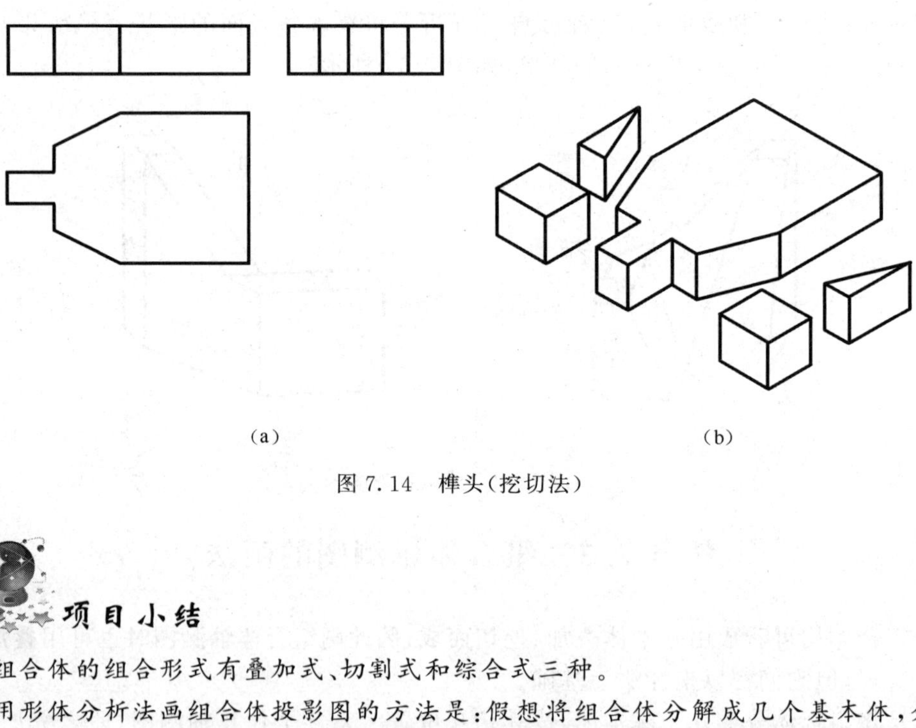

(a)　　(b)

图 7.14　榫头(挖切法)

项目小结

1. 组合体的组合形式有叠加式、切割式和综合式三种。

2. 用形体分析法画组合体投影图的方法是：假想将组合体分解成几个基本体，分析它们的形状、组合形式和表面交线的情况，将各基本体的投影按其相对位置进行组合，即可得到组合体的投影图。

3. 读图和画图是相反的思维过程，识读组合体的投影图也是应用形体分析法，将投影图分解成几个部分，将各部分的形状，位置弄清，再把各个基本形体进行组合，即可想像出组合体整体形状。

4. 线面分析法是绘制、识读组合体投影图的辅助方法，即用分析线面的形状、相对位置进行组合的一种方法。

5. 组合体的尺寸应把定形、定位、总体尺寸标注得完整、正确。

复习思考题

1. 组合体的组合形式有哪几种？其表面交结处形成哪几种交结关系？
2. 什么是形体分析法？
3. 组合体的尺寸应标注哪几类？

项目8　截切体与相贯体的投影

项目描述

工程形体比较复杂，往往有截切与相贯构形，本项目综合运用学过的点、线、面、体的知识，解决截切体与相贯体投影图的画法及读法。

学习目标

1. 能力目标

培养对知识的综合运用能力及自学能力，为后续知识的学习打下基础。

2. 知识目标

了解截交线与相贯线的几何含义，能分析并作出相贯体、截切体(切口体)的投影图。

3. 素质目标

进一步培养分析问题、解决问题的能力，锻炼耐心细微的工作作风。

任务8.1　截切体(切口体)的投影

工程建筑物的形体往往是由基本体被平面截切(截切体)或由基本体相互贯穿(相贯体)形成的，它们的表面出现许多交线，如图8.1所示。作截切体与相贯体的投影，除了需要作出基本体的投影外，主要是作出它们表面交线的投影。

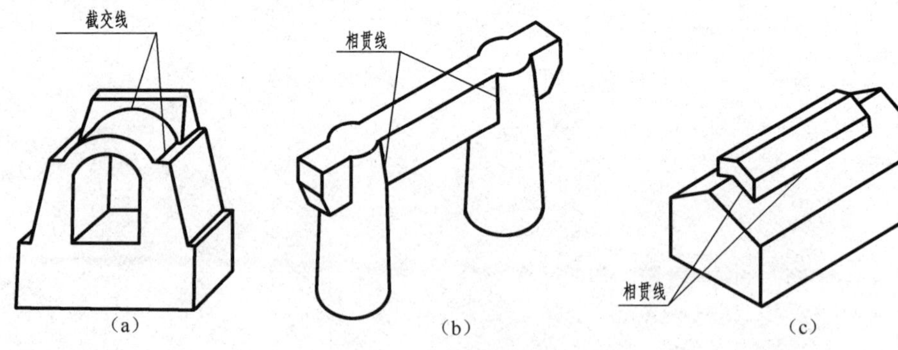

图8.1　立体的截交线与相贯线

如图8.2(a)所示，截断立体的平面称**截平面**；截平面与立体表面的交线称**截交线**；截交线所围成的图形称**断(截)面**；立体被平面截断后的部分称**截切体**。

由于立体形状不同，截切平面的位置不同，截交线的形式也不相同，但它们都具有如下性质：截交线是截平面与立体表面的共有线，且是闭合的平面图形(平面曲线、平面折线或两者的组合)。

求截交线可以归结为求立体表面与截平面共有点的问题。

8.1.1　平面截切体

平面立体的表面是由若干个平面图形组成的，被平面截切后产生的截交线是一个**封闭的平面多边形**。求平面截切体的截交线，只需求出该多边形的角点，并依次连接这些点即可。

1. 棱锥截切体

【例 8.1】　求作图 8.2(a)所示棱锥截切体的投影。

分析：

(1)该截切体可看成正六棱锥，被正垂面 P 截切得到。其截交线为六边形，六个角点分别是六条侧棱与截平面的交点；

(2)由于截平面 P 与 V 面垂直，故截平面及截交线的正面投影有积聚性，侧棱的正面投影与截平面正面投影的交点即为六边形(截交线)角点的正面投影；

(3)求六边形截交线，即转化为已知立体侧棱上点的一面投影，求另外两面投影的问题。

作图：如图 8.2(b)所示。

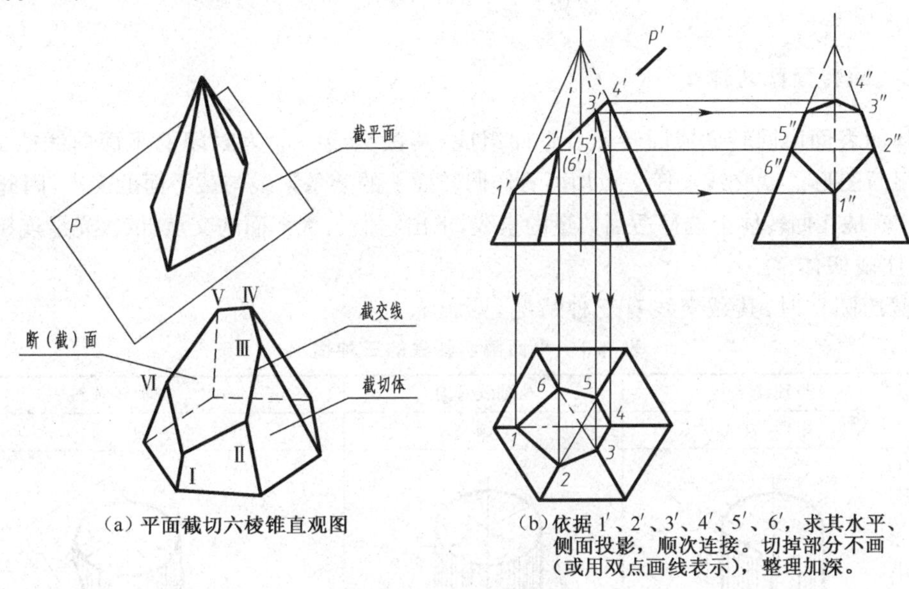

(a) 平面截切六棱锥直观图

(b) 依据 1′、2′、3′、4′、5′、6′，求其水平、侧面投影，顺次连接。切掉部分不画(或用双点画线表示)，整理加深。

图 8.2　六棱锥截切体

2. 棱柱截切体

【例 8.2】　作出如图 8.3(a)所示切口四棱柱的投影。

分析：切口体可看成是立体被几个平面截切而成，因此，作切口体的投影，首先应分析形成切口的各截平面的位置，然后分析切口(截交线)的形状，进而确定作图方法。

如图 8.3(a)所示，该切口体可视为一个四棱柱体，被水平面 Q 和正垂面 P 截切而形成。

四棱柱被 Q 面截切形成的断面为五边形，其中三个角点Ⅰ、Ⅱ、Ⅴ分别是 Q 面与三条侧棱的交点，另外两个角点Ⅲ、Ⅳ位于两个侧面上；该五边形的正面、侧面投影为一水平线，水平投影是反映实形的五边形。

四棱柱被 P 面截切形成四边形断面，其中两个角点Ⅲ、Ⅳ在侧面上与五边形两角点共用，另外两角点Ⅵ、Ⅶ是截面 P 与顶面两边线的交点，该四边形的正面投影有积聚性，水平、侧面投影为类似形。

作图：如图 8.3(b)、(c)所示。

应当注意的是，**选择切口体正面投影的方向，应使截切平面尽量垂直于 V 面为原则。**

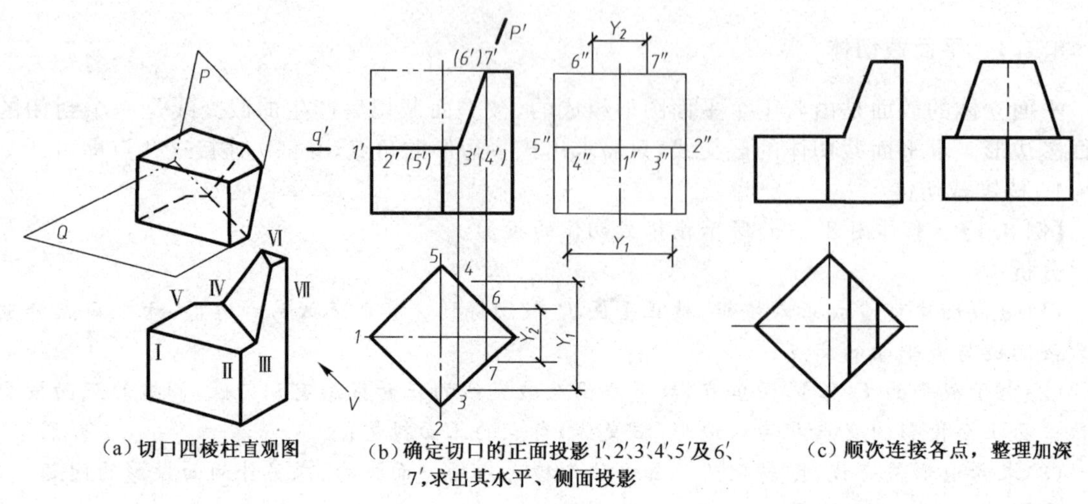

(a) 切口四棱柱直观图　　(b) 确定切口的正面投影1'、2'、3'、4'、5'及6'、7'，求出其水平、侧面投影　　(c) 顺次连接各点，整理加深

图 8.3　切口四棱柱

8.1.2　回转面截切体

回转体的表面由回转面或回转面及平面组成，其截交线一般为**封闭的平面曲线或曲线和直线围成的平面图形**。截交线上任一点均可看作回转面上的某条素线与截平面的交点，因此，求回转体的截交线就是在回转体上选择适当数量的素线，求出它们与截平面的交点，依次光滑连接即可。

1. 圆柱截切体

平面截切圆柱时，其截交线有三种情况，见表 8.1。

表 8.1　平面截切圆柱的三种情况

截平面位置	与轴线平行	与轴线垂直	与轴线倾斜
截交线形状	矩形(直线)	圆	椭　圆
轴测图	P	P	P
投影图	P	P'	P'

【**例 8.3**】　如图 8.4(a)所示，求圆柱截切体的投影。

分析：如图 8.4(a)所示，圆柱被正垂面截切，截交线为椭圆，椭圆的正面投影与截平面的正面投影积聚成一条斜线，椭圆的水平投影与圆柱面的水平投影积聚成一圆，故所需求的仅是侧面投影。

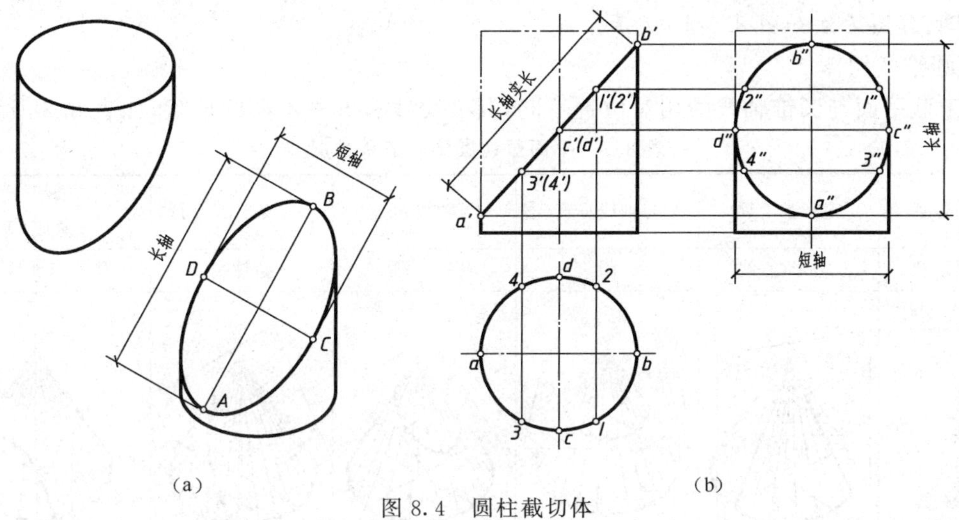

图 8.4　圆柱截切体

作图方法如图 8.4(b)所示：

(1)确定截交线上特殊位置的点。在椭圆截交线上确定最低点 A、最高点 B(左右两素线与截平面的交点)，最前点 C、最后点 D(前后两素线与截平面的交点)。由于它们的正面投影 a'、b'、c'、d'和水平投影 a、b、c、d 已知，因此，侧面投影 a''、b''、c''、d''可直接求出。

(2)求中间点。任选Ⅰ、Ⅱ、Ⅲ、Ⅳ几个一般位置的点，根据 $1'$、$2'$、$3'$、$4'$和 1、2、3、4 可求出 $1''$、$2''$、$3''$、$4''$。

(3)将求出的各点顺次连接成光滑的曲线，即得截交线的侧面投影。

应当指出，侧面投影——椭圆也可根据长、短轴用四心圆法作出，若用该法时，其关键在于确定长、短轴的位置，如图 8.4(a)所示，长轴是最高点 B、最低点 A 的连线，短轴是 C、D 两点的连线。

(4)整理加深。

【**例 8.4**】　完成如图 8.5(a)所示圆柱切口体的投影。

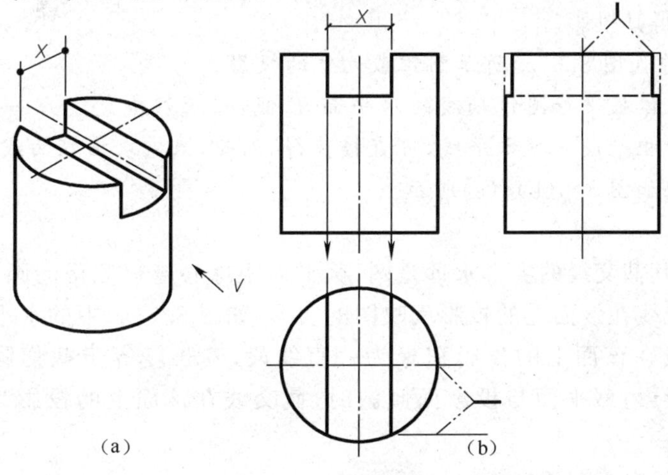

图 8.5　圆柱切口体

分析：如图 8.5(a)所示，圆柱切口体可看成圆柱被三个截平面截切形成，由两个侧平面截切形成的截交线为矩形，它们的侧面投影反映实形，且两个矩形重影，矩形的底边被未切部分挡住，它们的正面投影和水平投影都积聚成一直线段；由一个水平面截切形成的截交线为圆的一部分，其水平投影反映实形，正面、侧面投影积聚成直线段。

作图：作图方法如图 8.5(b)所示。

2. 圆锥截切体

由于截平面与圆锥轴线的相对位置不同，其截交线有五种不同的形状，如表 8.2 所示。

表 8.2 平面截切圆锥的五种情况

截平面位置	过 锥 顶	与轴线垂直	与轴线倾斜	与一条素线平行	与轴线(或两条素线)平行
截交线形状	三角形(直线)	圆	椭 圆	抛物线	双曲线
轴测图	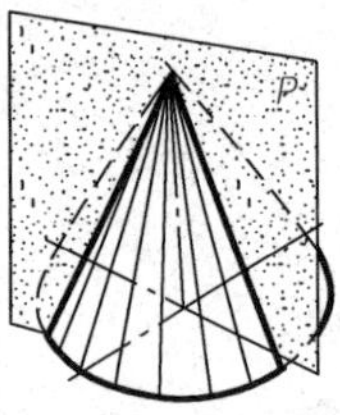 P	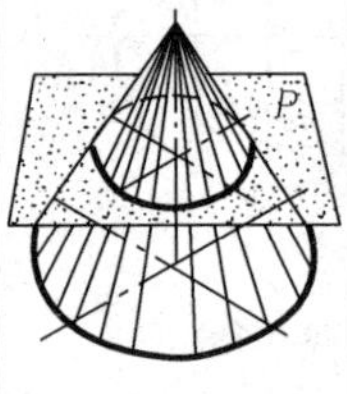 P	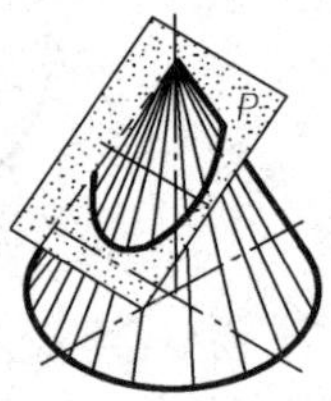 P	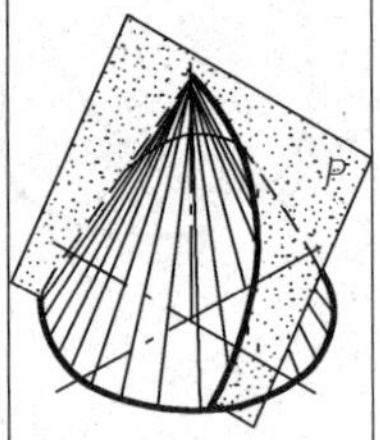 P	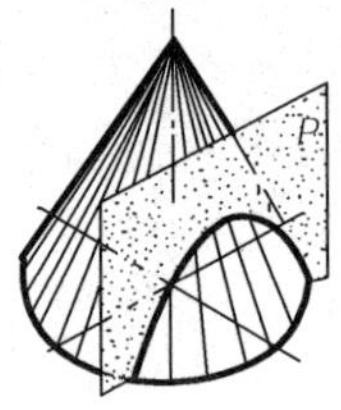 P
投影图	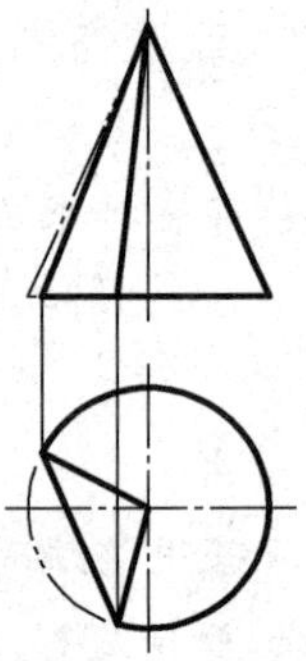	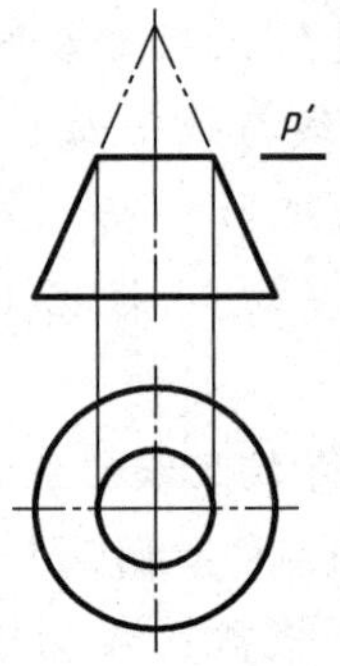 p′	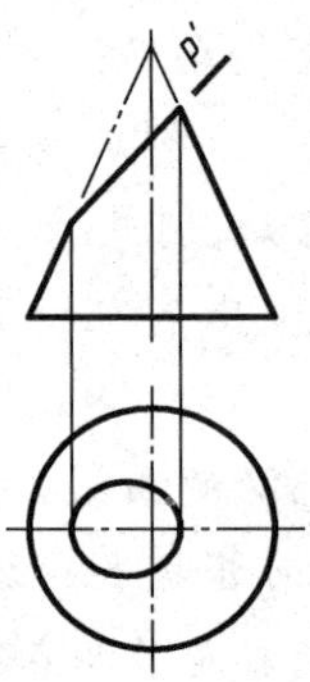 p′	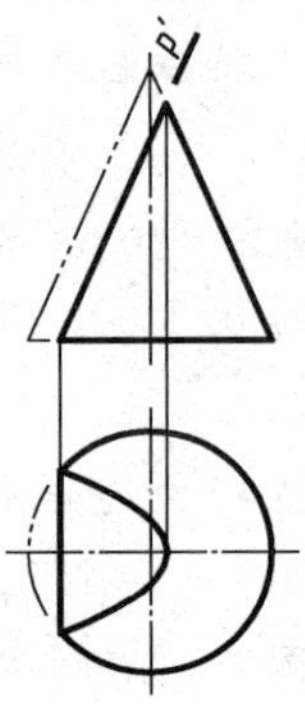 p′	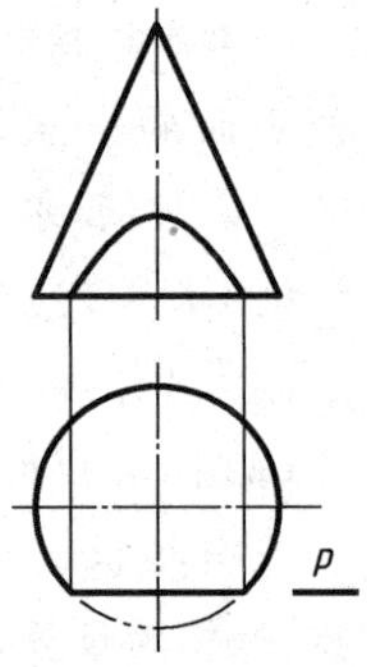 p

当圆锥截交线为直线或圆时，其投影可直接作出，若截交线为椭圆、抛物线、双曲线时，必须用定点法才能求得其投影。

【例 8.5】 求作如图 8.6(a)所示圆锥截切体的投影。

分析：由于圆锥体被平行圆锥轴线的水平面 T 截切，所以截交线为一双曲线。该双曲线的正面、侧面投影均积聚成一段水平线，可直接获得，因此，只需求出双曲线的水平投影即可。

作图：作图步骤如图 8.6(b)、(c)所示。

3. 球截切体

平面截切球体其截交线的实形永远是圆，截平面距球心越近截得的圆就越大。截平面与投影面平行时，截交线在该面上的投影反映图的实形，如图 8.7(a)中的水平投影；截平面与投影面垂直时，截交线在该面上的投影积聚为一直线段，其长度等于截切圆的直径，如图 8.7(a)、(b)中的正面投影；截平面与投影面倾斜时，截交线在该面上的投影为一椭圆，如图 8.7(b)中的水平投影。

作图方法读者可自行分析。

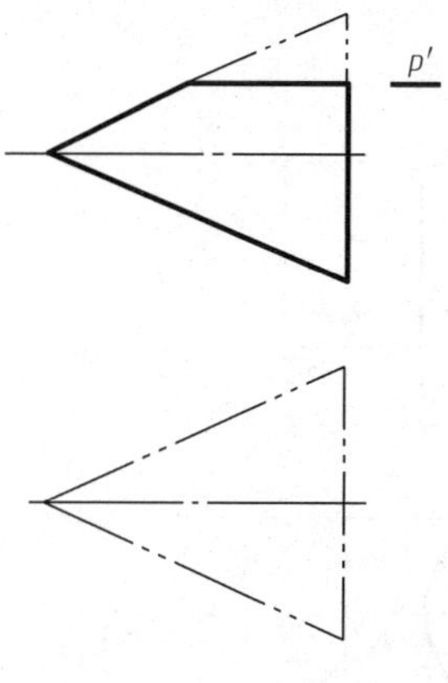

（a）已知条件

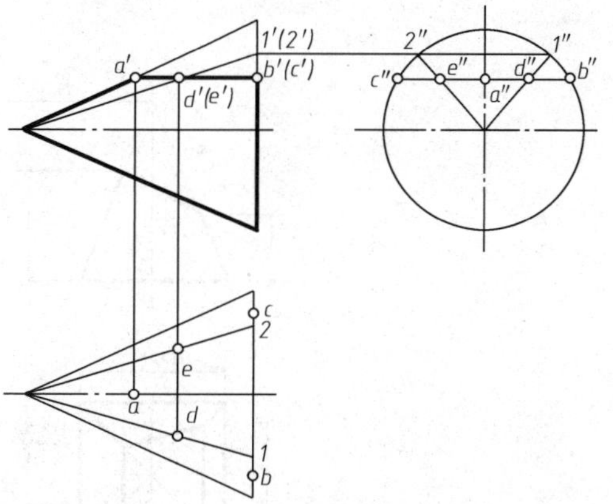

（b）确定特殊点 A、B、C 的投影；
求出中间点 D、E 的投影

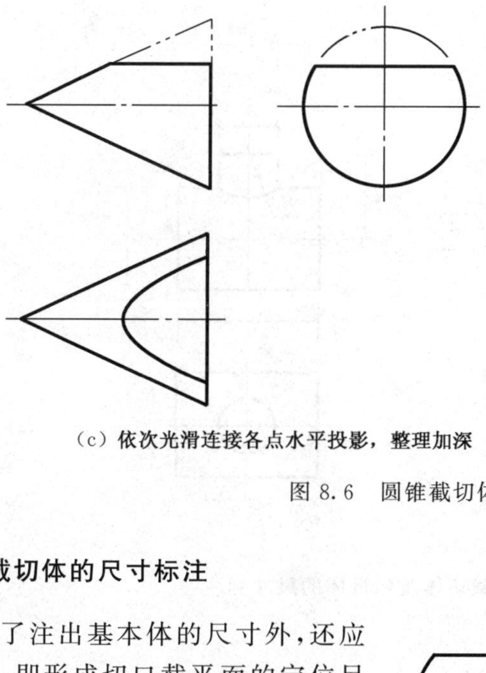

（c）依次光滑连接各点水平投影，整理加深

图 8.6　圆锥截切体

8.1.3　截切体的尺寸标注

截切体除了注出基本体的尺寸外，还应注出切口尺寸，即形成切口截平面的定位尺寸，如图 8.8(a)、(b)、(c)所示。

必须指出：截平面的位置决定了截交线的性质和断（截）面的形状、大小，截交线（截断面）的大小尺寸一般不予标注（图中带×的尺寸）。

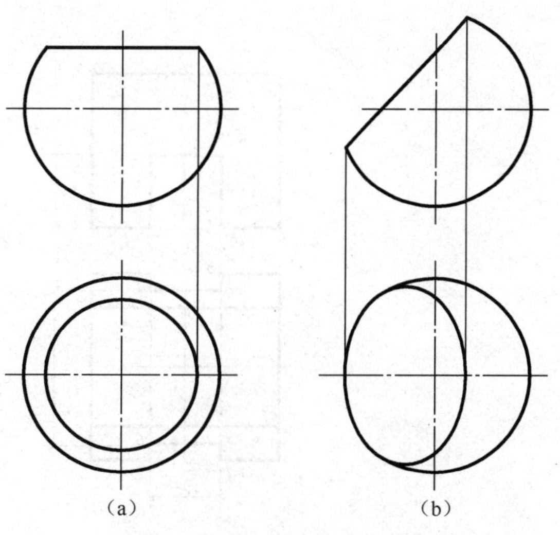

图 8.7　球体截交线的分析

8.1.4　截切体轴测图的画法

画截切体的轴测图时，一般先画出基本体的轴测图，再确定切口的轴测图。

图 8.9 为一切口四棱柱的三面投影图。表 8.3 为该四棱柱斜二测图的画法。

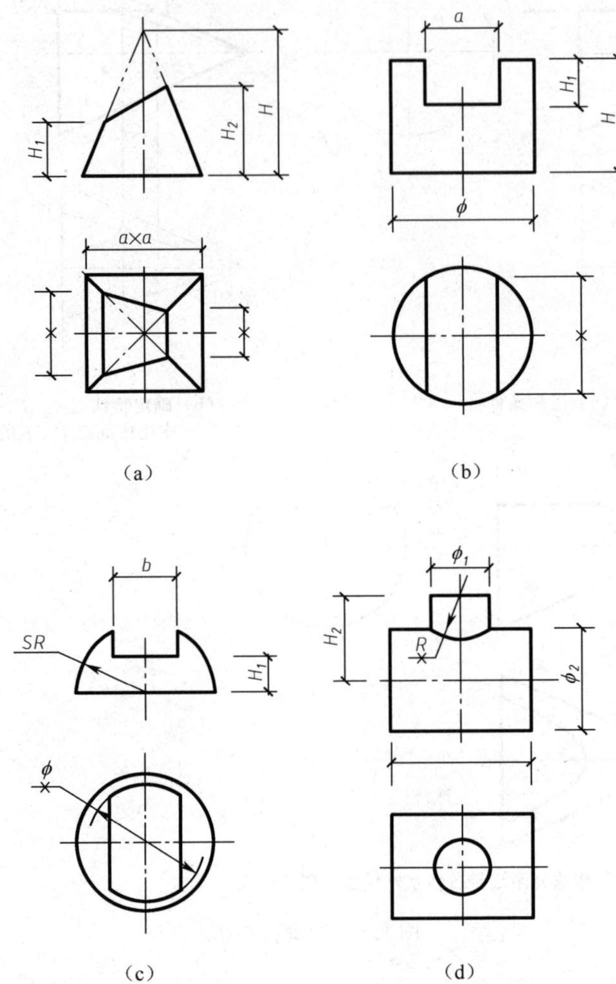

图 8.8　截切体及相贯体的尺寸标注

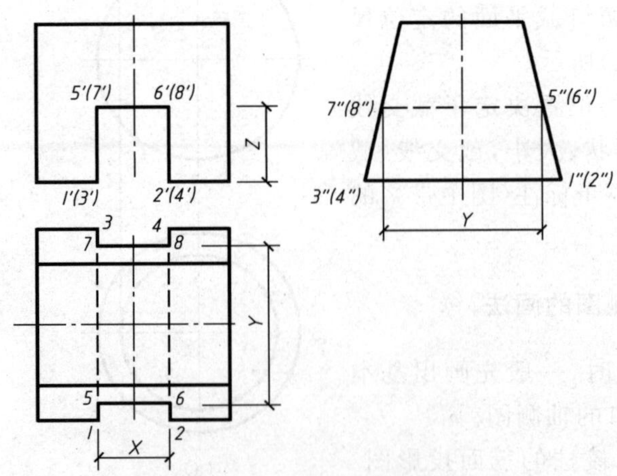

图 8.9　切口四棱柱

表 8.3　画切口四棱柱斜二测图的方法步骤

<table>
<tr><td>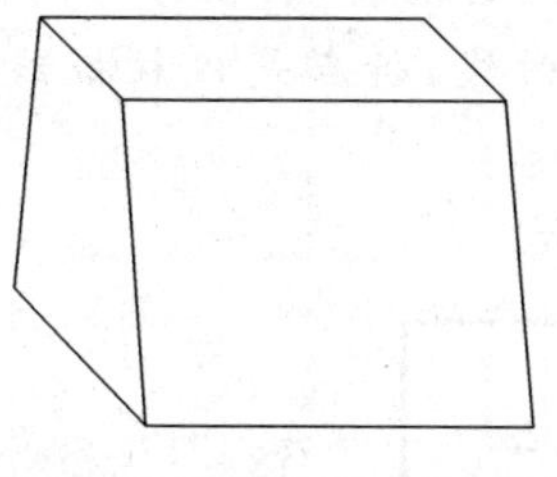</td><td>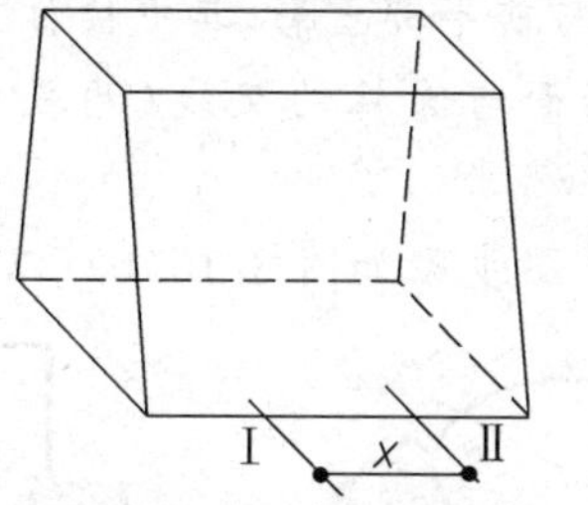
</td></tr>
<tr><td>(a)作四棱柱的斜二测图</td><td>(b)根据 X 坐标在前侧棱上定出Ⅰ、Ⅱ两点</td></tr>
<tr><td>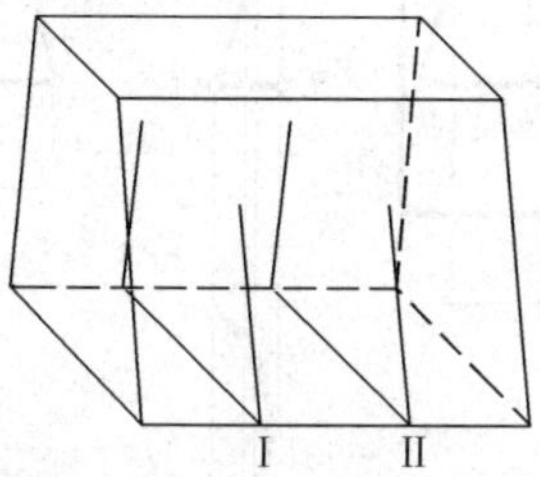
</td><td>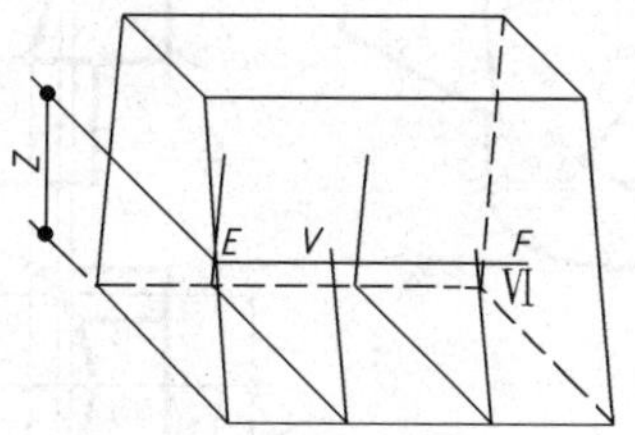
</td></tr>
<tr><td>(c)过Ⅰ、Ⅱ点作棱柱底面各边的平行线</td><td>(d)根据 Z 坐标作辅助线 E、F，定出Ⅴ、Ⅵ两点</td></tr>
<tr><td>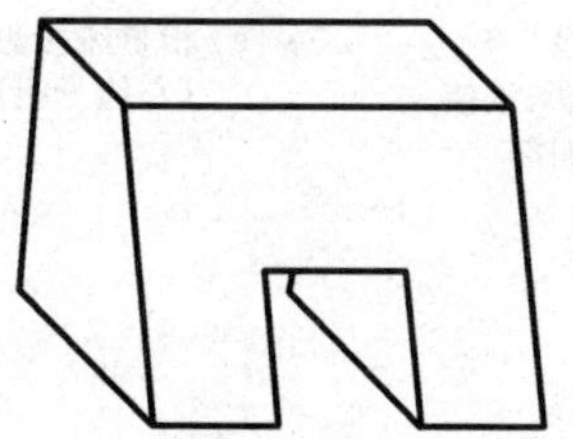</td><td>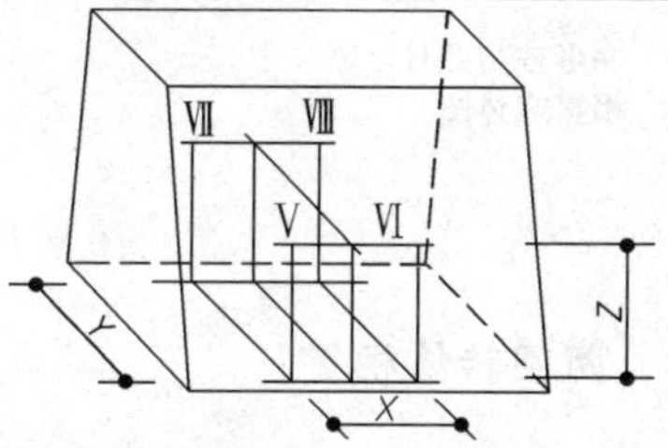
</td></tr>
<tr><td>(e)整理，加深可见部分</td><td>(f)也可根据 X、Y 坐标，先画出Ⅴ、Ⅵ、Ⅶ、Ⅷ各点水平投影的轴测图，再量 Z 坐标定出Ⅴ、Ⅵ、Ⅶ、Ⅷ四点</td></tr>
</table>

任务 8.2　相贯体的投影

相交的立体称**相贯体**，相交立体表面的交线称**相贯线**，相贯线上的点称相贯点。

由于相贯体的几何形状、大小、相对位置不同，相贯线的形状也不相同，但它们都具有如下性质：相贯线是相交两立体表面的共有线，且是封闭的空间(特殊情况下是平面)折线或曲线。

当一个立体全部贯出另一个立体时，产生两组相贯线；相互贯穿时，产生一组相贯线。根据其性质可知，求立体的相贯线，实质上是求出两立体表面的共有点(线)的问题。

8.2.1　平面体与回转体相贯

平面体与回转体相贯产生的相贯线，一般是**由若干段平面曲线或平面曲线和直线组成的空间曲折线(特殊情况下可能是平面曲线)**。各段平面曲线是平面体的一个表面与回转体的截交线，各折点是平面体的侧棱与回转体的贯穿点。

【例 8.6】　求作如图 8.10(a)所示梯形柱与圆柱相贯的投影。

分析：如图 8.10(a)所示，梯形柱与圆柱垂直相贯，相贯线有左、右两组，每组都可看成由四个平面截切圆柱所产生的截交线组合而成。因圆柱的 H 面、棱柱的 W 面投影各有积聚性，相贯线的该两面投影视为已知,所以仅需求出正面投影即可。由于相贯线前后对称,则其正面投影后半部与前半部重影,其中棱柱上、下面与圆柱的截交线(两段圆弧)投影为两段水平线,而棱柱前、后面与圆柱的交线(两段椭圆曲线)投影为两段曲线,折点是棱柱棱线与圆柱的交点。

作图:作图步骤如图 8.10(b)(以左边的相贯线为例)所示。

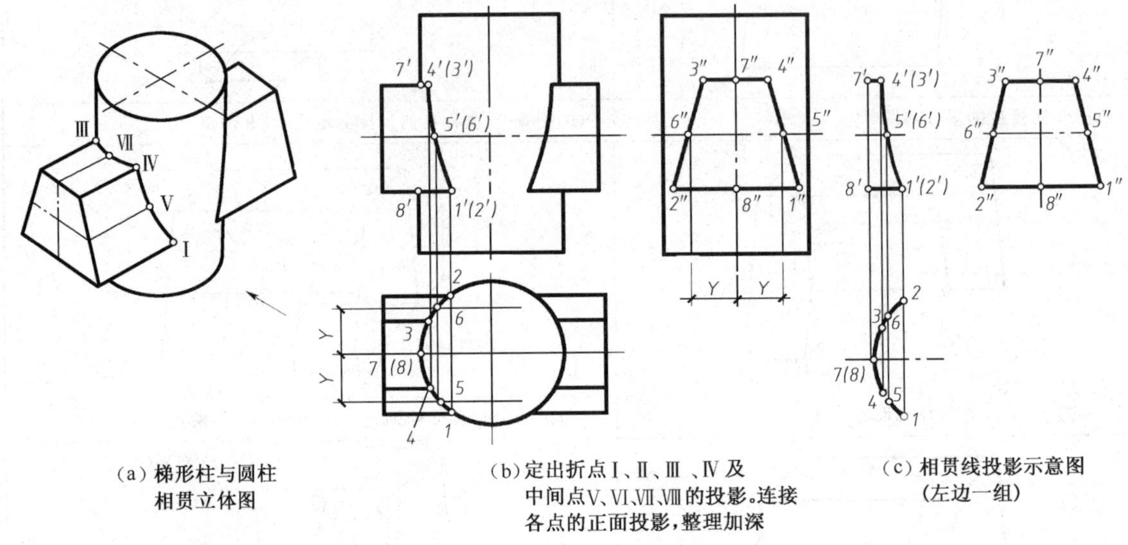

(a) 梯形柱与圆柱相贯立体图

(b) 定出折点Ⅰ、Ⅱ、Ⅲ、Ⅳ及中间点Ⅴ、Ⅵ、Ⅶ、Ⅷ的投影。连接各点的正面投影,整理加深

(c) 相贯线投影示意图(左边一组)

图 8.10　梯形柱与圆柱相贯

8.2.2　两回转体相贯

两回转体相贯,其相贯线一般是**封闭的空间曲线,特殊情况下为封闭的平面曲线**。若两立体表面的投影都有积聚性,其相贯线可利用积聚性直接求得;否则需用辅助截面法(或辅助线法)求得,无论用哪种方法求相贯线,都必须先求出相贯线上的特殊点(即相贯线上最高、最低、最左、最右、最前、最后以及可见与不可见的分界点等),以确定相贯线的范围和弯曲趋势;其次在特殊点间适当位置选一些中间点,使相贯线具有一定的准确性。最后判别其可见性,并将点依次光滑地连接即可。

1. 两圆柱体相贯

【例 8.7】　求如图 8.11(a)所示正交两圆柱相贯的投影。

分析:如图 8.11(a)所示,由于小圆柱全部贯入大圆柱中没有穿出,因而仅有一组相贯线。大、小圆柱体分别垂直于 W 面、H 面,因而相贯线的水平投影与小圆柱面的水平投影完全重合,侧面投影与大圆柱侧面投影的一部分(圆与矩形相交的范围)重合,因此只需求出相贯线的正面投影即可。又由于两圆柱前后对称,故相贯线前、后半部的正面投影重影。

作图:作图步骤如图 8.11(b)所示。

本例也可利用辅助截面法求出相贯线。

所谓辅助截面法,即用一个截平面,同时截切相贯的两个形体,得出两组截交线,两个截交线的交点就是相贯线上的点。如图 8.12(a)所示,Ⅴ、Ⅵ是 P 面截切两圆柱后所得两矩形截交线的交点,也即相贯线上的点。如用若干辅助截面截切物体,便可得到一系列的点,将这些点光滑地连接,即得到相贯线。为了便于作图,选择辅助平面的原则是:**使截交线为简单易画的圆或直线**。

作图步骤如图 8.12(b)所示。

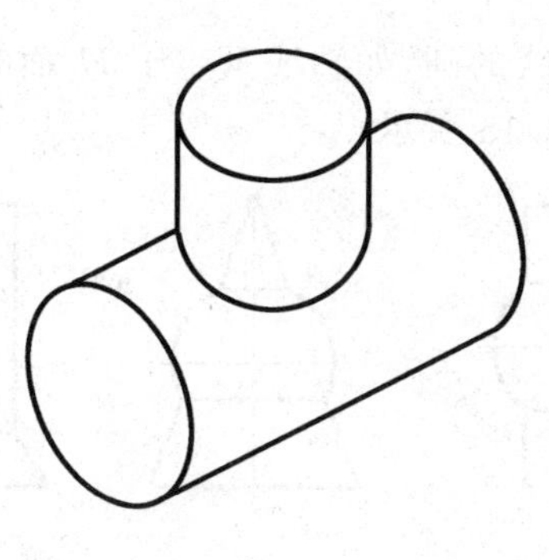

(a) 两圆柱相贯立体图

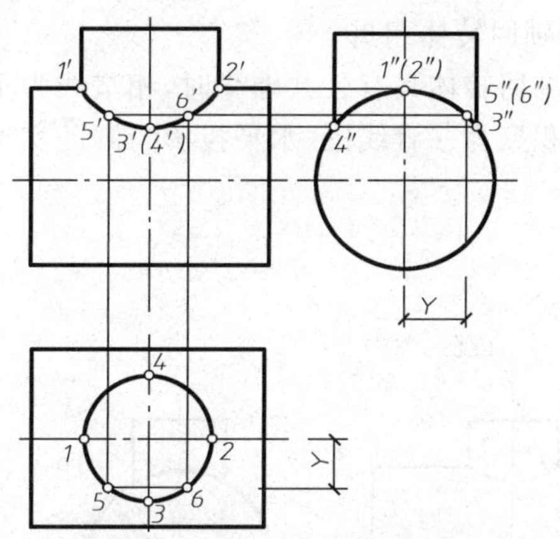

(b) 求出特殊点Ⅰ、Ⅱ、Ⅲ、Ⅳ的投影；定出中间点Ⅴ、Ⅵ的投影；连接各点，整理加深

图 8.11　两圆柱正交相贯

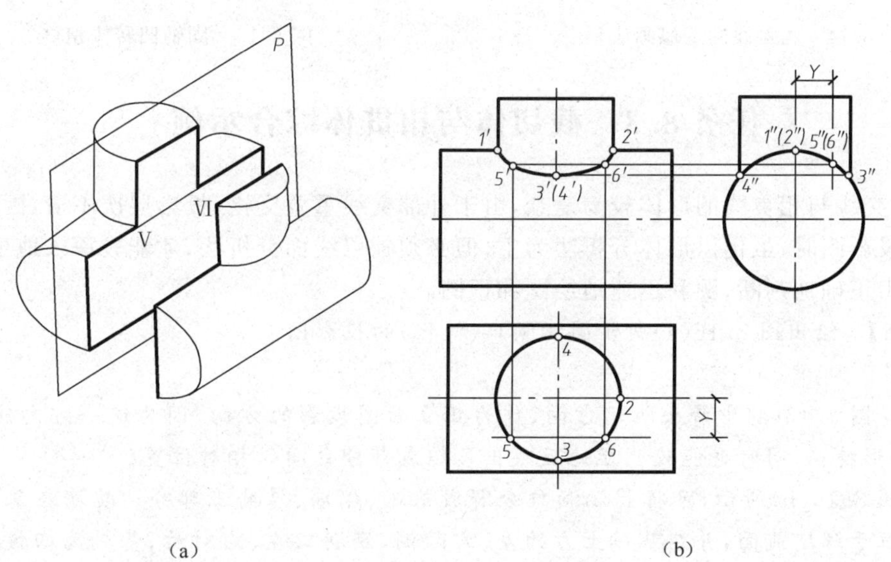

(a)　　　　(b)

图 8.12　用截面法求相贯线

图 8.13 表示一实心圆柱在垂直轴线方向开一圆柱通孔的投影。它可视为两圆柱正交相贯，然后把小圆柱抽出而成。因为是通孔，所以在实心圆柱上产生上下两组相贯线，并有通孔的轮廓线。

在工程形体中，经常遇到两圆柱正交的情况，当其直径相差较大，即小圆柱半径为大圆柱半径的 0.7 倍以下时，为了简化作图，常用大圆柱的半径($D/2$)为半径，作圆弧代替相贯线(近似画法)，如图 8.14 所示。

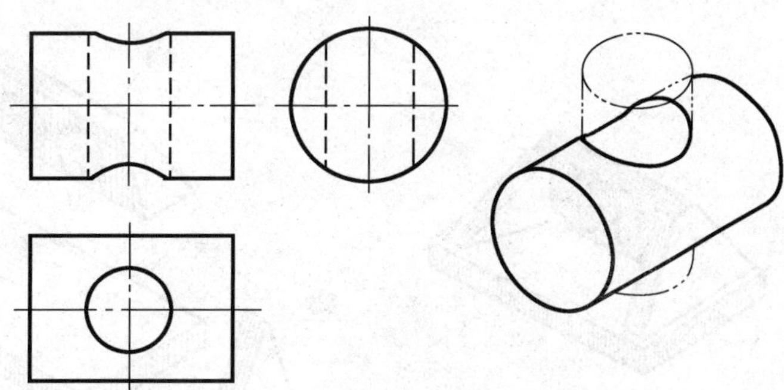

图 8.13　带通孔的圆柱体

2. 同轴回转体相贯

当两个回转体具有公共轴线时，相贯线为垂直于轴线的圆，如轴线垂直于 H 面时，该圆的正面投影积聚为一直线段，水平投影为圆的实形，如图 8.15 所示。

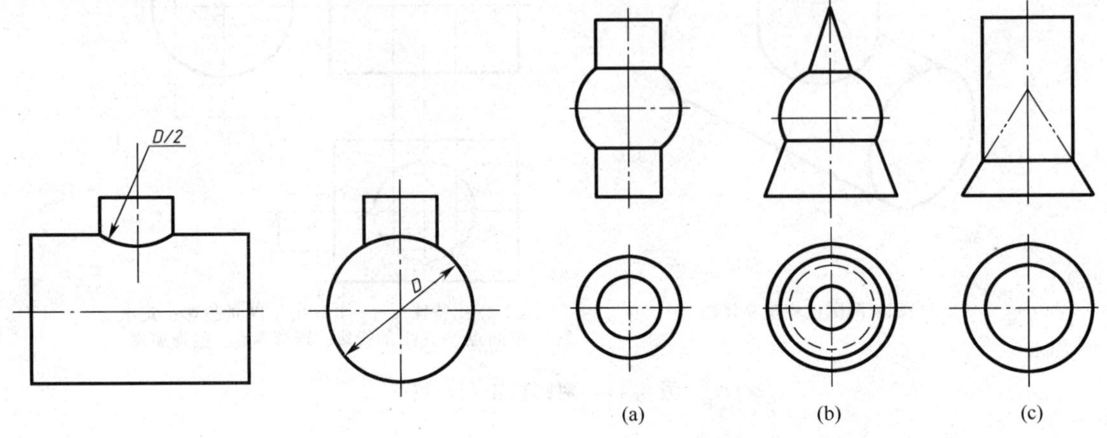

图 8.14　相贯线的近似画法

图 8.15　同轴回转体相贯

任务 8.3　截切体与相贯体综合示例

带有截交线与相贯线的形体较为复杂，由于外部交线重叠交错，投影层次不清，因此，在识读、绘制其投影图时，虽仍以形体分析法为主，但必须辅以线面分析法，才能较深入地理解其投影关系，作出正确地判断，顺利迅速地绘图和识图。

【例 8.8】 绘出图 8.16(a)所示圆涵洞口(简化)的投影图。

分析：

(1)选择图 8.16(a)中箭头所示方向，作为正立面图投影的方向，因为这一方向能较明显地反映其外形特征，同时也能较明显地反映出各组成部分之间的相对位置。

(2)如图 8.16(b)所示，可将圆涵洞口分解成基础、端墙、翼墙三部分。端墙在基础的上、后方，翼墙位于端墙前面，并在基础上方的左、右两侧，涵洞口左、右对称；基础为四棱柱体，端墙可视为直角梯形四棱柱被左、右正垂面截切而成，且贯出两圆柱孔，左、右翼墙则可看成梯形四棱柱被侧垂面在顶部截切，内侧又被铅垂面截切而成，如图 8.16(c)所示。

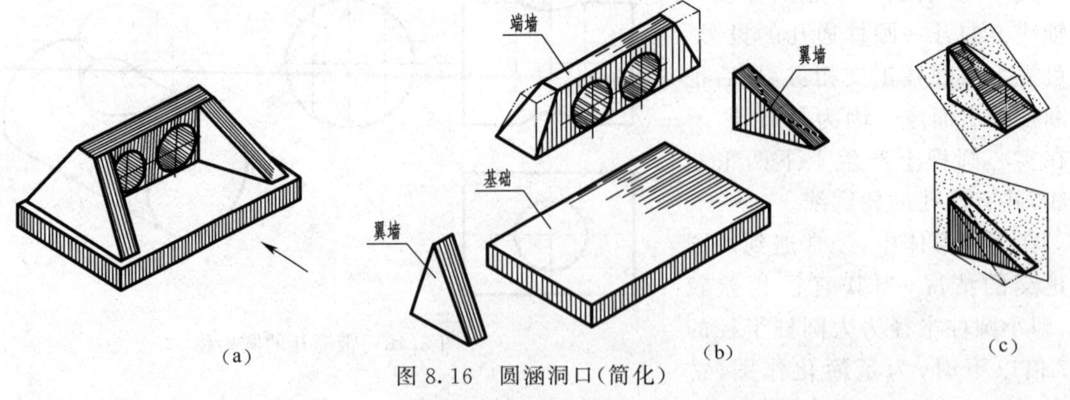

图 8.16　圆涵洞口(简化)

分清各部分形状、位置后，为了清楚表达涵洞口的形状，需画出三面投影图。

作图：

(1)采用形体及线面分析法作出三个组成部分的草图，如图 8.17 所示。

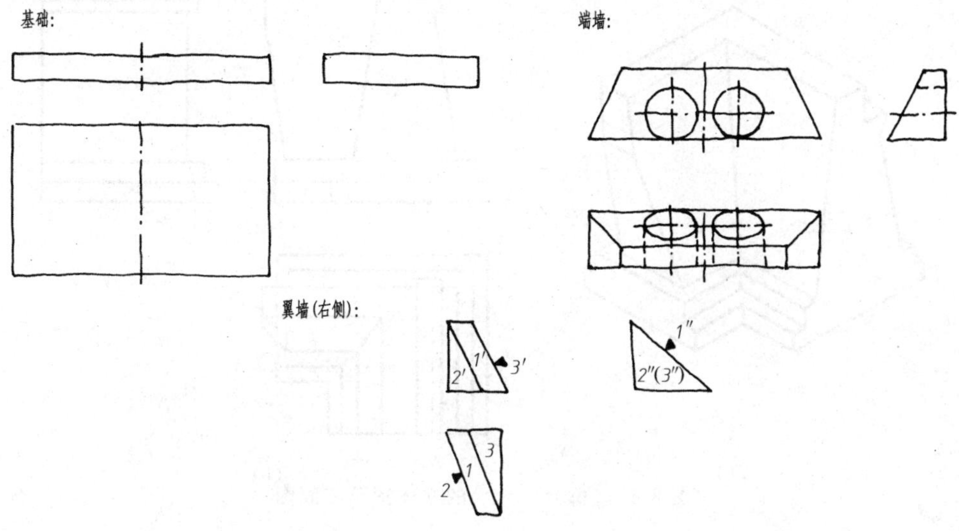

图 8.17　圆涵洞口各组成部分的草图

(2)用仪器画涵洞口三面投影图。作图方法步骤见表 8.4。

表 8.4　圆涵洞口三面投影图的作图方法步骤

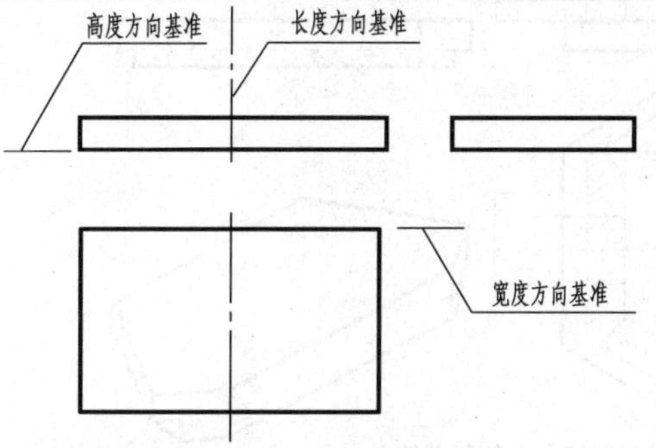 高度方向基准 长度方向基准 宽度方向基准	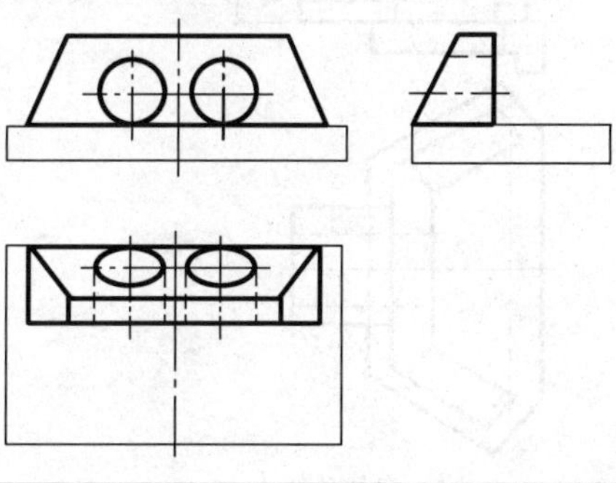
(a)确定基准，作基础三面图	(b)作端墙三面图
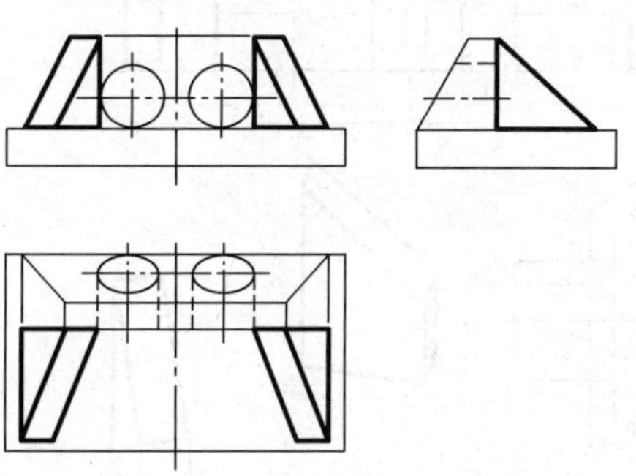	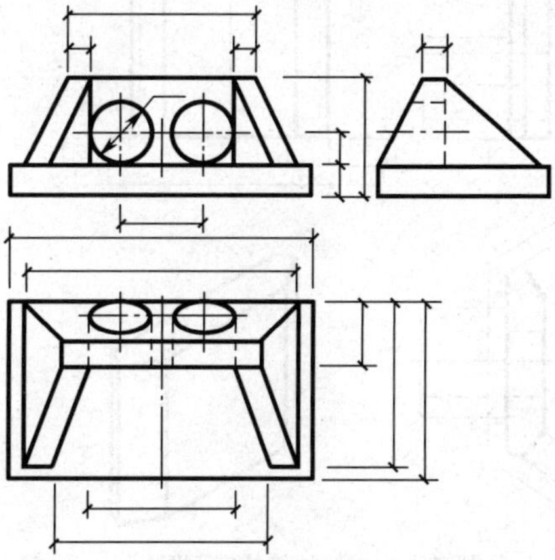
(c)作两侧翼墙三面图	(d)检查、整理加深、标注尺寸

试分析图 8.18(a)所示桥台(半个),并按上述方法试绘其三面投影图,如图 8.18(b)所示。

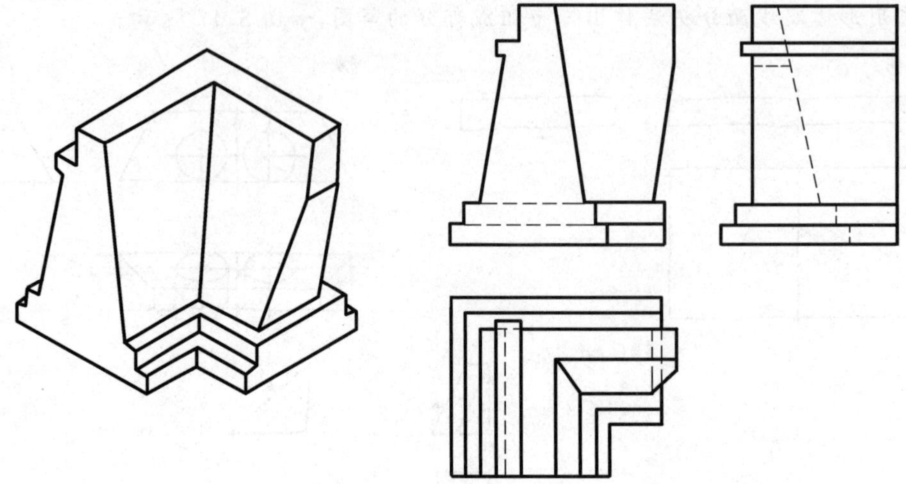

(a) (b)

图 8.18 桥台(半个)的立体图及三面图

【例 8.9】 补画图 8.19(a)所示下水道出口的侧面图,并标注尺寸。

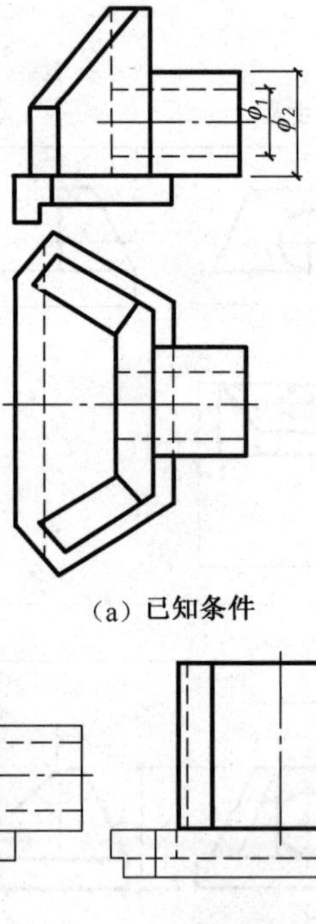

ϕ_1 ϕ_2

(a) 已知条件

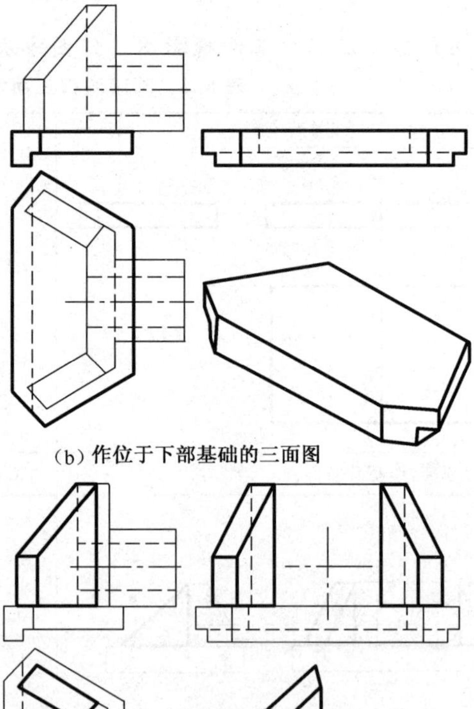

(b) 作位于下部基础的三面图

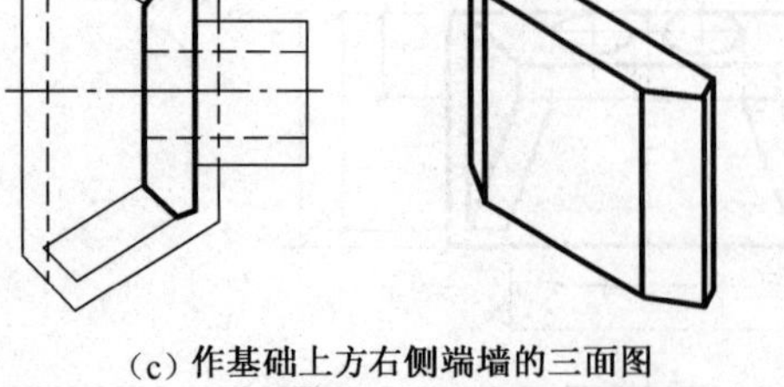

(c) 作基础上方右侧端墙的三面图

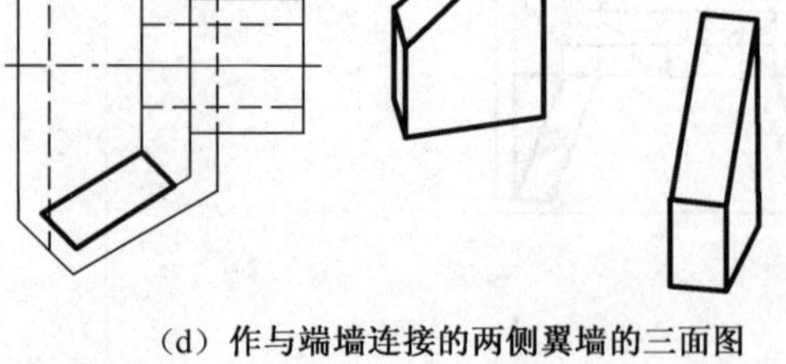

(d) 作与端墙连接的两侧翼墙的三面图

图 8.19

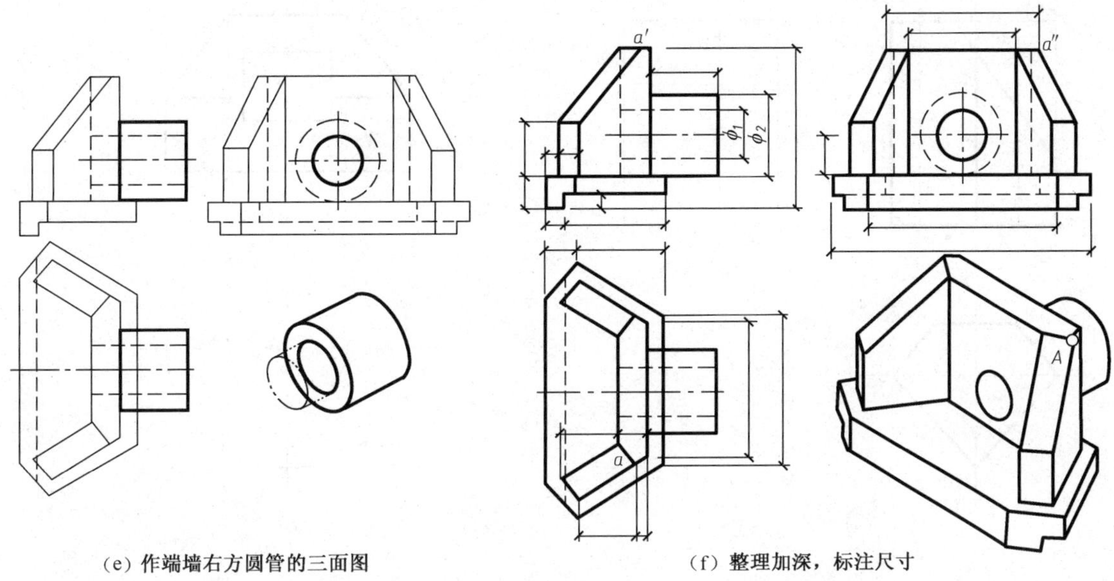

(e) 作端墙右方圆管的三面图　　　　(f) 整理加深，标注尺寸

图 8.19　下水道出口

分析:根据正面、平面图,可将下水道出口分解成基础、端墙、翼墙及圆管四个部分。

作图:作图步骤如图 8.19(b)、(c)、(d)、(e)、(f)所示。图中尺寸未注出具体数字。

讨论:

①图 8.19(f)中 A 点的三面投影 a、a'、a''在何处?

②翼墙顶面的形状、空间位置如何? 为什么?

③补画第三面投影是识图训练的一种方法,你能否通过补画下水道出口的侧面投影,综合想像出其整体形状,如图 8.19(f)所示。

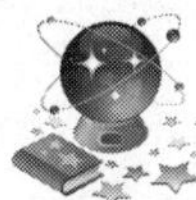

项目小结

1. 基本体被平面截切产生截交线(封闭的平面多边形或曲线围成的平面形),两形体相贯产生相贯线(空间折线或曲线围成的封闭形),截交线与相贯线均为公有线,求截交线、相贯线即是求有关形体上公有点的问题。

2. 作平面截切体的投影,关键是求出截交线的投影,也就是求截交线(多边形)各角点的投影,依次连接即可。

3. 作回转面截切体的投影,是找出截交线(不同形式的曲线)上的特殊点及中间点的投影,用圆滑曲线连接即可。

4. 相贯线的投影是求出相贯两体的公有线按要求连接而成。

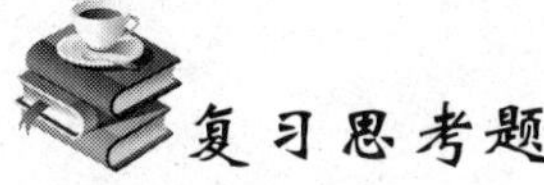

复习思考题

1. 什么是截交线和相贯线? 它们的特点性质是什么?

2. 试求出下面所示截切体与相关体的三面投影。

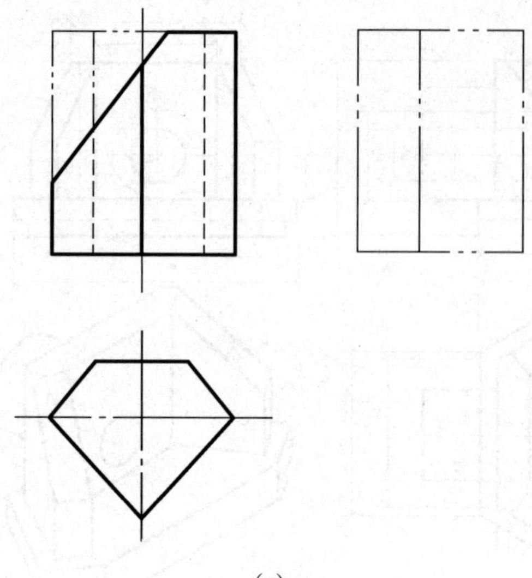

(a)

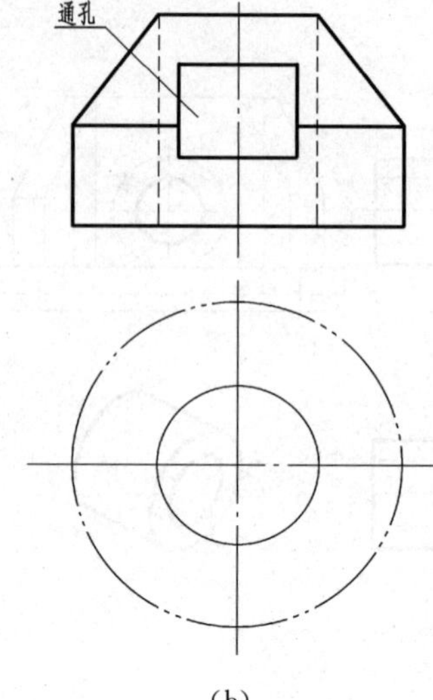

(b)

项目 9　表达物体的常用方法

项目描述

建筑形体仅用三面投影很难将其外形、内部构造表达清楚，因而还需采用其他方法，本项目介绍《房屋建筑制图统一标准》(GB/T 50001—2017)中有关投影法、图样布置、剖面、断面及简化画法，对工程中常采用的习惯画法也作简要说明。

学习目标

1. 能力目标

工程图样是生产施工、技术交流的重要“语言”通过学习要大力提高运用所学过的表达方法，将工程形体“说”清楚“看”明白的工作能力，为拓宽从业道路打下坚实基础。

2. 知识目标

了解六面投影图、展开图、镜像投影的图示方法、掌握剖面图、断面图的绘制、识读方法、熟悉图样的简化画法及常用的习惯画法。

3. 素质目标

培养仔细观察事物、提高综合分析归纳和空间思维能力、进一步培养分析问题、解决问题的能力并培养耐心细致、一丝不苟的工作作风。

任务 9.1　投　影　图

9.1.1　六面投影图

土木工程图多按直接正投影法(即前述正投影)绘制。但有些建筑物因其形状复杂，用三面投影图表达常嫌不足，所以在原有的三面投影图的基础上，再增设三个投影图，如图 9.1 所示。

1. 六面投影图的名称

正立面图(正面图)——正面投影图；

平面图——水平投影图；

左侧立面图(左侧面图)——侧面投影图；

右侧立面图(右侧面图)——从右向左投影；

背立面图(背面图)——从后向前投影；

底面图——从下向上投影。

2. 画六面投影图的注意事项

(1)在同一张图纸上绘制几个投影时，其顺序宜按主次关系，从左至右依次排列；

(2)每个图样一般均应标注图名，图名宜标注在图样的下方或一侧，并在图名下绘一粗横

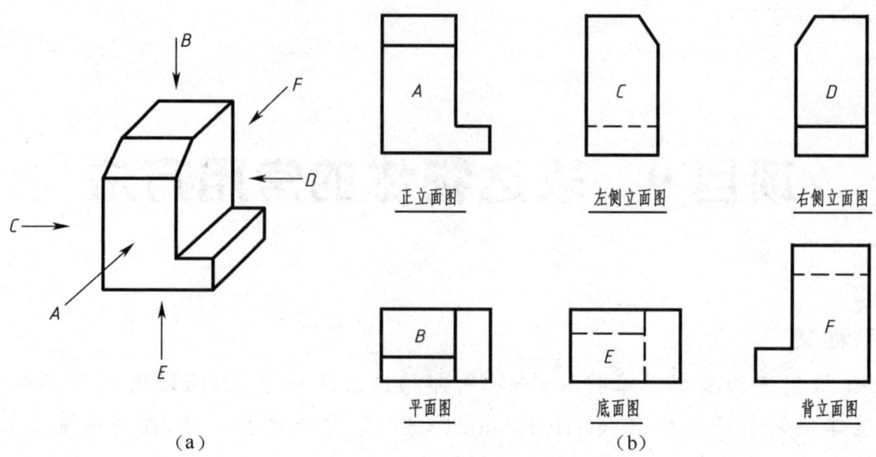

图 9.1 物体的六面投影图

线，其长度应与图名所占长度相同，如图 9.1(b)所示。

9.1.2 展 开 图

建筑物的立面部分，如与投影面不平行(如圆形、折线形、曲线形等)，可将该部分展至与投影面平行，再以直接正投影法绘制，并在图名后注写“展开”字样，如图 9.2 所示。

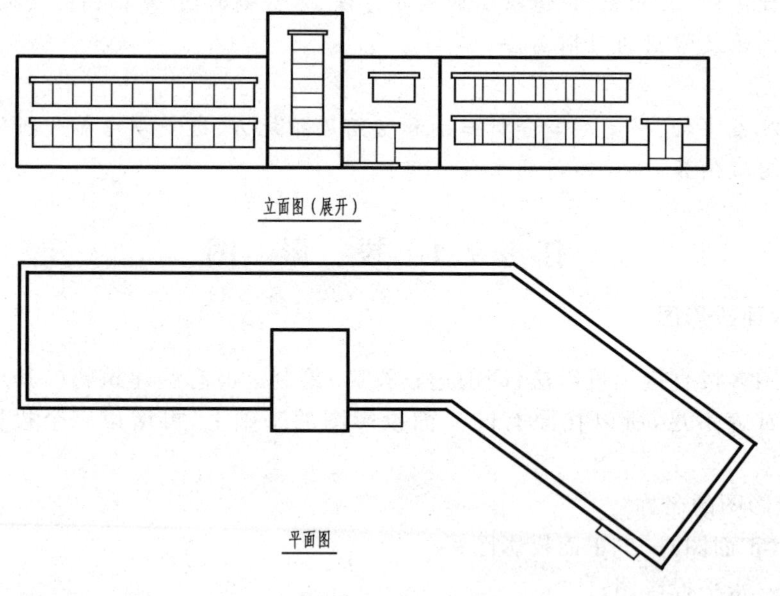

图 9.2 展开图

9.1.3 镜像投影图

当物体的形象不易用直接正投影法表达时，如房屋顶棚的装饰、灯具等，可用镜像投影法绘制，但应在图名后注写“镜像”两字。

如图 9.3 所示，把镜面放在物体下面，代替水平投影面，在镜面中反射到的图像称“平面图(镜像)”。由图可知，它和用直接正投影法绘制的平面图是不相同的。

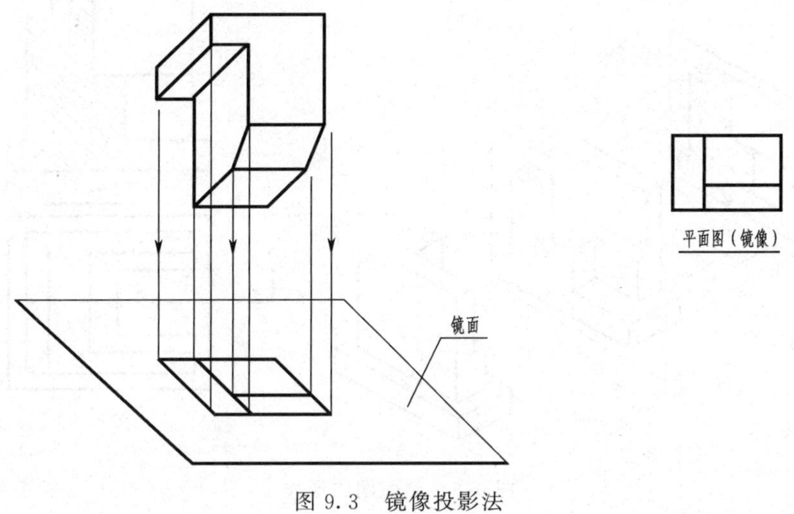

图 9.3　镜像投影法

任务 9.2　剖　面　图

工程建筑物内部构造复杂时，在投影图中就会出现较多的虚线，影响图示效果，也不便于标注尺寸，如图 9.4 所示 U 形桥台，为了清楚地表达其结构的内部形状，常采用剖面的方法。

9.2.1　剖面图的基本概念

如图 9.5(a)所示，**假想用剖切平面在适当位置将物体剖开，移去观察者和剖切平面之间的部分，将剩余部分进行投影，并在物体的截面(剖切平面与物体接触部分)上画出建筑材料图例，所得到的图形称剖面图(简称剖面)**，图 9.5(b)为 U 形桥台的剖面图。显然，在剖面图中，台体及其内部的空心部分均可清晰地表达出来。

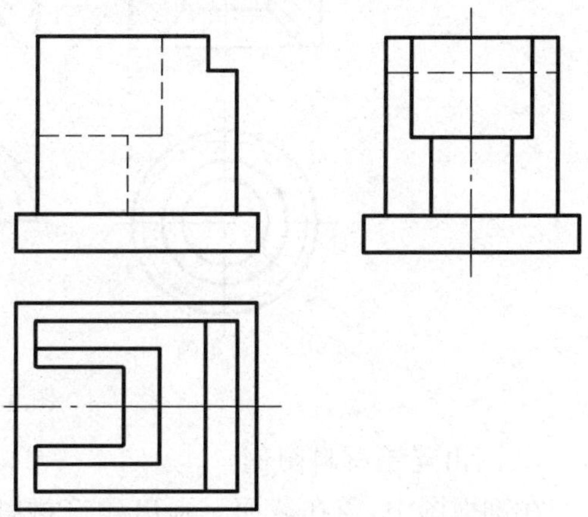

图 9.4　U 形桥台的投影图

9.2.2　剖面图的画法及标注

1. 剖切面和投影面平行

为了使剖面图能充分反映物体内部的实形，剖切面应和投影面平行，并且常使剖切面与物体的对称面重合或通过物体上的孔、洞、槽等隐蔽部分的中心，如图 9.5(a)所示，图中剖切面 P 平行于 V 面。

2. 完 整 性

因为剖切是一种假想画法，因此，一个投影图做剖切时，其他投影图仍需按完整的形状画出，如图 9.6(a)所示。

3. 画出剖切面后方的可见部分

物体剖开后，剖切平面后方的可见部分应画全，不得遗漏。图 9.6(b)为圆形沉井正面图中的阶梯孔遗漏图线，且平面图不完整。

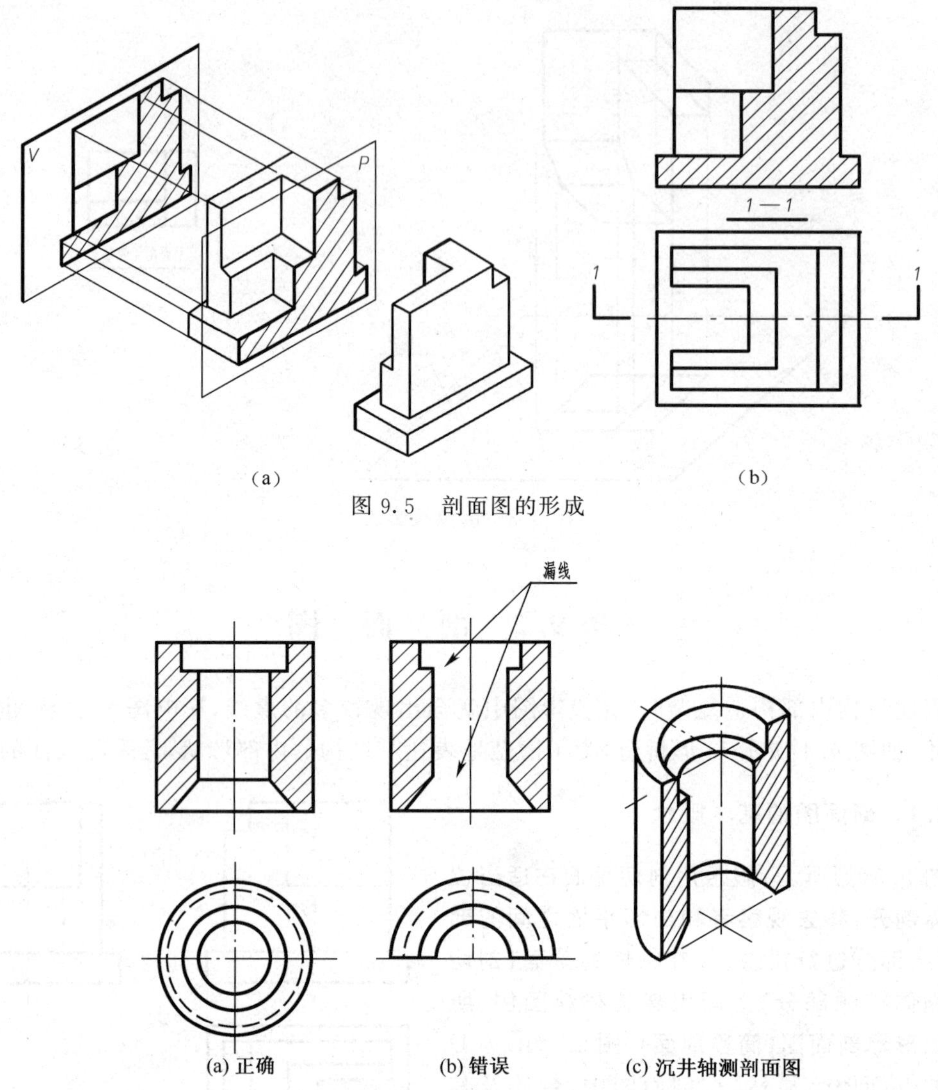

图 9.5　剖面图的形成

图 9.6　圆形沉井

4. 画出建筑材料图例

在剖面图中,需在截面上画出建筑材料图例。常用的建筑材料图例见表 9.1。图例中的斜线多为 45°细实线。图例线应间隔均匀,角度准确。

当建筑材料不确定时,可用 45°细实线表示。

5. 图中虚线可省略

在剖面图中,对于已经表达清楚的结构,其虚线可省略不画。

6. 剖面图的标注

如图 9.5(b)所示,剖面图中需用剖切符号表示剖面图的剖切位置和剖视方向。

(1)用剖切位置线表示剖切位置。剖切位置线实质上是剖切面的积聚投影,但应尽量不穿越其他图线。规定用长6～10 mm 的粗实线表示。

(2)用剖视方向线表示剖面的投影方向。剖视方向线垂直于剖切位置线,用长 4～6 mm 的粗实线表示。

(3)剖切符号的编号,采用阿拉伯数字,由左至右,由上至下按顺序连续编写,编号数字一律水平方向注写在剖视方向线的端部，在相应的剖面图上需注出"×-×剖面"字样。图 9.5(b)中的 1-1 剖面，表示由前向后投影得到的剖面图。

为了简化图纸，"剖面"二字也可以省略不写。

表 9.1　常用建筑材料图例(摘选)

序号	名称	图　例	说　明	序号	名称	图　例	说　明
1	自然土壤		包括各种自然土壤	11	混凝土		(1)本图例仅适用于能承重的混凝土及钢筋混凝土 (2)包括各种骨料添加剂的混凝土 (3)在剖面图上画出钢筋时不画图例线 (4)如断面较窄不易画出图例线，可涂黑
2	天然石材		包括岩层、砌体等材料				
3	夯实土壤						
4	毛　石			12	金　属		(1)包括各种金属 (2)图形小时可涂黑
5	砂灰土		靠近轮廓线的点较密	13	钢筋混凝土		(1)本图例仅适用于能承重的混凝土及钢筋混凝土 (2)包括各种骨料添加剂的混凝土 (3)在剖面图上画出钢筋时不画图例线 (4)如断面较窄不易画出图例线，可涂黑
6	普通砖		(1)包括砌体砌块 (2)断面较窄，不易画出图例线，可涂红				
7	饰面砖		包括铺地砖、马赛克、陶瓷锦砖、人造大理石等				
8	耐火砖		包括耐酸砖等				
9	空心砖		包括各种多孔砖	14	防水材料		构造层次多和比例较大时采用上面图例 铁路工程图中采用 * 非国标
10	木　材		(1)上图为横断面 (2)下图为纵断面	15	粉　刷		本图例用较稀的点表示

9.2.3　常用的几种剖切方法

1. 用一个剖切面剖切

(1)用一个剖切面把物体完全剖开得到的剖面图称**全剖面图**，简称**全剖**，如图 9.7 所示。

全剖面多用于物体的投影图形不对称时，但外形简单且在其他投影图中外形已表达清楚的物体，虽其投影图形对称也可画成全剖。

剖面图的配置与投影图相同，应符合投影关系，如图 9.7(b)中的正面图及左侧面图，均采用了全剖面的画法。

(2)当物体具有对称平面且外形又较复杂时，在垂直于对称面的投影面上的投影可以以对

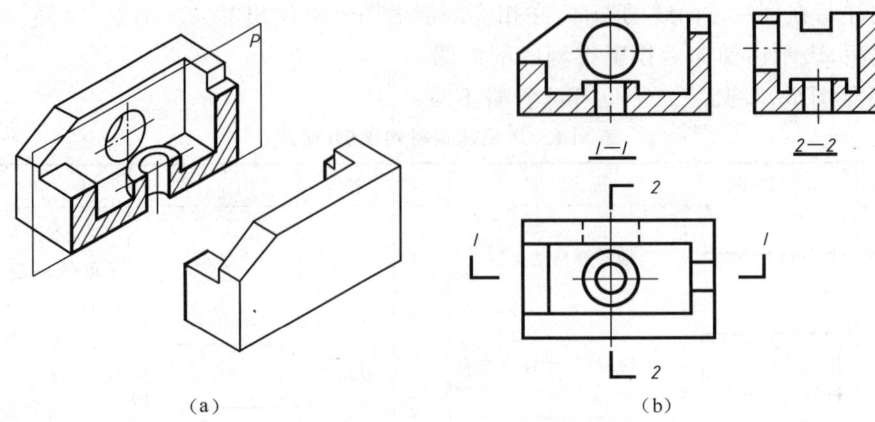

(a)　　　　　　(b)

图 9.7　箱体全剖面图

称线为界，一半画成剖面图，另一半仍保留外形投影图，这种画法称**半剖面图**，简称**半剖**。如图 9.8(a)所示，空心桥墩的三面投影图均采用了半剖，图 9.8(b)是其轴测图。

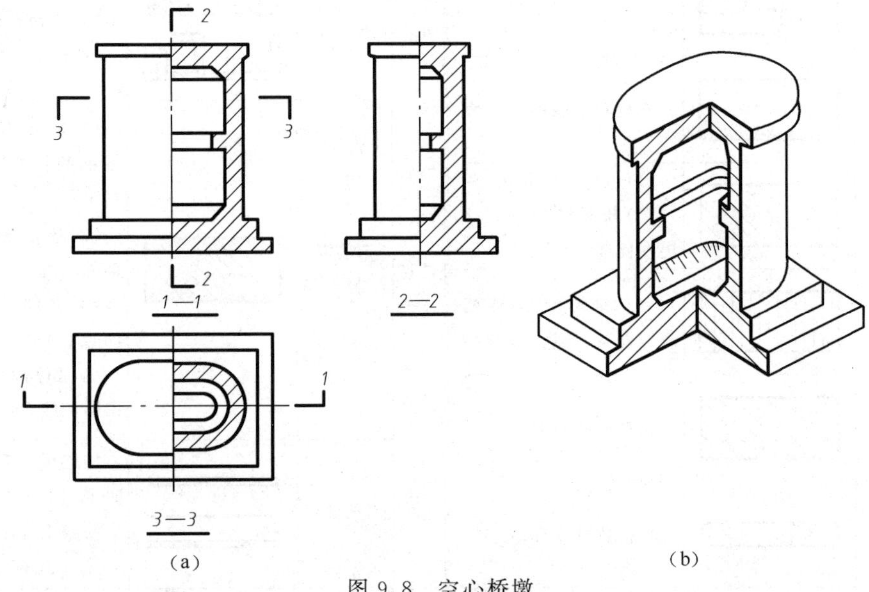

(a)　　　　　　(b)

图 9.8　空心桥墩

作半剖面图时，应注意以下几点：

①半剖面图与半投影图以点画线为分界线，剖面部分一般画在垂直对称线的右侧或水平对称线的下方；

②由于物体的内部形状已经在半剖面中表达清楚，在另一半投影图上就不必再画出虚线；

③半剖面图中剖切符号的标注规则与全剖面相同。

(3)如需表达物体内部形状的某一部分时，可采用局部剖切的方法，即用剖切面剖开物体的局部得到的剖面图称**局部剖面图**，简称**局部剖**。如图 9.9 所示“瓦管”，就是用局部剖的方法表示其内孔的。

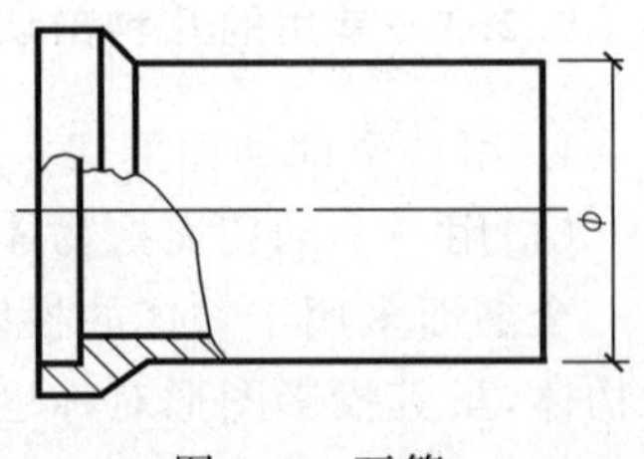

图 9.9　瓦管

在局部剖面中，已剖与未剖部分的分界线用波浪线表示。波浪线不能与其他图线重合，且应画在物体的实体部分;局部剖可以不标注。

2. 用两个或两个以上平行的剖切面剖切

(1)当物体上的孔或槽无法用一个剖切面同时将其切开时,可采用两个或两个以上相互平行的剖切面将其剖开,这样画出的剖面图称**阶梯剖面图**,简称**阶梯剖**。图 9.10 为钢轨垫板的阶梯剖面图。

画阶梯剖时应注意以下几点:

①在剖面图上不画出剖切平面转折棱线的投影,如图 9.10(b)中箭头所指的棱线,而看成由一个剖切面可以全剖开物体所画出的图;

②剖切位置线的转折处不应与图上的轮廓线重合、相交;

③画阶梯剖时,必须标注剖切符号,如图 9.10(a)中的 1-1,在转折处如与其他图线混淆,应在转角的外侧加注相同的编号。

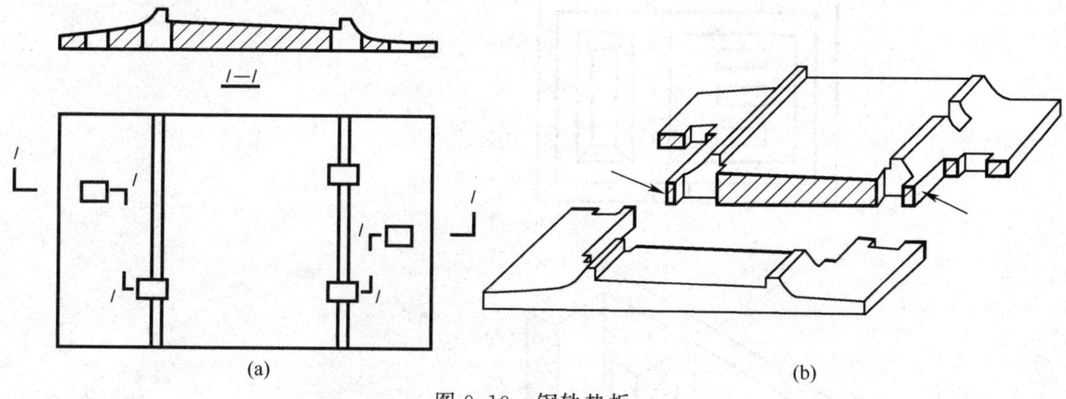

图 9.10　钢轨垫板

(2)分层剖切剖面图。在建筑图样中,为了表达建筑形体局部的构造层次,常按层次以波浪线将各层隔开来画出其剖面图,如图 9.11 所示,图中的波浪线不应与任何图线重合。

3. 用两个或两个以上相交的剖切面剖切

如图 9.12 所示,用此法剖切时,应在剖面图的图名后加注“展开”字样。

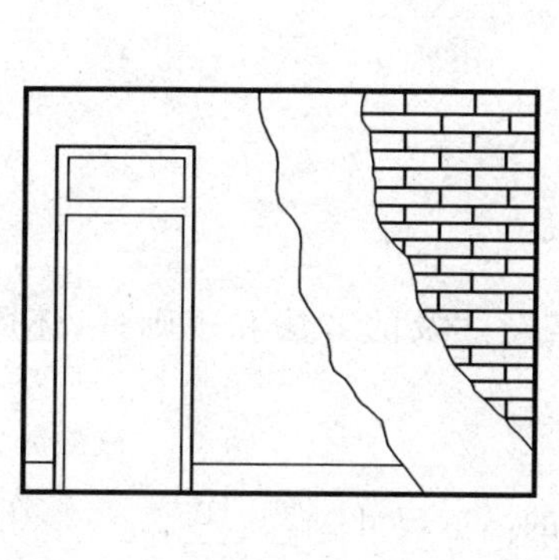

图 9.11　分层剖面图

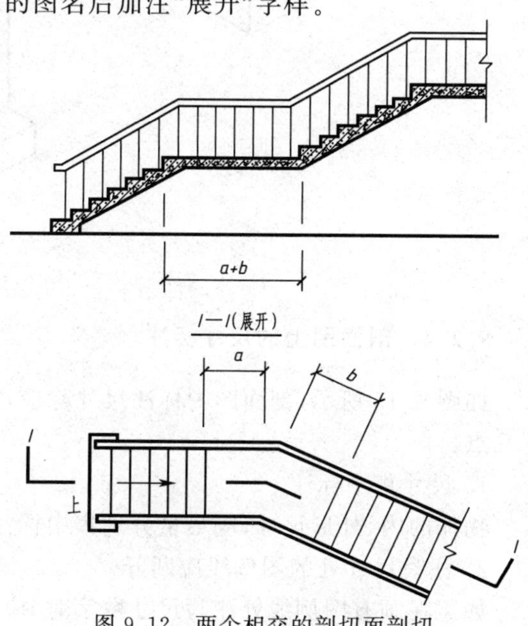

图 9.12　两个相交的剖切面剖切

【例 9.1】 作图 9.13(a)所示滤池的剖面图。

分析:由于该体的正面图、左侧面图中虚线较多,因而这两个图均需作剖面。又由于正面图左右不对称,应选用全剖;而左侧面图为对称图形,宜作半剖,如图 9.13(b)所示。

作图:如图 9.14 所示,在 1-1 剖面中,中间壁上的孔采用了习惯画法,视被剖开。

若根据实物、模型或轴测图画投影图时,则应通过分析,将需剖切的部分一次作成适当的剖面图,而不必先画全三面投影图,再改画成剖面图。

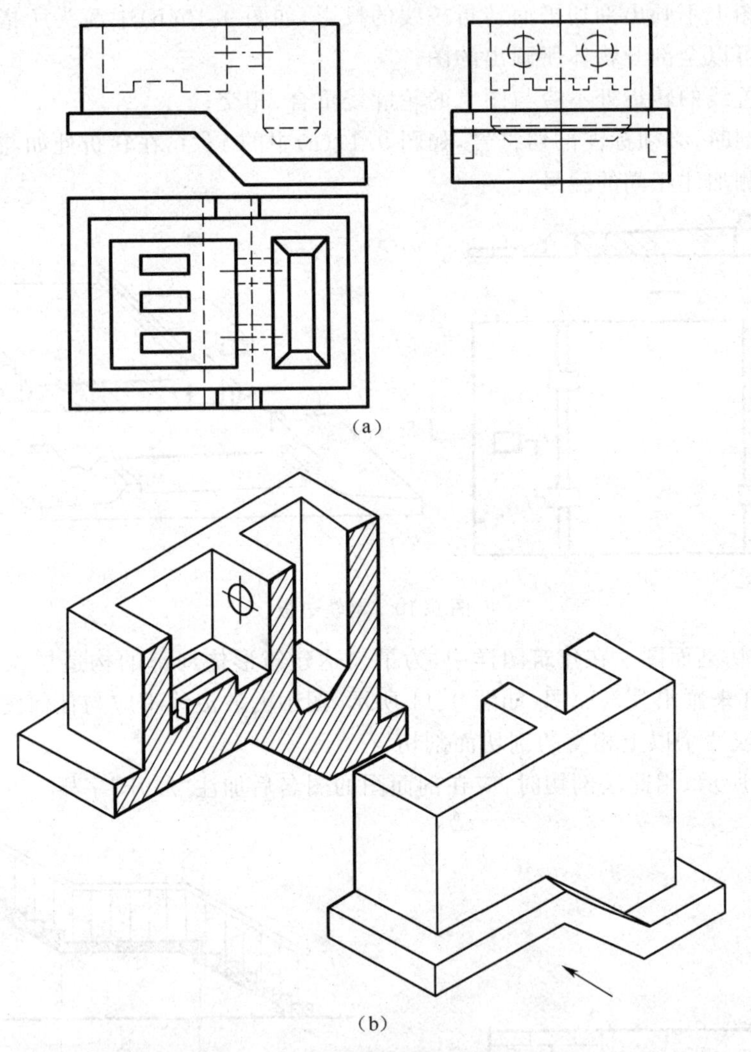

图 9.13　滤池

9.2.4　剖面图上的尺寸标注

如图 9.15 所示,剖面图中标注尺寸除应遵守前面各章述及的方法和规则外,还应注意以下几点:

1. 尺寸集中标注

物体的内、外形尺寸,应尽量分别集中标注,如图中的高度尺寸。

2. 注写尺寸处的图例线应断开

如需在画有图例线处注写尺寸数字时,应将图例线断开,如图中的尺寸 30。

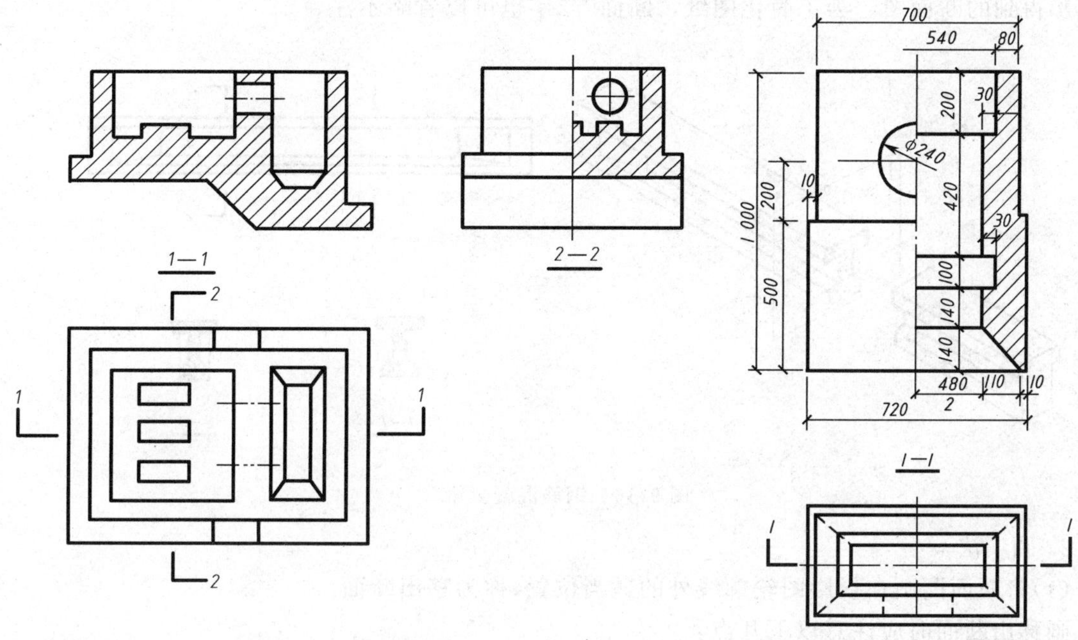

图 9.14　滤池投影图

图 9.15　剖面图的尺寸标注

3. 对称结构的全长尺寸注法

在半剖面图中，有些部分只能表示出全形的一半，尺寸的另一端无法画出尺寸界线，此时，尺寸线在该端应超过对称中心线或轴线，尺寸注其全长，如图中的 540。也可用“二分之一全长”的形式注出，如 480/2 等。

4. 作半剖面时，仍标注直径尺寸

由于作半剖面而使整圆成为半圆时，仍按直径标注，如 ϕ240，尺寸线的另一端应稍过圆心。

任务 9.3　断　面　图

9.3.1　断面图的基本概念

当物体某些部分的形状，用投影图不易表达清楚，又没必要画出剖面图时，可采用断面图来表示。

所谓断面图(也称截面图)，即假想用一个剖切平面，将物体某部分切断，仅画出剖切面切到部分的图形。在断面上应画出材料图例。

图 9.16(a)为预制混凝土梁的立体图，假想被剖切面 1 截断后，将其投影到与剖切面平行的投影面上，所得到的图形如图 9.16(b)所示，称 1—1 断面图。它与剖面图 2—2 比较，仅画出了剖切面与梁接触部分的形状，而剖面图还要绘出剖切面后面可见部分的投影。

9.3.2　断面图的标注及画法

1. 标　注

断面图只需标注剖切位置线(长 6～10 mm 的粗实线)，并用编号的注写位置来表示投影方向，还要在相应的断面图上注出“×—×断面”字样。图 9.16(b)中的 1—1 断面表示从左向右投影得到的断面图。为了简化图纸,“断面”二字也可以省略不注。

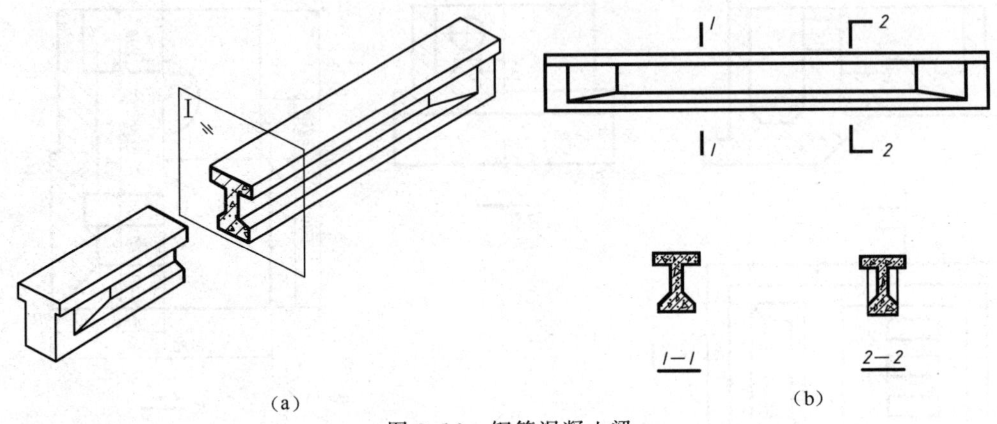

(a) (b)

图 9.16 钢筋混凝土梁

2. 画 法

(1)将断面图画在投影图轮廓线外的适当位置,称为**移出断面**。

画移出断面时应注意以下几点:

①断面轮廓线为粗实线。

②移出断面可画在剖切位置线的延长线上,如图 9.17(a)所示,也可以画在投影图的一端,如图 9.17(b)所示,或画在物体的中断处,如图 9.17(c)所示。

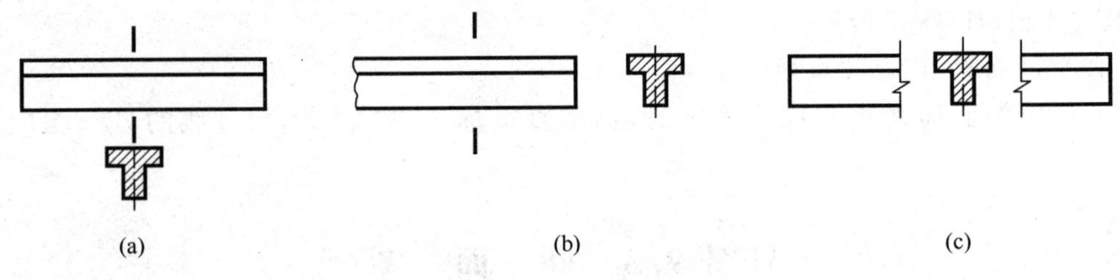

(a) (b) (c)

图 9.17 T 梁断面图

③作对称物体的移出断面,可以仅画出剖切位置线,如图 9.17 所示;物体不对称时,除注出剖切位置线外,还需注出数字以示投影方向,如图 9.18 所示。

④当物体需作多个断面时,断面图应排列整齐,如图 9.18 所示。

(2)将断面图画在物体投影的轮廓线内,称**重合断面**。

画重合断面时应注意以下几点:

①重合断面的轮廓线一般用细实线画出,如图 9.19(a)所示,但在房屋建筑图中,为表达建筑立面装饰线脚时,其重合断面的轮廓用粗实线画,且在表示实体的一侧画出 45°图例线,如图 9.19(b)所示。

②当图形不对称时,需注出剖切位置线,并注写数字以示投影方向,如图 9.20(a)所示,对称图形可省去标注,如图 9.19(a)所示。

③断面轮廓线与投影轮廓线重合时,投影图的轮廓线需要完整地画出,不可间断,如图 9.20(a)所示。图 9.20(b)的画法及标注均有错误(读者自行找出)。

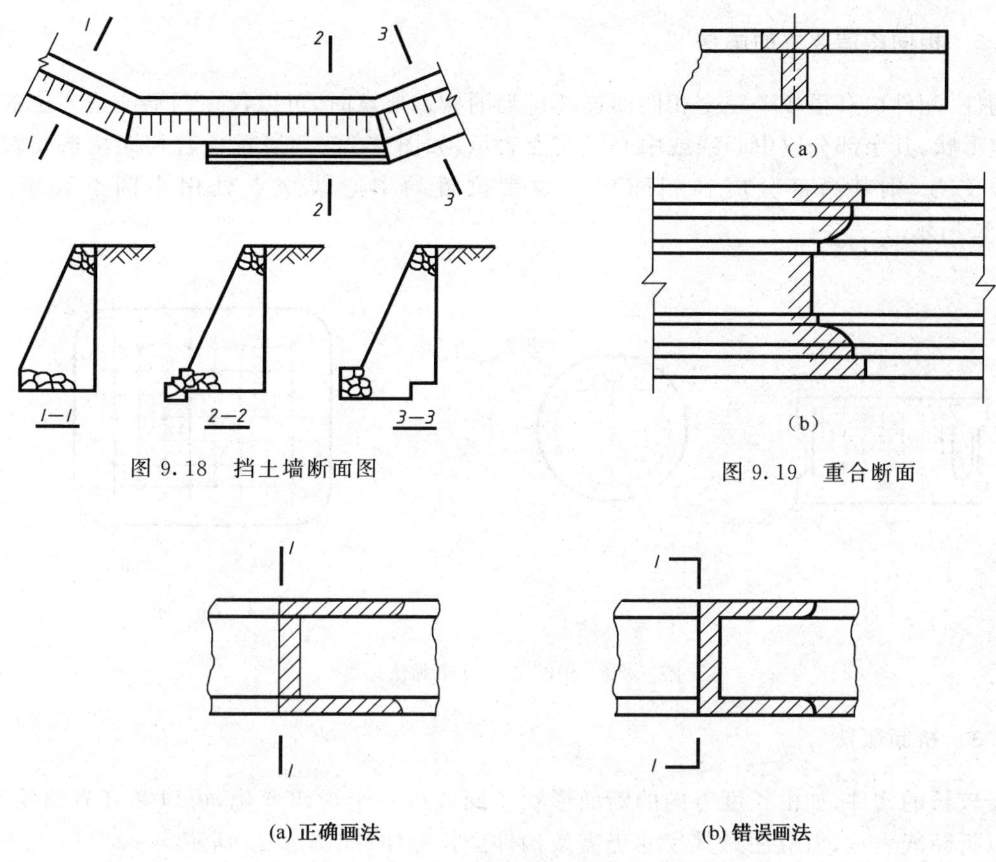

图 9.18　挡土墙断面图

(a)

(b)

图 9.19　重合断面

(a) 正确画法　　(b) 错误画法

图 9.20　不对称构件重合断面画法

任务 9.4　图样的简化画法及其他表达方法

9.4.1　对称省略画法

物体对称时，允许以中心线为界，只画出图形的一半或四分之一，此时应在中心线上画出对称符号，如图 9.21(a)所示，也可根据图形的需要略超出对称线少许，此时，不宜画对称符号，如图 9.21(b)所示。

对称符号是两条平行等长的细实线，线段长为 6～10 mm，间距为 2～3 mm，在中心线两端各画一对，如图 9.21(a)所示。

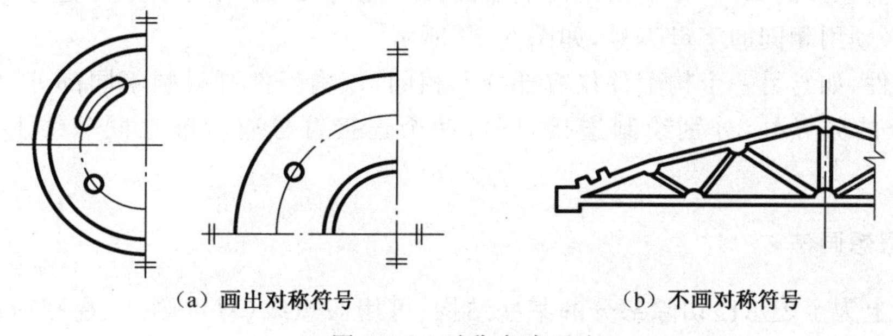

(a) 画出对称符号　　(b) 不画对称符号

图 9.21　对称省略画法

9.4.2 相同构造要素的画法

在构件、配件内有很多个完全相同而连续排列的构造要素时,可以仅在两端或适当位置画出其完整形状,其余部分以中心线或中心线交点表示,如图 9.22(a)所示。若相同构造要素少于中心线交点,则其余部分应在相同构造要素位置的中心线交点处用小圆点表示,如图 9.22(b)所示。

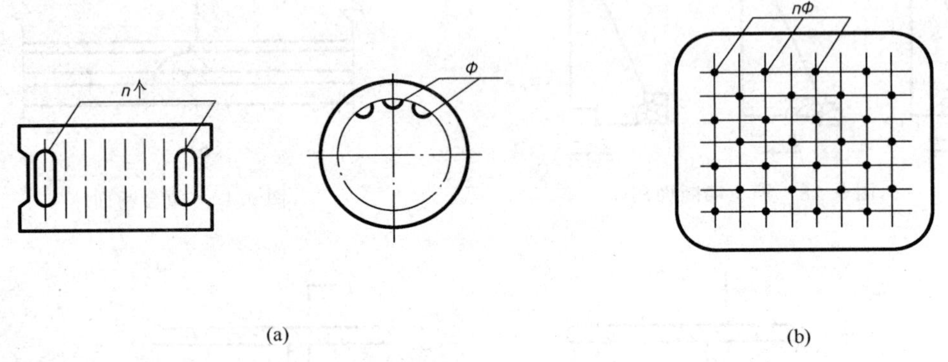

图 9.22 相同要素省略画法

9.4.3 折断画法

对于较长的构件,如沿长度方向的断面形状相同或按一定规律变化,可以断开省略绘制,断开处以折断线表示,但应注意其尺寸仍需按构件全长标注,如图 9.23 所示。

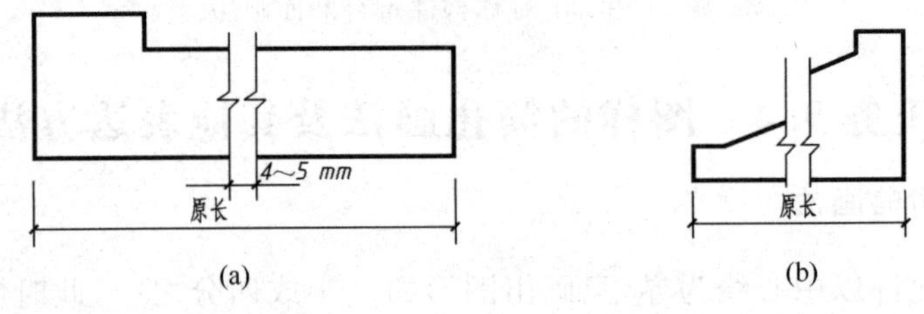

图 9.23 折断省略画法

9.4.4 连接画法及连接省略画法

一个构配件,如绘制位置不够,可分成几个部分绘制,并用连接符号表示相连。连接符号以折断线表示需连接的部位,在折断线两端靠图样一侧用大写拉丁字母表示连接符号,两个被连接的图样,必须用相同的字母编号,如图 9.24 所示。

一个构配件,如与另一个构配件仅有部分不相同,该构配件可只画不同部分,但应在其相同与不同部分的分界处,分别绘制连接符号,两个连接符号应对准在同一线上,如图 9.25 所示。

9.4.5 假想画法

在剖面图上为了表示已切除部分的某些结构,可用假想线(双点画线)在相应的投影图上画出,如图 9.26(a)所示。

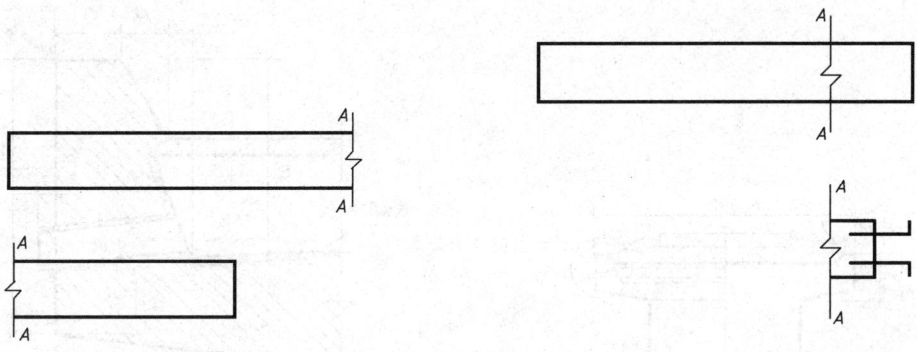

图 9.24　连接画法　　　　图 9.25　构件局部不同时的省略画法

某些弯曲成形的物体，如需要时，也可用双点画线画出其展开形式，以表达弯曲前的形状和尺寸，如图 9.26(b)所示。

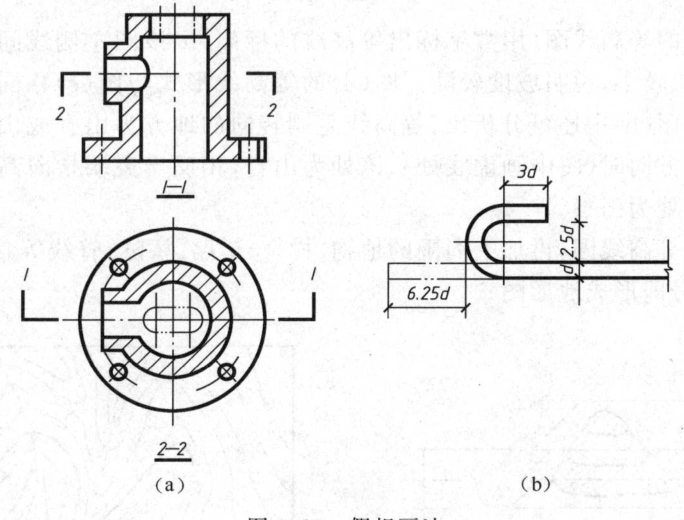

图 9.26　假想画法

9.4.6　详图画法

当结构物某一局部形状较小，图形不够清楚或不便于标注尺寸时，可用较原图大的比例，将该局部单独画出，工程上称详图。

详图应尽量画在基本图附近，可画成投影图、剖面、断面图，采用的比例是指与物体大小之比，其表达形式及比例与原图无关。详图的标注通常是在被放大部位画一细实线小圆，用指引线注写字母或数字，在详图上注出相应的"×详图"字样，如图 9.27 所示(铁路工程图中常用的习惯画法)。

9.4.7　高程投影

为了表达地形或复杂曲面，常采用高程投影的方法。高程投影是假想用一组高差相等的水平面切割地面，将所得到的一系列截交线(称等高线)投影到水平面上，并用数字标出这些等高线的高程(等高线与水平面间的高度距离)而得到的图。所以高程投影图实为用正投影法绘制的等高线单面投影图(平面图)，不过其高度不是用立面图而是用高程值表示的。

如图 9.28(a)所示，用一组等距的水平面切割地面形成截交线，图(c)是将这些截交线投

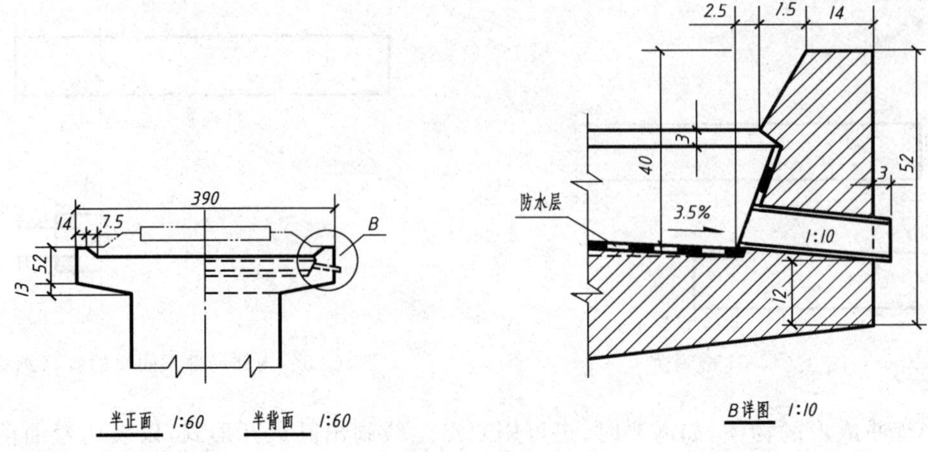

图 9.27　详图

影到水平面上得到的等高线图(用数字标出等高线的标高)。该图左侧线间距较大,说明地面坡度较缓,右侧间距较小,说明坡度较陡。图(d)的等高线形式与图(c)相同,但据所注标高可知它是洼地。而从图(b)中还可分析出,等高线急剧转向的地方为山脊或山谷,当等高线转向尖端指向低的标高方向时(图中画虚线处),该处为山脊,相反当尖端指向高的标高方向时(图中画点画线处),该处为山谷。

一个区域内的等高线图,再加上周围的地物(村舍、道路、桥隧、管线等)、地貌(地界、河流、植被等)的特定符号即形成地形图。

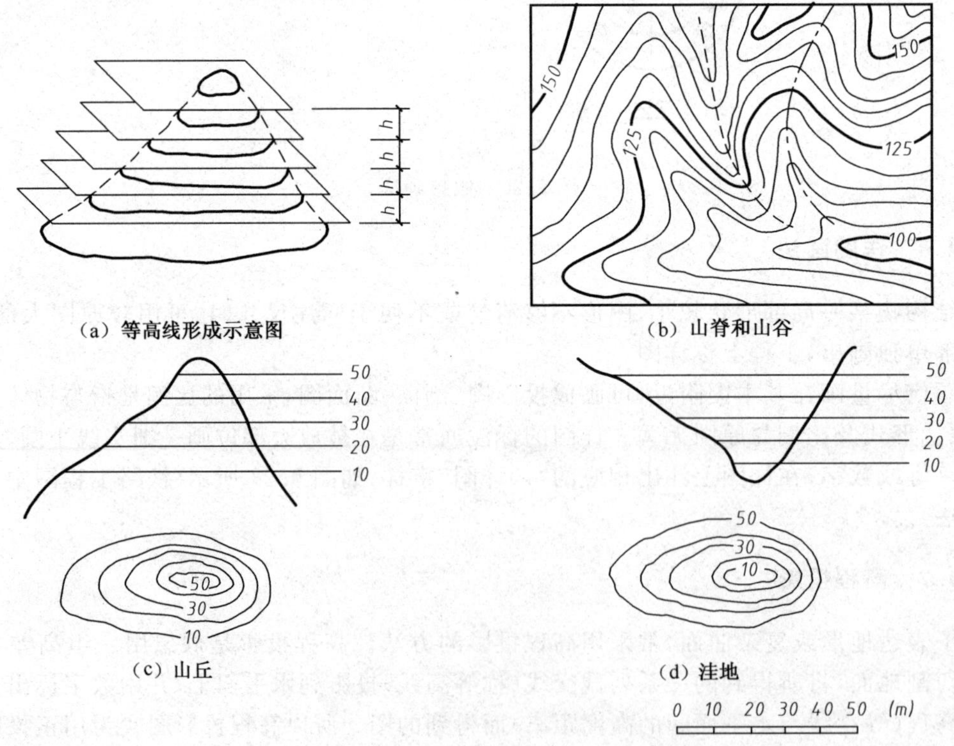

图 9.28　等高线图

地形图是大型工程建筑项目规划和设计的依据。

任务 9.5　剖面图与断面图的识读

识读剖面图与断面图的方法与识读组合体的投影图相似，仍用形体分析法和线面分析法。下面以图 9.29 所示化污池为例，说明识读剖面、断面图的方法。

9.5.1　认清投影图，明确投影关系

首先应了解化污池是用哪些投影图表达的，图中有什么剖面、断面，它们的剖切位置在哪里，认清观察方向，初步理解剖切目的，明确投影关系。

图 9.29 给出了化污池的四个投影图，其中正面投影采取全剖，剖切面通过该体的前、后对称面，表达了左、右中空的内形；水平投影采用了半剖，水平中心线上方表示外形，下方表示内形，从标注可知，水平剖切面通过池身上小圆孔和方孔的中心线；侧面投影也采用了半剖，剖切面是通过左侧顶部加劲板的中心线，表达了化污池上、下部分的内外形状；4—4 断面则表达了隔板部位的形状及圆、方孔的位置。

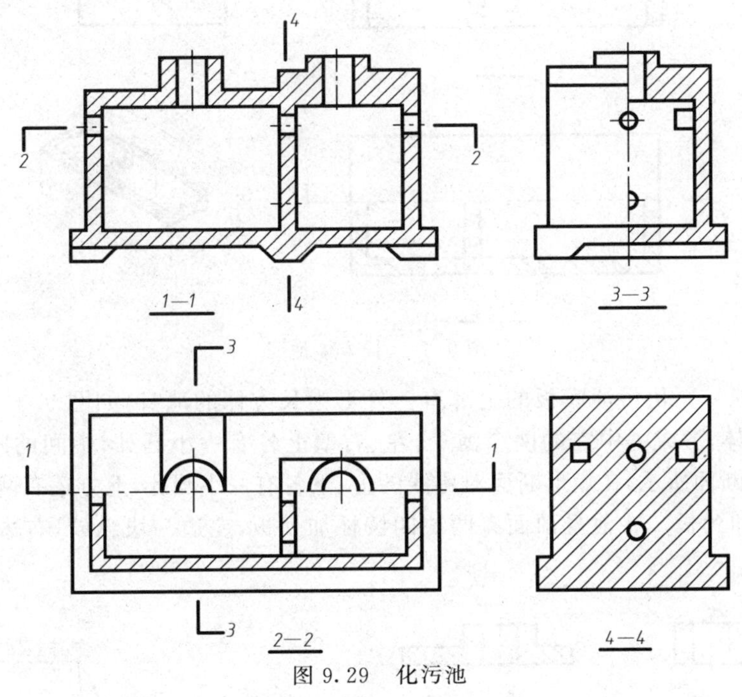

图 9.29　化污池

9.5.2　分析形状，想像内外结构和细节

用形体分析法将化污池分成几个基本形体，根据各图的投影关系，应用看图想物的道理弄清各部分外形及内部结构，读懂细节及建筑材料，若标注了尺寸，还要认清其大小。

由图可知，该形体分成四个主要部分：

(1)矩形底板。位于化污池下方，图 9.30 为其投影图及直观图。底板的大致形状为矩形柱体，从正面投影中看出，在矩形下方左右各有一个梯形线框，接近中间处还有一个与底板相连的梯形截面，结合水平、侧面投影，可以确定底板下方中部是一个梯形四棱柱加劲肋，而四角

各有一个四棱台的加劲墩子。

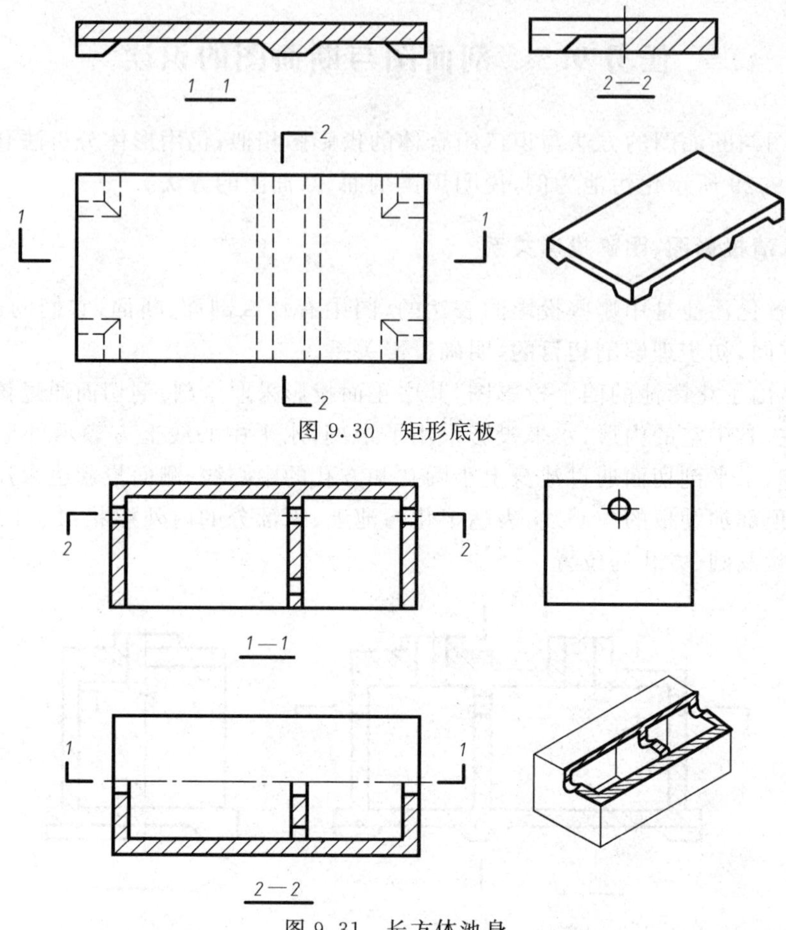

图 9.30 矩形底板

图 9.31 长方体池身

(2)长方体池身。化污池底板的上部有一外形为长方体的池身,如图 9.31 所示,在其内部挖去了两个长方体,形成了中空的两个池子,左、右壁上各有一小圆孔,中间的隔板部位形状如图 9.29 中 4—4 断面所示,在矩形断面对称线的上、下各有一小圆孔,上方还有两个对称的方孔。

(3)四棱柱加劲板。在池身顶面有两块四棱柱加劲板,左边一块纵放,右边一块横放,形状如图 9.32 所示。

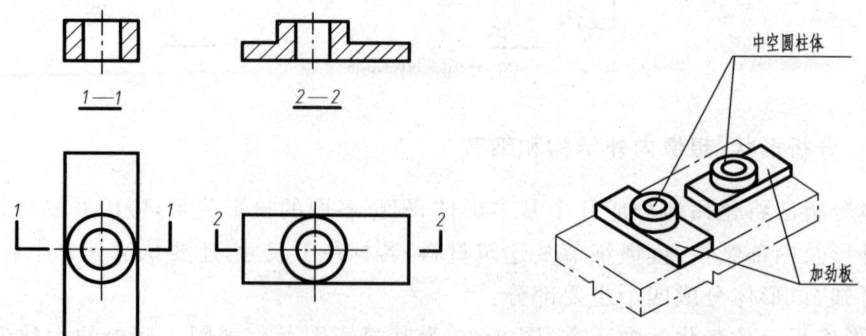

图 9.32 加劲板及通孔

(4)圆柱体通孔。在两块加劲板的上方各有一个中空圆柱体,该圆柱孔与池身相通,其形状如图 9.32 所示。

9.5.3　综合各组成部分,想像整体形状

如上述分析,化污池前后对称,池身下面有长方形底板,上面有带圆柱通孔的两块加劲板,把以上分解开的形体逐个综合起来,即可得出化污池的整体形状,如图 9.33 所示。

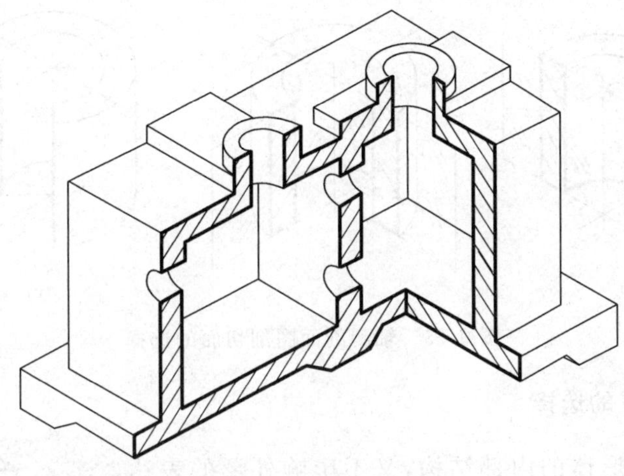

图 9.33　化污池直观图

图 9.34 为地下室的投影图及直观图。投影图中有一个平面图和三个剖面图,读者可自行分析识读其内外形状。

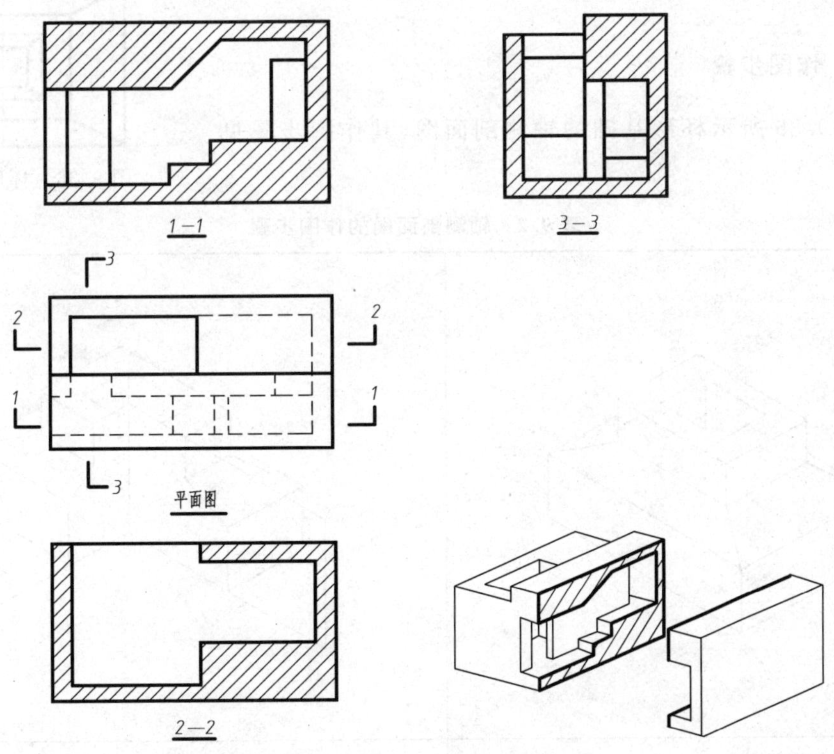

图 9.34　地下室

任务 9.6　轴测剖面图的画法

假想用剖切平面将物体轴测图切除一部分，以表达空心形体的内部结构，这种图称**轴测剖面图**。

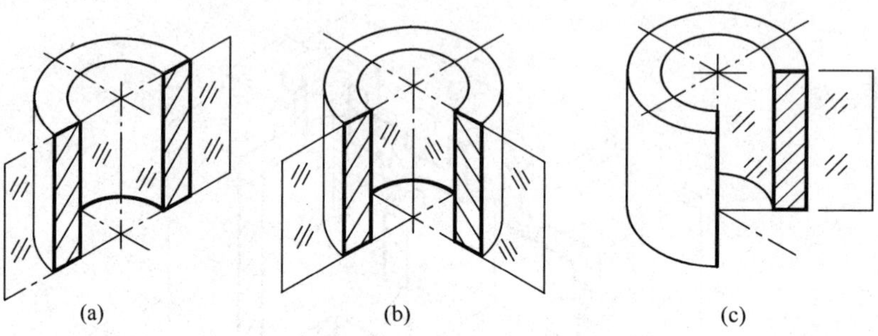

图 9.35　轴测剖面图剖切面的选择

9.6.1　剖切位置的选择

为了清楚地表示形体的内部结构，又不影响外形的表达，尽量不用一个剖切平面，如图 9-35(a)所示，而采用两个剖切平面，且沿着平行坐标平面的位置切除形体的四分之一，如图 9.35(b)所示。图 9.35(c)中虽也使用了两个剖切面，但失真，因而不好。

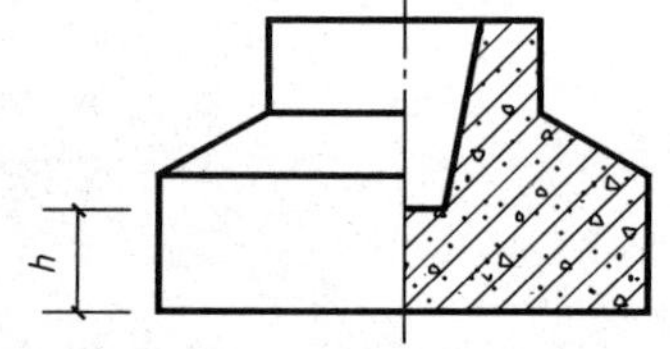

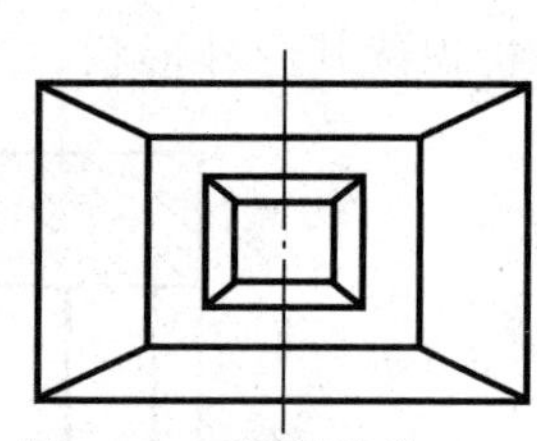

图 9.36　杯形基础

9.6.2　作图步骤

作如图 9.36 所示杯形基础的轴测剖面图，其作图步骤见表 9.2。

表 9.2　轴测剖面图的作图步骤

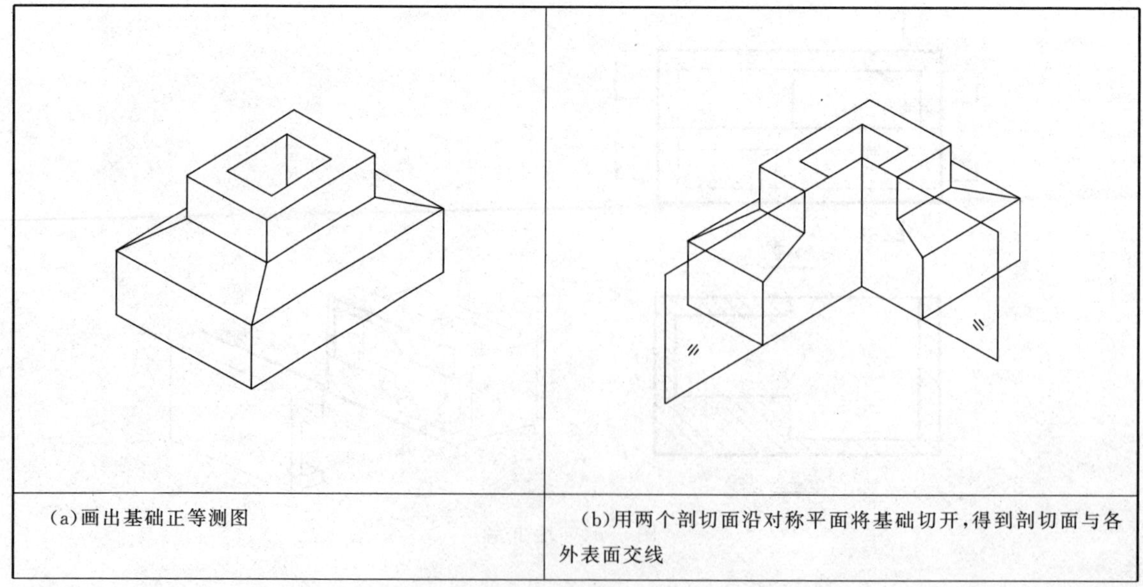

(a)画出基础正等测图	(b)用两个剖切面沿对称平面将基础切开，得到剖切面与各外表面交线

续上表

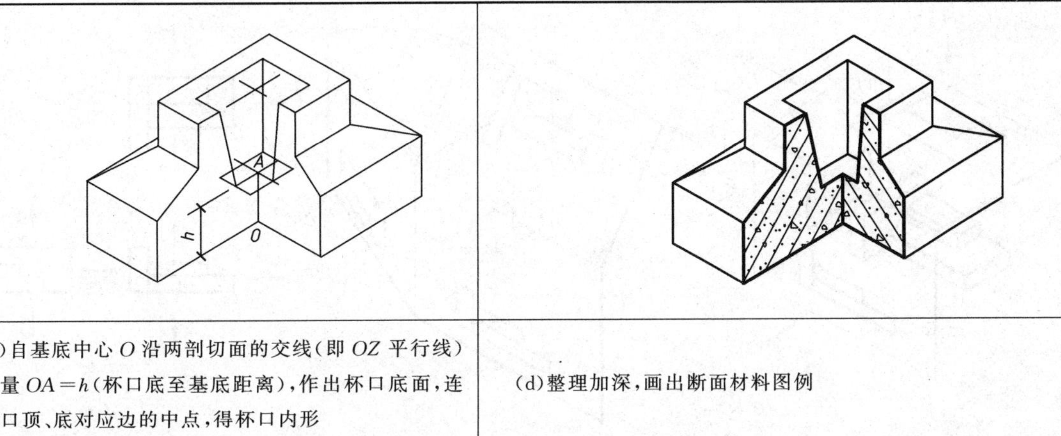

(c)自基底中心 O 沿两剖切面的交线(即 OZ 平行线)向上量 $OA=h$(杯口底至基底距离),作出杯口底面,连接杯口顶、底对应边的中点,得杯口内形	(d)整理加深,画出断面材料图例

应当注意的是:

(1)作图时要预先考虑到被切除的部分,并将该处的轮廓线画得轻细;

(2)切口处图例线的方向,如图 9.37 所示;

(3)轴测剖面图中物体轮廓线为中粗线,切断面轮廓线画粗实线。

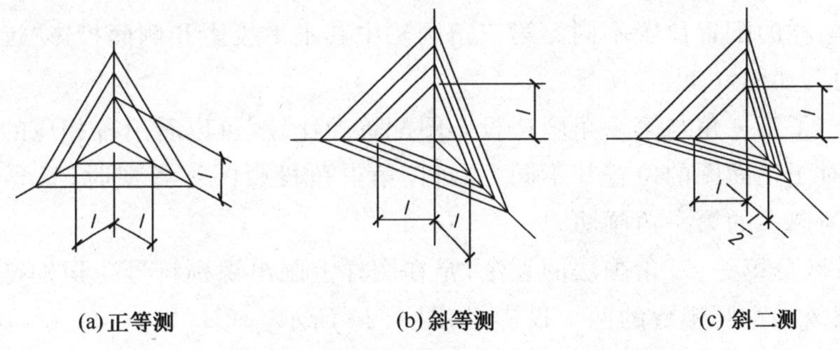

(a)正等测　　(b)斜等测　　(c)斜二测

图 9.37　轴测剖面图中图例线的画法

任务 9.7　第三角画法简介

在国际技术交流中,会遇到第三角画法的图纸,下面对第三角画法作一简单介绍。

如图 9.38 所示,用三个相互垂直的平面将空间分成八个分角,前面介绍的投影图、剖面等画法均采用国标中规定的第Ⅰ角投影法绘制。若将形体置于第三分角进行投影的画法称第三角画法,如图 9.39(a)、(b)、(c)所示分别为将台阶置于第Ⅲ角中进行投影、展开和其投影图。

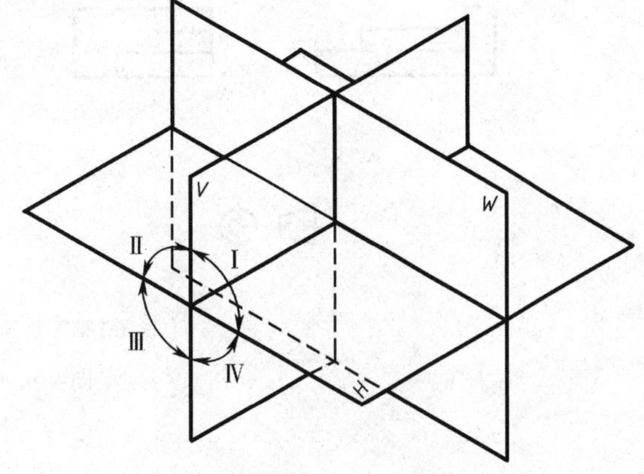

图 9.38　八个分角

第三角投影和第一角投影一样,采用正投影法,因此,用第三角画法得到的投影图之间仍保持“长对正、高平齐、宽相等”的投影规律,其区别是:

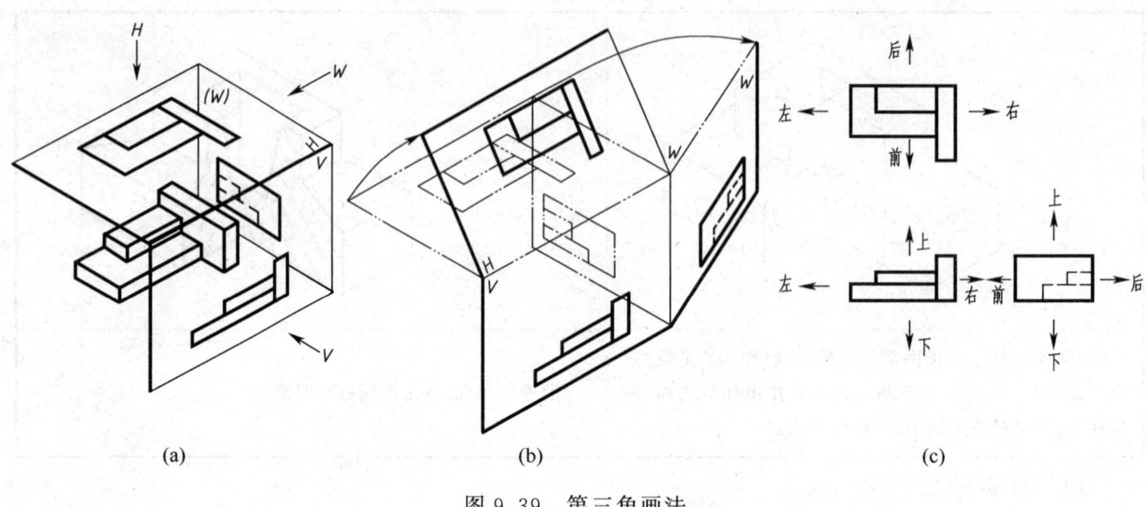

图 9.39　第三角画法

(1)观察者、投影面与形体三者相对位置不同。第一角投影顺序为人—形体—投影面，而第三角为人—投影面—形体。

(2)展开后图样的配置位置不同。第三角画法中其水平投影和侧面投影**“远离正面图的一侧是形体的后面”**，如图 9-39(c)所示。

图 9.40 示出了第三角与第一角画法投影图配置的比较，可以看出各相应的投影图形完全相同，而它们相对于正面图的位置却不同，如对读第三角投影图不习惯时，只要互换投影图的位置，即可理解为熟悉的第一角画法。

国际上公认区分第一、三角画法的方法，是在图样上画出识别符号。识别符号是按各自画法画出的轴线横放的小圆锥台的两个投影，如图 9.40 所示。

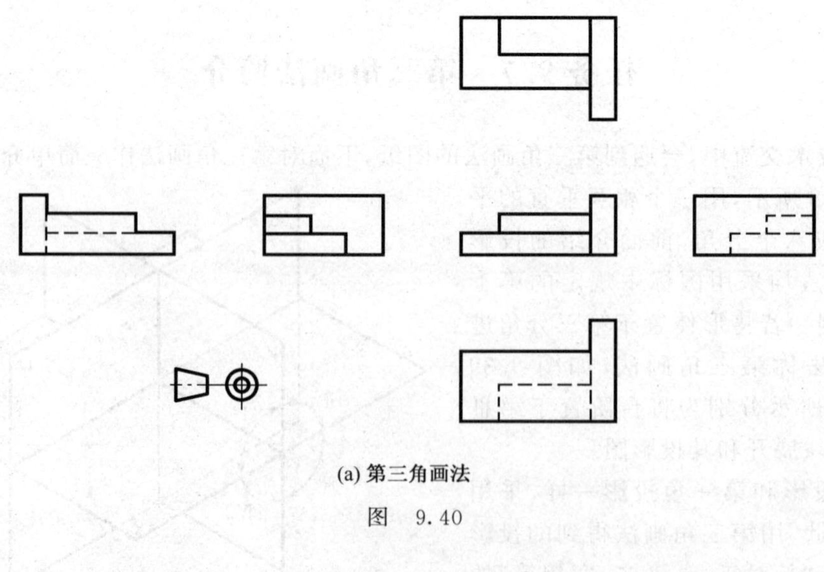

(a) 第三角画法

图　9.40

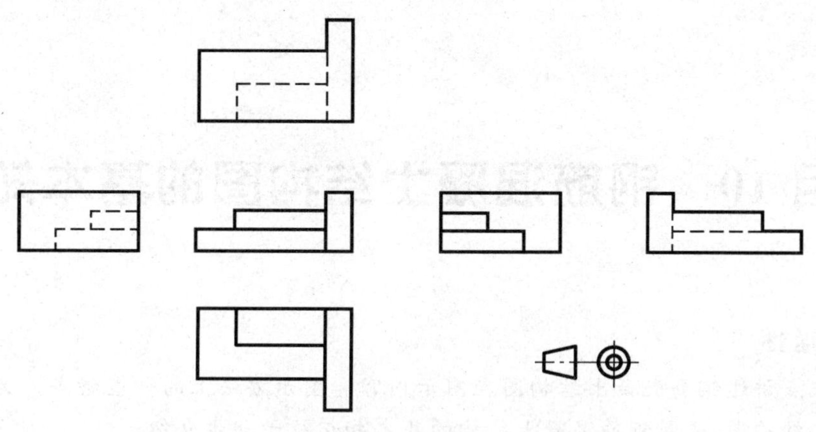

(b) 第一角画法

图 9.40　第一角与第三角的画法比较

项目小结

1. 本项目是用投影图完整、正确、清楚地表达形体形状、大小的全面总结。
2. 表达形体外形可用多面投影、展开图、镜像投影和各种简化习惯画法。
3. 表达形体内部构造可用各种剖切方法作出剖面图和断面图。

复习思考题

1. 说明六面投影图的名称和配置。
2. 什么是剖面图？剖面图的种类有哪些？
3. 选择不同种类剖面图的依据是什么？如何画出半剖面图？
4. 断面图与剖面图的区别是什么？如何画出移出断面？
5. 识读带有剖面图与断面图复杂形体的投影图的方法步骤是什么？

项目 10　钢筋混凝土结构图的基本知识

项目描述

本项目重点讲述钢筋混凝土结构图在图示内容和图示方法上的一些特点。为便于读者了解钢筋混凝土结构图，先对钢筋混凝土结构的基本知识给予初步介绍。

学习目标

1. 能力目标

了解钢筋布置图的图示方法、特点和绘制规则，能准确识读和绘制简支梁的配筋图。

2. 知识目标

初步了解混凝土和钢筋混凝土的性能，了解钢筋弯钩的作用、标准形式及相关尺寸，了解钢筋保护层的作用和相关尺寸，了解钢筋混凝土构件（以简支梁为例）配筋图的基本内容。

3. 素质目标

由于构件中钢筋配置繁杂，而且画法特殊，因此，无论是绘图或看图，都应对每种每根钢筋的编号、等级、直径、形状、尺寸、数量以及在构件中的位置和各筋间的相互关系有明晰、准确地表达和了解，养成一种认真、细致、一丝不苟的学习心态和对工作高度负责的精神。

任务 10.1　钢筋混凝土的基本知识

混凝土是由水泥、砂、石子和水按一定配合比拌和而成的。混凝土的抗压强度较高，而抗拉强度很低，故混凝土受拉时容易产生裂缝乃至断裂，如图 10.1(a)所示，但混凝土的可塑性强，能制成各种类型的构件。为了提高混凝土构件的抗拉能力，通常根据结构的受力需要，在混凝土构件的受拉区内配置一定数量的钢筋，使其与混凝土结合成一个整体，共同承受外力，如图 10.1(b)所示。这种配有钢筋的混凝土称为钢筋混凝土，其构件称为钢筋混凝土构件。在工地现浇的称为现浇钢筋混凝土构件，在工厂预制的称为预制钢筋混凝土构件。如果在制造时先将钢筋进行张拉，待混凝土凝固后再放张，使其对混凝土预加一定的压力，以提高构件的抗拉和抗裂性能，这种构件称为预应力钢筋混凝土构件。

10.1.1　钢筋的种类

钢筋可以按不同的方式分类。国产建筑用钢筋按产品品种分类，见表 10.1。

若按钢筋在构件中所起的作用分类，钢筋可分为下列几种：

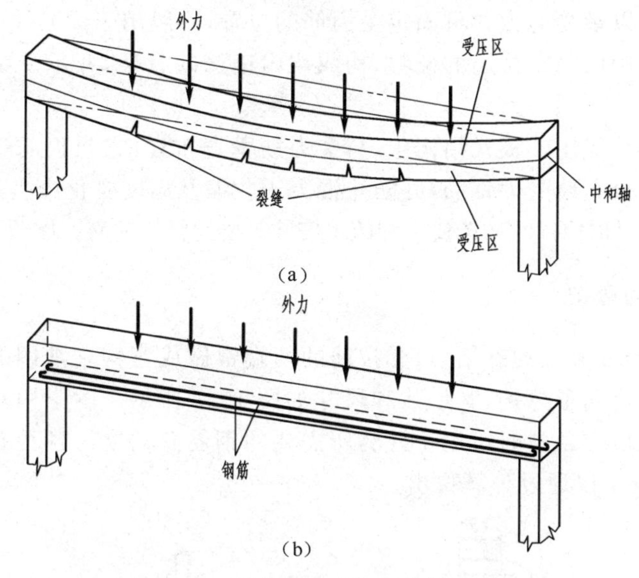

图 10.1　钢筋混凝土梁受力示意图

表 10.1　常见热轧钢筋的符号和直径

牌　号	符　号	公称直径 d(mm)	屈服强度标准值 f_{yk}(N/mm^2)	极限强度标准值 f_{slk}(N/mm^2)
HPB300	Φ	6～22	300	420
HRB335 HRBF335	Φ Φ^F	6～50	335	455
HRB400 HRBF400 RRB400	Φ Φ^F Φ^R	6～50	400	540
HRB500 HRBF500	Φ Φ^F	6～50	500	630

(1)受力筋——是构件中主要的受力钢筋,一般布置在混凝土受拉区以承受拉力,称为受拉钢筋,如图 10.2 所示。在梁、柱构件中,有时还需配置承受压力的钢筋,称为受压钢筋。

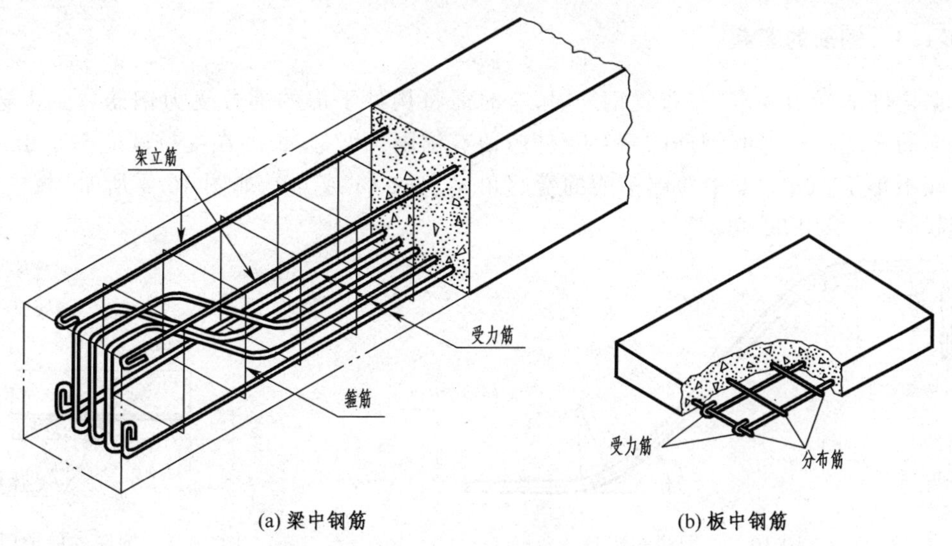

图 10.2　钢筋的种类

(2)箍筋——用以承受剪力并可固定受力筋的位置,一般用于梁或柱中。

(3)架立筋——用以固定箍筋的位置,构成梁内钢筋的骨架,并承受梁内因收缩和温度变化所产生的内应力。

(4)分布筋——一般用于板式结构中,与受力筋垂直布置,它与板的受力筋一起构成钢筋骨架,使荷载更好地分布给受力钢筋,并防止混凝土收缩及温度变化产生裂缝。

(5)构造筋——根据构件的构造要求和施工安装需要配置的钢筋。如预埋件、锚固筋、吊环等。

10.1.2　钢筋的弯钩

为了增加钢筋与混凝土的黏结力,受拉筋的两端常做成弯钩。常用的弯钩有两种标准形式,即半圆形弯钩和直角形弯钩,其形状和尺寸如图 10.3 所示。图中用双点画线表示弯钩展直后的长度,这个长度在备料时可用于计算所需要的钢筋总长度。各种直径的钢筋弯钩其换算长度见表 10.2,也可以通过计算得出。

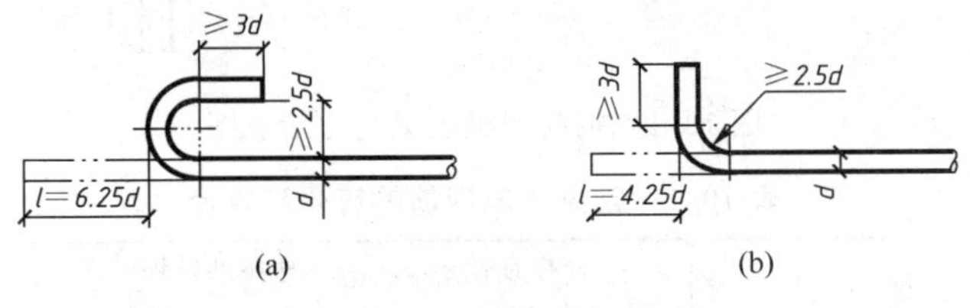

图 10.3　钢筋的弯钩

表 10.2　各种直径钢筋的 l 值

l	d												
	6	6.5	8	9	10	12	16	19	20	22	24	25	26
$l=6.25d$	37.5	41	50	56	62.5	75	100	119	125	138	150	156	162
$l=4.25d$	25.5	27.6	34	38.3	42.5	51	68	80.8	85	93.5	102	106.3	110.5

对于图 10.3 所示标准形式的弯钩,在工程图中不必标注其详细尺寸。若弯钩或钢筋的弯曲是特殊设计的,则在图中必须另画详图表明其弯曲形状和尺寸。

10.1.3　钢筋的弯起

根据构件的受力要求,在布置钢筋时,有时需将构件下部的部分受力钢筋弯到上边去,这就是钢筋的弯起。在弯起钢筋的弯终点外应留有锚固长度,其长度在受拉区应不小于 $20d$,在受压区应不小于 $10d$。梁中弯起钢筋的弯起角 α 宜取 45°或 60°,如图 10.4 所示,板中如需将钢筋弯起时,可采用 30°角。

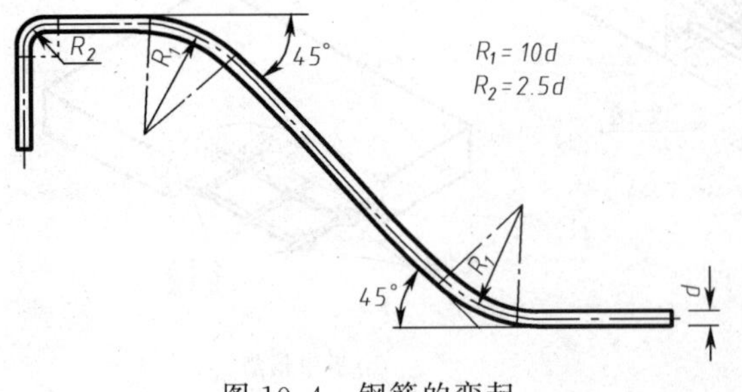

图 10.4　钢筋的弯起

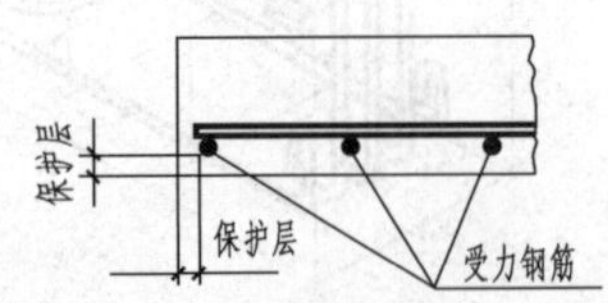

图 10.5　钢筋的保护层

10.1.4 钢筋的保护层

为了保护钢筋(防侵蚀、防火等)和保证钢筋与混凝土的黏结力,钢筋外边缘到混凝土表面应保留一定的厚度,此厚度称为钢筋的保护层,如图 10.5 所示。按建筑规范的要求,保护层的最小厚度见表 10.3。对于按规定设置的保护层厚度,在工程图中可不用标注。

表 10.3 钢筋混凝土保护层的厚度

环境类别	板、墙(mm)	梁、柱(mm)
一	15	20
二	20	25
二 b	25	35
三 a	30	40
三 b	40	50

注:1. 构件中受力钢筋保护层厚度不应小于钢筋的公称直径。
2. 设计使用年限为 100 年的结构:一类环境中,最外层钢筋的保护层厚度不应小于表中数值的 1.4 倍;二类和三类环境中,应采取专门有效措施。
3. 混凝土强度等级不大于 C25 时,表中保护层厚度值应增加 5 mm。
4. 基础底面钢筋的保护层厚度,有混凝土垫层时应从垫层顶面算起,且不应小于 40 mm,无垫层时不应小于 70 mm。

任务 10.2 钢筋布置图的特点

钢筋布置图也是采用正投影法绘制的,在图示方法和尺寸标注等方面有以下特点。

10.2.1 基本投影

图 10.6 为钢筋混凝土梁图。**为了突出表达钢筋骨架在构件中的准确位置,假定混凝土是一个透明体,使构件内部的钢筋为可见。作图时,将构件的外形轮廓线画成细实线,而将其内部的钢筋画成粗实线。**按《建筑结构制图标准》(GB/T 50105—2010)的规定,一般钢筋的表示方法按表 10.4 的规定绘制。

表 10.4 一般钢筋的表示方法

序号	名称	图例	说明
1	钢筋横断面		
2	无弯钩的钢筋端部		下面的图表示长短钢筋投影重叠时,可在短钢筋的端部用 45°短划线表示
3	带半圆形弯钩的钢筋端部		
4	带直钩的钢筋端部		
5	带丝扣的钢筋端部		
6	无弯钩的钢筋搭接		
7	带半圆弯钩的钢筋搭接		
8	带直钩的钢筋搭接		
9	套管接头(花篮螺丝)		

钢筋布置图中所画的剖面图,主要是表达构件内钢筋的排列情况。部面图的剖切位置应选在钢筋的变化处,如图 10.6 中的 1—1 剖面、2—2 剖面。在剖面图中不画构件的材料符号,对横向剖到的钢筋画成黑圆点,未剖到的钢筋及构件的外形轮廓线,仍按规定线形绘制。

为了便于钢筋加工,应绘出各类钢筋的成型图(也称大样图),它表示各类钢筋的形状和尺寸。钢筋成型图一般画在基本投影图的下方,并与基本投影图中对应的钢筋对齐,如图 10.6 所示。

10.2.2 钢筋的编号

在同一构件中,为了区分不同形状和尺寸的钢筋,应将其编号,以示区别。编号与标注的方法是:

(1)编号次序按钢筋的直径大小和钢筋的主次来分。如直径大的编在前面,直径小的编在后面;受力钢筋编在前面,箍筋、架立筋、分布筋等编在后面。如图 10.6 中①、②、③为受力筋,均编在前面,而④架立筋、⑤箍筋均编在后面。

(2)将钢筋编号填写在用细实线画的直径为 6～8 mm 的圆圈内,并用引出线引到相应的钢筋上,如图 10.7(a)所示。也可以在钢筋的引出线上加注字母“N”如图 10.7(c)所示。

(3)若有几种类型的钢筋投影重合时,可以将几类钢筋的号码并列写出,如图 10.7(b)所示。

(4)如果钢筋数量很多,又相当密集,可采用表格法。即在用细实线画的表格内注写钢筋的编号,以表明图中与之对应的钢筋,如图 10.7(d)所示。

10.2.3 钢筋布置图中尺寸的标注

1. 构件外形尺寸

钢筋混凝土构件外形尺寸的注法,和一般的结构图中的尺寸注法一样。

2. 钢筋的尺寸

在基本投影图中,一般只标注出构件的外形尺寸及钢筋编号。而在剖面图中,除了标注构件的断面尺寸外,还在钢筋编号的引出线上标注钢筋的根数、钢筋等级代号和直径。如图 10.6 中所示的①、2 ϕ 16 表示 2 根直径为 16 mm 的 HPB235 钢筋,编号为①。

钢筋的成型图反映钢筋在结构中的形状,从图 10.6 可以看出,在钢筋成型图上标注的各段尺寸,就是钢筋的定形尺寸。成型图上的尺寸数字直接写在各段的旁边,不画尺寸线和尺寸界线。弯起钢筋的斜度用直角三角形注出,如图 10.6 中②、③的钢筋弯起尺寸,均用细实线画一直角三角形,在其直角边上注出水平长度 390,竖直长度 390(外皮尺寸),斜边长度 550。成型图的各段尺寸是钢筋中心线线段长度尺寸,而端部带标准弯钩的,则是到弯钩外皮的尺寸(箍筋一般注内皮尺寸)。在成型图的编号引出线上,还标注钢筋的根数、直径、钢筋的等级代号和总长度,如②号钢筋成型图中所注的 2 ϕ16,表示该构件有 2 根直径为 16 mm 的 HPB235 钢筋。引出线下面所注 l＝6 440,表示②号钢筋的全长为 6 440 mm。这是钢筋的设计长度,它是各段长度之和再加上两端标准弯钩的长度,即 $l=(390+250+550)\times 2+3\ 860+2\times 6.25\times 16=6\ 440$ (mm)。

钢筋的定位尺寸一般标注在剖面图中,尺寸界线通过钢筋的断面中心。若钢筋的位置安排符合设计规范规定的保护层厚度,以及两根钢筋间限定的最小距离,则可以不注其定位尺寸,如图 10.6 中的 1—1、2—2 剖面图。对于按一定规律排列的钢筋,其定位尺寸常用注解形式写在引出线上,以表示钢筋的直径及相邻钢筋的中心距离。如图 10.6 的立面图中,“ϕ6@

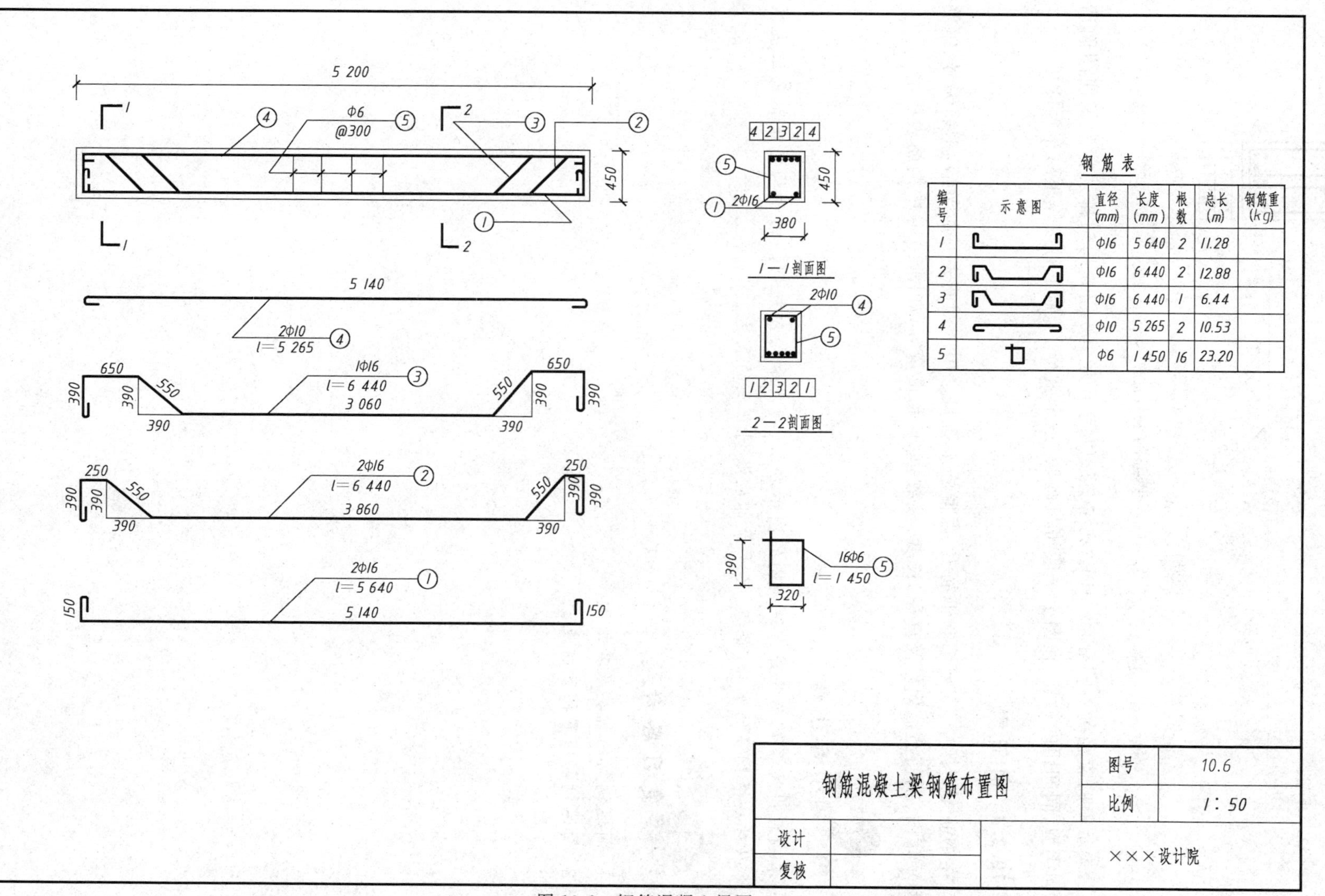

编号	示意图	直径 (mm)	长度 (mm)	根数	总长 (m)	钢筋重 (kg)
1		Φ16	5 640	2	11.28	
2		Φ16	6 440	2	12.88	
3		Φ16	6 440	1	6.44	
4		Φ10	5 265	2	10.53	
5		Φ6	1 450	16	23.20	

图 10.6　钢筋混凝土梁图

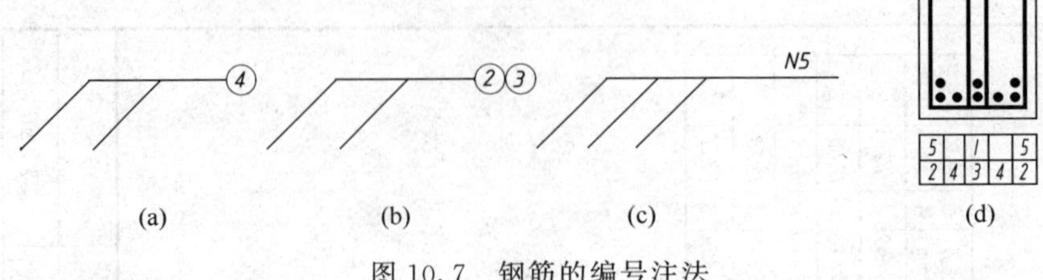

图 10.7　钢筋的编号注法

300”,表示箍筋直径为 6 mm 的 HPB235 钢筋,以间距为 300 mm 均匀排列。为了使图面清晰,同类型、同间距的箍筋,在图上一般可只画两、三个就行了,施工时按等距离布置即可。

10.2.4　钢 筋 表

在钢筋布置图中,需要编制钢筋表,以便施工备料之用。钢筋表一般包括:钢筋编号、钢筋成型示意图、钢筋类别代号及直径、长度、根数、总长和重量等,如图 10.6 中钢筋表所示。

项目小结

本项目讲述了钢筋混凝土结构图的图示方法、特点和绘制规则。由于构件中钢筋配置繁杂,所以对每根钢筋的编号、等级、尺寸等都应做到准确的表达。

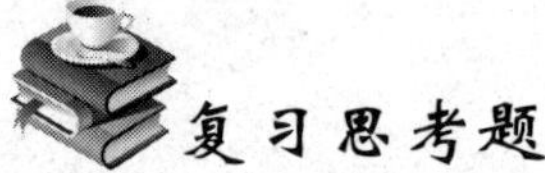

复习思考题

1. 简述钢筋的种类及其用途。
2. 简述钢筋布置图的特点。

项目 11　铁路线路工程图

项目描述

本项目介绍的铁路线路工程图主要包括线路平面图、线路纵断面图和线路横断面图。它们是铁路线路设计过程中的主要图样。通过对这些图样的介绍，使读者初步了解线路平面图、纵断面图和横断面图的图示方法、特点以及图样所表达的主要内容，并通过学习，掌握这些图样的识读方法和步骤，为以后学习铁路建筑及相关专业知识打下良好基础。

学习目标

1. 能力目标

能正确解读简明线路平面图、纵断面图和标准横断面图中的每一条线、每一个图形符号、每一个尺寸、代号和文字注释的意义，重新对图示范围内线路的走向、沿线的地形、地质、地物、填挖方形成一个完整的、明晰的概念。

2. 知识目标

(1)了解线路平面图、纵断面、横断面的形成、作用、图的特点和图示内容；

(2)初步了解线路导线、转点、线路中心线、曲线、里程标(公里标、百米标)、地形、地物的图形符号及意义；

(3)初步了解线路坡度、地面高程、路肩设计高程、填挖方的意义；

(4)初步了解线路横断面的基本形式及其图示内容。

3. 素质目标

工程图是工程设计的重要成果之一，又是工程施工的依据，为确保工程质量，对图中的每一条线、每一个图形符号、每一个尺寸和每一项文字说明，都要严肃认真对待。

任务 11.1　概　　述

铁路线路是一条庞大的实体，它的空间位置由其中心线(也称中线)来确定。线路的中心线定义为线路横断面上距外轨半个轨距的铅垂线 AB 与路肩水平线 CD(路基的设计高程)的交点 O 在纵向的连线，如图 11.1 所示。

在铁路线路工程图上，线路的位置就是用其中心线来表示的。

铁路线路的设计，从初步勘察到最后定线，要经过若干个阶段，由于各阶段对定线的技术要求不同，平面图和纵断面图的内容、比例和图样的详细程度也各有差异，为此相关部门颁布了《铁路线路图式》，以规范各设计阶段对线路平、纵断面图的要求。

在制图工作中，为统一我国铁路工程图，提高图面质量和识图效率，便于技术交流，铁道路还颁布了《铁路工程制图标准》(TB/T 10058—2015)和《铁路工程图形符号标准》(简称图例标

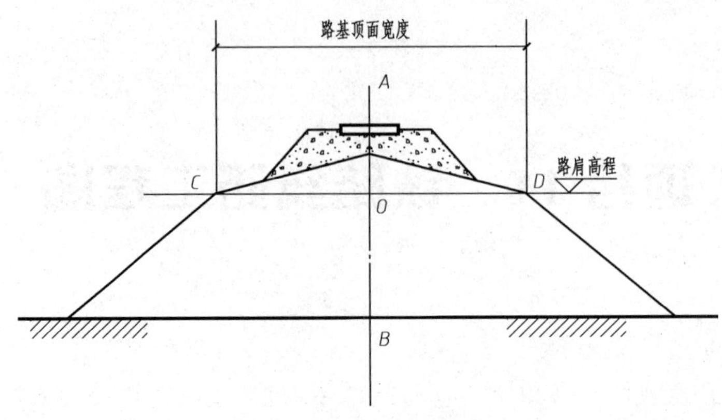

图 11.1　线路横断面图

准)(TB/T 10059—2015)。

为方便读者识读线路工程图,并对相关标准有初步了解,下面少量摘录并汇编了两个标准中的若干内容,供读者参考。

11.1.1　线　　形

线路制图采用的线形、线宽和用途见表 11.1。

表 11.1　线路制图线形的线宽与用途

线　形	线宽(mm)	用　途
粗实线	b	设计线(新建、改建、增建第二线及单、双绕行线)、设计坡度线
中实线	$0.5b$	既有线
细实线	$0.35b$	导线、切线、坐标网线、地面线、标注线
粗虚线	b	设计线的比较线,隧道中心线
中虚线	$0.5b$	预留设计线,既有隧道中心线
粗点画线	b	设计线的比较线
粗双点画线	b	设计线的比较线
折断线	$0.35b$	断开界限

路基制图采用的线形、线宽和用途见表 11.2。

表 11.2　路基制图线形的线宽及用途

线　形	宽度(mm)	用　途
粗实线	0.7	新建线路中心线(排水用地图)
中实线	0.4	正面图设计的路肩线、横断面设计的路基本体轮廓线、路基附属工程的轮廓线或图形符号
细实线	0.35	既有的线路中心线
	0.25	平面图设计的路基本体及正面设计的堑顶、边坡的图形符号,设计图的辅助线、路肩、堑顶及边坡的图形符号,既有的路基本体及附属工程的轮廓线或图形符号,用地界、地面线
粗虚线	0.7	新建隧道中心线(排水用地图)

续上表

线　　形	宽度(mm)	用　　途
中虚线	0.4	设计的路基本体及附属工程不可见轮廓线或图形符号
细虚线	0.35	既有隧道中心线
	0.25	边坡坡脚线、既有的路基本体及附属工程不可见的轮廓线或图形符号,设计图不可见的辅助线
点画线	0.25	横断面的线路中心线
折断线	0.25	断开界线

桥涵制图采用的线形、线宽和用途见表 11.3。

表 11.3　桥涵制图线形的线宽和用途

线　　形	宽度(mm)	用　　途
粗实线	0.4	预应力钢筋
中实线	0.35	混凝土结构轮廓线、标准构件外轮廓线、钢筋线,路肩线、地面线、钢结构轮廓线
细实线	0.2	尺寸线、尺寸界线、图例线、索引符号、高程符号、既有建筑物、流向线、方向线、钢筋图的构件轮廓线、常水位线
粗虚线	0.4	临时预应力钢筋、预留预应力钢筋
中虚线	0.3	结构物的不可见轮廓线、轨底线、受力面积范围线
细虚线	0.2	洪水淹没线、计划扩建的建筑物外轮廓线、材料分界线、限界线、既有建筑拆除线
点画线	0.2	中心线、轴线对称线、截水沟、改沟(渠)中心线
折断线	0.18	断开界线
波浪线	0.18	用于空心和实心圆形构件等

11.1.2　比　　例

线路制图选用的比例见表 11.4。

表 11.4　线路制图选用比例

设计图名称	比 例 尺
线路平面、纵断面缩图	平面:1∶50 000～1∶500 000 纵断面:横 1∶50 000～1∶500 000 竖 1∶1 000　1∶2 000　1∶5 000
线路平面图	1∶2 000　1∶5 000　1∶10 000　1∶50 000
线路纵断面图	横 1∶10 000　1∶50 000 竖 1∶500　1∶1 000
线路详细纵断面图	横 1∶10 000,竖 1∶500　1∶1 000
线路方案平面缩图	1∶50 000～1∶200 000

续上表

设计图名称	比例尺
简明纵断面图	横 1∶50 000　1∶100 000 竖 1∶1 000　1∶5 000　1∶10 000
既有线放大纵断面图	横 1∶10 000,竖 1∶100　1∶200
通过正式运营列车便线线路平面图	1∶2 000　1∶5 000
通过正式运营列车便线线路详细纵断面图	横 1∶10 000,竖 1∶1 000
改移道路及平(立)交道设计图	平面:1∶500～1∶5 000 纵断面:横 1∶1 000～1∶10 000 　　　　竖 1∶500　1∶1 000 改移等级公路出图比例与公路部门设计图保持一致

路基制图选用的比例见表 11.5。

表 11.5　路基制图选用比例

图　　名	比例尺
平面图	1∶500～1∶2 000
纵断面图、正面图	竖 1∶100～1∶500,横 1∶200～1∶2 000
横断面图	1∶200
结构详图	1∶10～1∶200
用地图、路基排水系统图	宜与线路平面图相同

桥涵制图选用的比例见表 11.6。

表 11.6　桥涵制图选用比例

图　　名	比例尺
铁路一般桥涵	
桥址平面图	1∶500～1∶5 000
桥址工程地质图	1∶500～1∶2 000
桥址工程地质纵断面图	横 1∶100～1∶2 000,竖 1∶50～1∶500
全桥总布置图	1∶100～1∶1 000
墩台及基础详图	1∶50～1∶500
特殊结构、新技术、新结构设计图	1∶10～1∶500
导治建筑物及其他附属工程设计图	1∶50～1∶2 000
既有线加固及复杂的施工防护设计图	1∶50～1∶500
桥梁照明、通信、信号、电力支架等有关设计图	1∶10～1∶200
小桥涵址平面图	1∶500 或 1∶1 000
小桥涵设计图	1∶50～1∶500
铁路特大桥(单独立项或单独编制文件)	
桥址位置图;桥渡位置图	1∶10 000～1∶50 000
桥址(位)工程地质图	1∶1 000～1∶10 000

续上表

图　　名	比例尺
桥址(位)工程地质纵断面图	横 1∶100～1∶5 000,竖 1∶50～ 1∶500
全桥平面布置图	1∶1 000～1∶5 000
全桥总布置图:主要桥式比较和建议方案图;桥式方案比较图;建议桥式方案图	1∶1 000 或 1∶2 000
施工场地布置概图	1∶5 000～1∶10 000
桥址(位)平面图	1∶1 000～1∶10 000
上、下部结构的比较和建议方案图	1∶50～1∶150
特殊结构设计图;新技术、新结构设计图	1∶10～1∶150
施工场地总平面布置图	1∶500～1∶1 000

隧道制图选用的比例见表 11.7。

表 11.7 隧道制图选用比例

图　　名	比例尺
隧道线路方案平面图	1∶2 000～1∶50 000
隧道平面图	1∶2 000～1∶5 000 (特长隧道洞顶部分可采用 1∶10 000)
隧道纵断面图	横 1∶500～1∶5 000,竖 1∶200～1∶2 000
隧道洞口平面图、横断面图	1∶200 或 1∶500
隧道洞口横、纵断面	1∶200
隧道洞身浅埋段横、纵断面	1∶200
既有隧道丈量图	1∶50 或 1∶100
隧道洞门、支护结构图	1∶100～1∶200
隧道结构断面图	1∶50～1∶100
局部结构详图	1∶10～1∶50
隧道弃砟平面图	1∶1 000 或 1∶2 000

11.1.3 图形符号

常用图形符号见表 11.8。

表 11.8 图形符号

名　　称	图形符号	说　　明
铁路水准点	⊗	符号中圆直径 4 mm,标注点号和高程,如利用国家水准点,应在括号内标注国家水准点的点名和高程,如 $\frac{\text{BM35}}{623.335}\left[\frac{121}{623.335}\right]$

续上表

名　　称	图形符号	说　　明
特大桥、大桥、中桥 (1)上承式 (2)下承式	H1/××× ×××, ×× (1) H1/××× ×××, ×× (2)	①桥下注设计水位，位于水库地段受水库或水位影响的桥，应注明水库的设计水位及正常高水位。 ②注桥名、类型(特大桥、大桥、中桥)、孔跨、式样及中心里程。 双线桥或三线桥按2(1-24 m)或3(2-64 m)形式标注；既有桥标注在坡度线的下方，设计桥标注在坡度线的上方；但既有线的放大纵断面图的既有桥标注在坡度线的上方； 里程向右或向左增加，标注方法相同。 以(1)为例： 5-32 m梁 沙河大桥CK32+130 H1/100 983.30 ③封闭、拆除或改建既有桥时需注明。 ④公铁两用桥亦用此图形
特大桥、大桥、中桥 (1)既有 (2)既有并建成第二线桥墩台 (3)设计 (4)设计并预建第二线桥墩台 (5)改建	(1)　(2) (3)　(4) (5)	①注桥名、类型(特大桥、大桥、中桥)、孔跨、式样及中心里程。混凝土梁仅注“梁”“低高度梁”；钢梁注全称。 双线桥或三线桥按2(1-24 m)或3(4-32 m)形式标注；既有桥标注于中线下侧，设计桥标注于中线上侧；里程向右或向左增加，标注方法相同。 以(3)为例： 2-32 m梁 ×××桥CK470+241.50 ②既有桥改建时，其改建部分用设计的图形。 ③封闭、拆除或改建既有桥时需注明
隧道		①注隧道名称、长度和进出口里程； 不论里程从左往右或从右往左增加，均注在引出线的左侧。 ②双线或三线隧道(明洞、棚洞)长度按2(332 m)

续上表

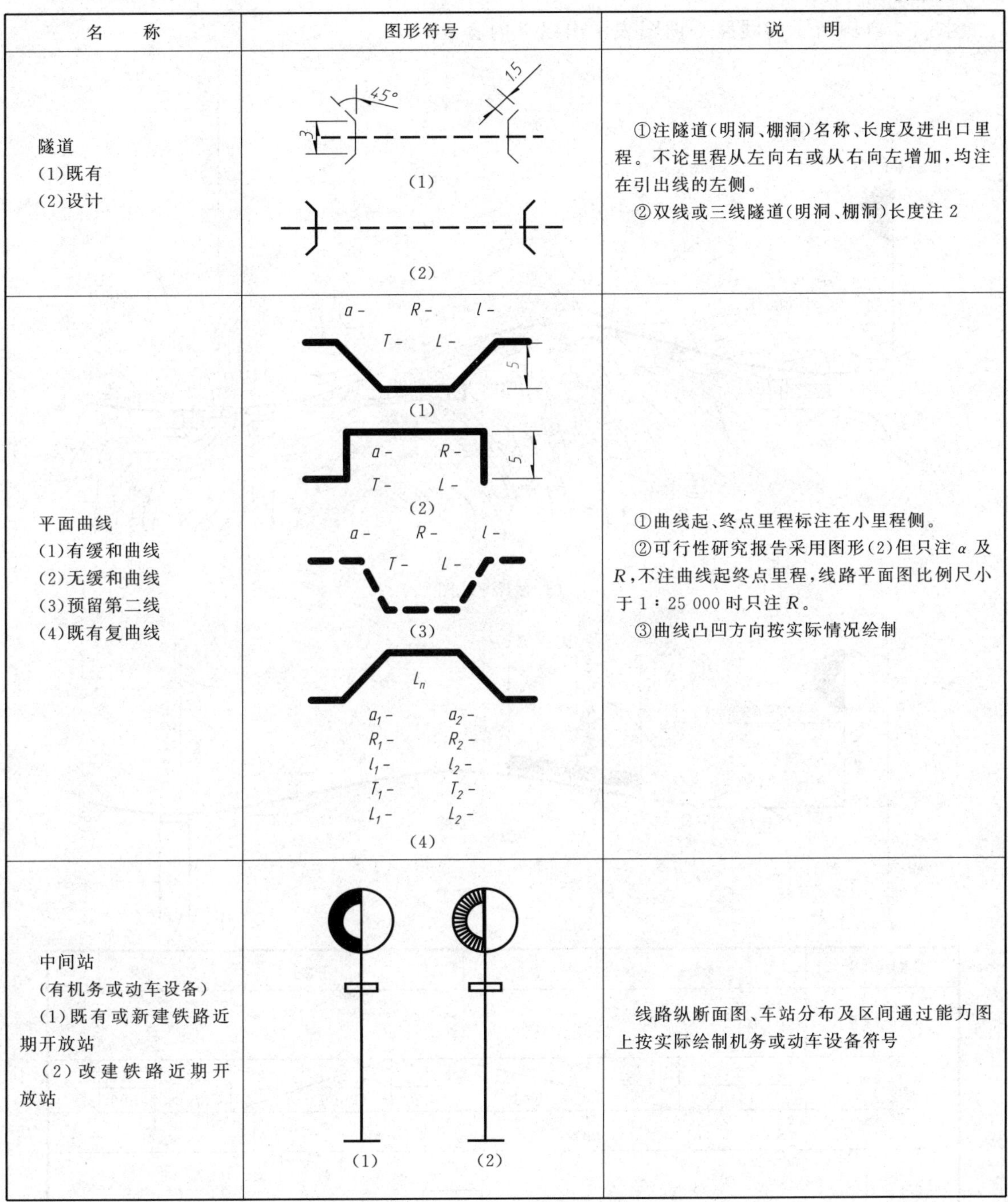

名　　称	图形符号	说　　明
隧道 (1)既有 (2)设计	45°　1.5　3 (1) (2)	①注隧道(明洞、棚洞)名称、长度及进出口里程。不论里程从左向右或从右向左增加,均注在引出线的左侧。 ②双线或三线隧道(明洞、棚洞)长度注 2
平面曲线 (1)有缓和曲线 (2)无缓和曲线 (3)预留第二线 (4)既有复曲线	a-　R-　l-　T-　L-　5 (1) a-　R-　T-　L-　5 (2) a-　R-　l-　T-　L- (3) L_n a_1-　a_2-　R_1-　R_2-　l_1-　l_2-　T_1-　T_2-　L_1-　L_2- (4)	①曲线起、终点里程标注在小里程侧。 ②可行性研究报告采用图形(2)但只注 α 及 R,不注曲线起终点里程,线路平面图比例尺小于 1∶25 000 时只注 R。 ③曲线凸凹方向按实际情况绘制
中间站 (有机务或动车设备) (1)既有或新建铁路近期开放站 (2)改建铁路近期开放站	(1)　(2)	线路纵断面图、车站分布及区间通过能力图上按实际绘制机务或动车设备符号

任务 11.2　线路平面图

线路平面图是线路中心线在水平面上的正投影,表示线路的平面走向,以及沿线两侧一定范围内的地形、地貌、地物、线路里程、各种构筑物的类型及位置等,如图 11.2(a)所示。

由于线路平面图的比例较小,图上无法显示轨道、路基以及各种构筑物的详细情况,只能用相应的图形符号表示。

图 11.2(a)所示的线路平面图表示出以下内容。

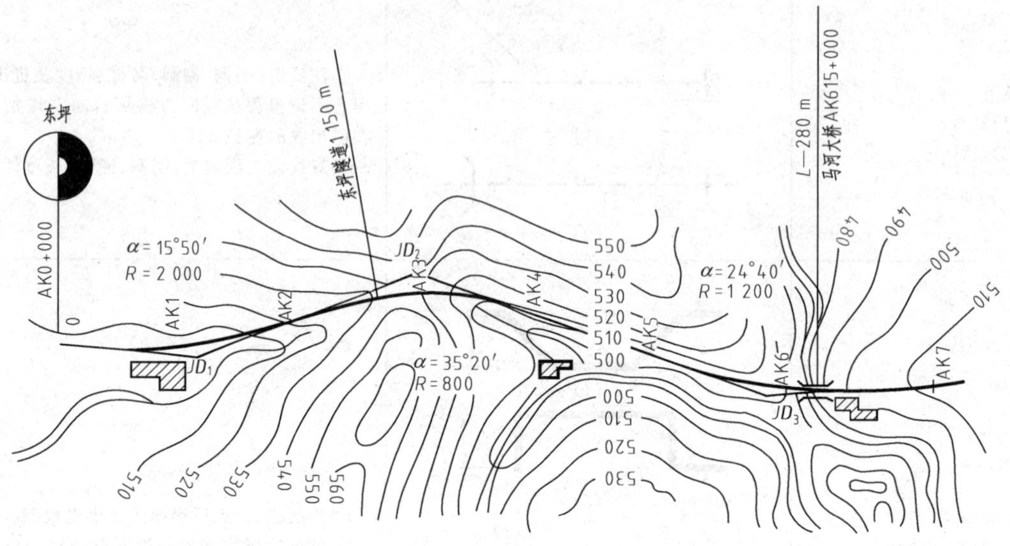

(a) 线路平线图

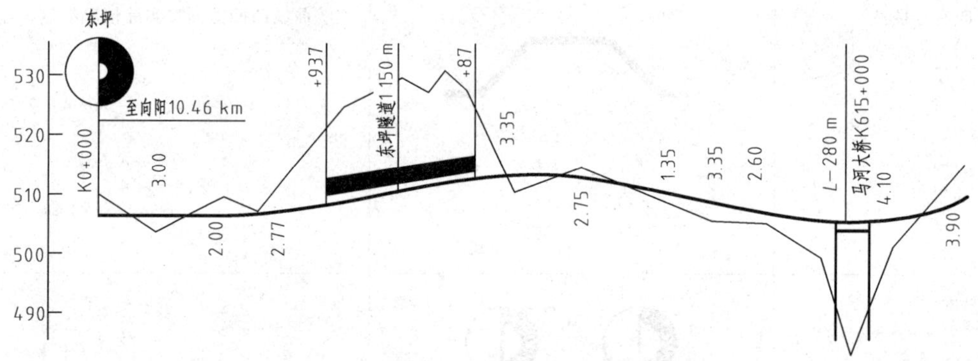

工程地质概括	砂黏土		黏土		砂黏土			砂岩	
路肩设计高程	507.0	510.0	514.4		514.4	508.4	506.1	506.1	
设计坡度	0 / 1 150	3.5 / 2 100		0 / 500	4 / 1 500		3 / 750	0 / 500	4
里　程	AK1	AK2	AK3		AK4	AK5	AK6		AK7
线路平面	α=15°50′ R=2 000		α=35°20′ R=800			α=24°40′ R=1 200			

(b) 线路纵断面图

图 11.2　概略定线时的简明线路平面图和纵断面图

11.2.1　沿线的地形和地物

在线路平面图中，地形用等高线表示。由图看出，该地段中间高，两侧低，最高点在中间偏左处，高程 560 m，前、后高峰形成马鞍形；最低处在右端，高程 480 m，附近有马河流过。

沿线的地物如车站、村舍、桥梁等用相应的图例示出，车站的中心里程为 K0＋000。

11.2.2　线路中心线及里程标

线路中心线用粗实线表示。里程标用垂直于线路中线的短线表示，里程应标注千米标、百米标（本图为简图，未注百米标）。里程由左向右增加，字头朝向图纸左端，如图中 AK1、AK2……不同的设计阶段，千米标用不同的代号表示，如可行性研究阶段采用 AK，初测阶段采用 CK，定测阶段采用 DK。

11.2.3　曲线资料

铁路的水平走向，常常受到地形、地物的影响而转弯。在比例大于等于 1∶10 000 的平面图上，要画出导线的转点并编号，如图中的 JD_1、JD_2 等，（JD 为“交点”两字的汉语拼音缩写）。导线用细实线绘出。本图比例虽小于 1∶10 000，但仍画出导线并注明交点，是为了让初学者了解这一内容。

曲线要素应平行于线路，写在曲线内侧，其中 α 为导线转角（偏角），R 为圆曲线半径。

11.2.4　桥涵隧道资料

在平面图上，桥涵、隧道用图例表示，并注明相关资料。如东坪隧道长 1 150 m，入口里程为 AK1＋937，出口里程为 AK3＋087；马河大桥长 280 m，中心里程为 AK615＋000。

任务 11.3　线路纵断面图

线路纵断面图是用铅垂面沿线路中心线纵向剖切（图 11.3）展直后的断面图，如图 11.2(b) 所示。

图 11.3　线路纵断面形成示意图

在图 11.2(b) 中，上半部为线路纵断面示意图，表示沿线路中线地面的起伏变化、线路坡度、铁路构筑物等，下半部为线路基础数据，用表格自下而上示出：线路平面、里程、设计坡度、路肩设计高程、工程地质概况等。

11.3.1 纵断面图的特点

由于铁路线路尽可能选在地势平缓地带，而平缓地带的地面起伏较之水平长度变化较小，所以，在绘制纵断面图时，为了突出显示地形变化，特意把高度方向的比例放大。通常水平方向的比例采用1∶50 000，而高度方向的比例则用1∶1 000，并在断面图的左端，按高度方向的比例画出高程标尺，以利绘图或读图，如图中的竖线及高程490、…、530。

11.3.2 地面线

按地面高程用细实线画出沿线路中线地面的起伏状况。

11.3.3 设计坡度线

按路肩设计高程用粗实线绘制，表示各段线路的坡度变化。对照表格中的“设计坡度”栏可知，斜线表示上、下坡方向，如为平坡，则用水平线表示。在表示坡度方向的细线上方标出坡度值，下方标出坡段长度。

11.3.4 车站、桥涵、隧道资料

在纵断面图上，车站、桥涵、隧道也用图例表示，并注明相关资料。

11.3.5 工程地质概况

根据地质勘察资料，在表格的最上栏分段注明。

11.3.6 里　程

因本图为简明纵断面图，里程栏只注了公里标AK1、AK2……在“详细纵断面图”中，还要标注百米标及地面起伏处的加标。

11.3.7 线路平面

在“线路平面”栏内，用示意图表达出线路的直线段和曲线段。当铁路左转时，曲线符号下凹，右拐时，曲线符号上凸。曲线要素注在弯口一侧。

任务11.4 线路横断面图

线路横断面图是用铅垂面垂直于线路中线横向剖切所得到的断面图，用以表示路基断面的形状、横向地面起伏状况、路基宽度、填挖高度、填挖面积等，故线路横断面图又称路基横断面图。横断面的左、右，即为线路前进方向的左侧或右侧。

《铁路工程制图标准》规定，横断面图中，地面线用细实线表示；路基基本体轮廓线及其附属工程的轮廓线一律用中粗实线表示；路基的线路中心线用细点画线表示。

图11.4是两种典型的路基横断面图。图(a)为填方路基，又称路堤，设计线全部在地面线以上；图(b)为挖方路基，又称路堑，设计线全部在地面线以下。此外，随着地形横断面的不同，还有半路堤、半路堑等。

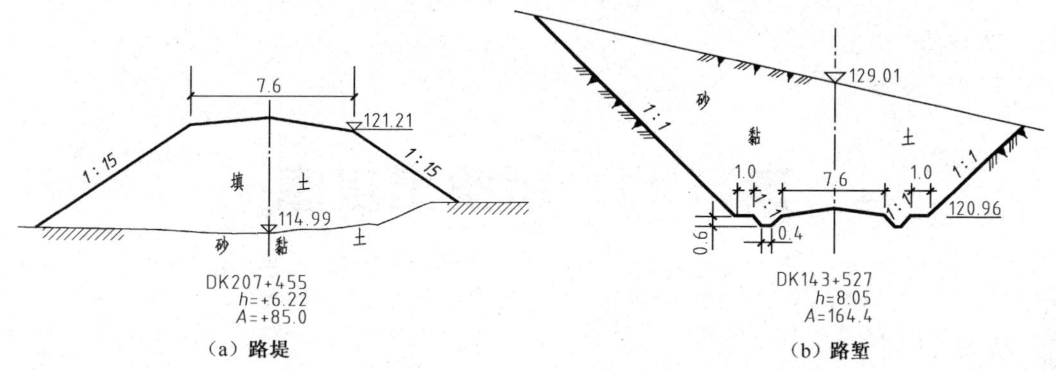

图 11.4　路基横断面图

横断面图中，除应画出地面线、路基中线、路基面、边坡和必要的台阶、侧沟、侧沟平台、路拱设计线外，还应填绘地质、水文资料和既有建筑物。路基线路中心线下应标出正线里程、填挖高度、填挖方面积或半面积，以及图中有关的尺寸、坡度、高程及简要说明。如图 11.5 所示，路基顶面宽为 3.20＋3.35＝6.55(m)，路肩高程为 120.82 m，路堤边坡上部为 1∶1.5，下部为 1∶1.75，路堑边坡为 1∶1，侧沟底面宽 0.4 m，深 0.6 m，平台宽 1.0 m，该断面里程为 DK38＋493，填土高度 h 为 0.55，填土面积 A 为 41.4 m^2，挖土面积为 20.2 m^2。

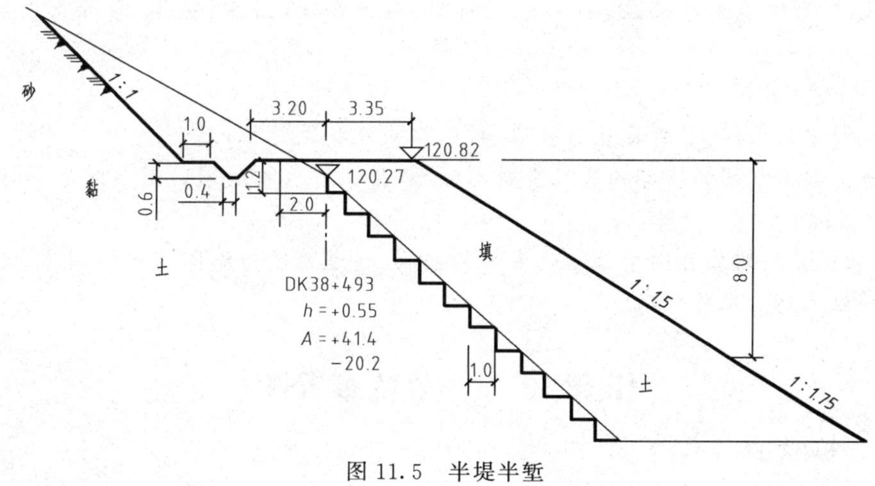

图 11.5　半堤半堑

项目小结

本项目主要讲述了铁路线路工程图，包括线路平面图、线路纵断面图和线路横断面图的图示方法、特点，掌握这些图样的识读方法，为以后的专业课学习打下良好的基础。

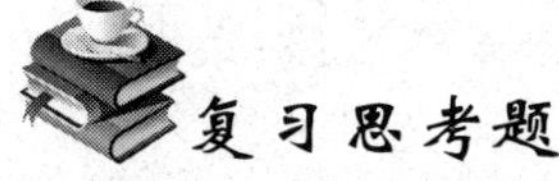
复习思考题

1. 粗虚线在线路制图中用于表达什么线？
2. 纵断面图的特点是什么？

项目 12　桥梁工程图

项目描述

本项目介绍的桥梁工程图包括全桥布置图、桥墩图、桥台图及桥跨结构图。通过对这些图的讲解，使读者了解桥梁工程图的基本内容、图示方法、特点，掌握桥梁工程图的识读和绘制方法。

学习目标

1. 能力目标

(1)能正确识读桥位图、全桥布置图、桥墩和桥台构造图及桥跨结构图；

(2)掌握 T 形桥台图的画法，要求视图简明，布图合理，图线、字体、符号标准规范，图面整洁。

2. 知识目标

(1)了解桥梁的功能，了解常见的桥墩、桥台形式及构造特征；

(2)了解桥梁工程图的基本内容及全桥布置图、桥墩桥台构造图的图示方法和特点。

3. 素质目标

桥梁工程图是铁路工程图中最具代表性的图样，通过绘图与识图的严格训练，使学生养成严肃认真，一丝不苟的工作作风。

任务 12.1　全桥布置图

12.1.1　桥 位 图

在桥址地形图上，画出桥梁的平面位置以及与线路、周围地形、地物关系的图样叫做桥位图。它一般采用较小的比例(如 1：500、1：1 000、1：2 000 等)绘制，因此在桥位图上，桥梁平面位置的投影均采用图例示意画出，其线路的中心位置乃用粗实线表示。

图 12.1 所示的桥位图，除了表示桥梁所在的平面位置、地形和地物外，还表明了线路的里程、水准点位置、河水流向及洪水泛滥的情况。为了表明桥址的方向，图中还画出了指北针。

由图 12.1 可知，该桥位处西北方向的地势较高，最高点的高程为 20 m，东南方向较低。西边有房屋、车道及水准点标志。桥的南侧有通信线，东岸有一条洪水泛滥线，东岸北面有导治建筑物。河水流向为从北向南，河床内有沙滩。

12.1.2　全桥布置图

全桥布置图是简化了的全桥主要轮廓的投影图，它由立面图和平面图组成。立面图是由垂直于线路方向向桥孔方向投影而得到的正面投影图，它反映了全桥的概貌。平面图是假想

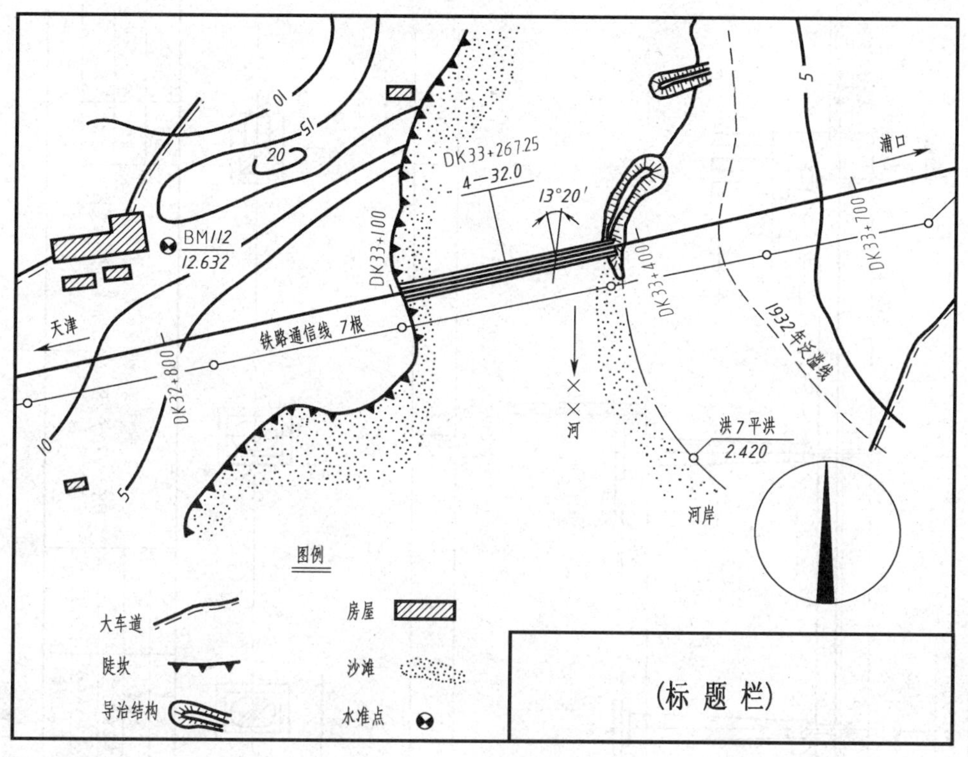

图 12.1　桥位图

将上部结构全部拆除后所画的水平投影图。

从图 12.2 可知，该桥有 4 孔跨度为 32.0 m 的预应力混凝土简支梁，梁全长 32.6 m；中心里程为 DK33＋267.25。梁与梁之间及梁与台之间留有 10 cm 的缝隙。图中还标出了全桥各主要部位的高程，如 0 号台台尾处轨底高程为 233.13 m，路肩高程为 232.46 m，两者之差即轨底至路肩距离为 67 cm；支承垫石顶高指 229.73 m，承台底高程 225.27 m，桩底高程 212.27 m。图中还画出了河床断面，这些都表示出桥梁各部分在竖直方向的位置关系。

桥的全长是指两桥台尾间的距离，立面图上所标的 141.80 m 即是桥梁全长。为了校核桥的全长，可用桥的终点里程 DK33＋338.15 减去起点里程 DK33＋196.35，即

桥全长＝338.15－196.35＝141.80 (m)

桥台长度(胸墙至台尾的水平距离)为 5.45 m。

桥梁中墩、台位置的命名，通常按下行方向顺序进行编号，如图 12.2 所示的 0 号台、1 号墩等，也有将桥台按其位置命名，但桥墩位置命名仍按顺序 1、2、3…编号。

由基顶平面图可知该桥中墩、台的位置及类型。桥台为 T 形桥台，桥墩为圆端形。墩台的基础为目前常采用的桩基础及明挖扩大基础，其中 1、2、3 号墩为明挖扩大基础，其余为桩基础(挖孔桩)。桥位的地质资料是通过地质钻探得到的，所钻地质孔位及数量(有 3 个钻孔)，需根据设计、施工规范的规定及地质情况而定。常用的地质图例如表 12.1 所示。

在桩基础的标注中，22ϕ20，l＝1 300 表示一根桩身主筋根数为 22，主筋直径为 20 mm，桩长为 1 300 cm。

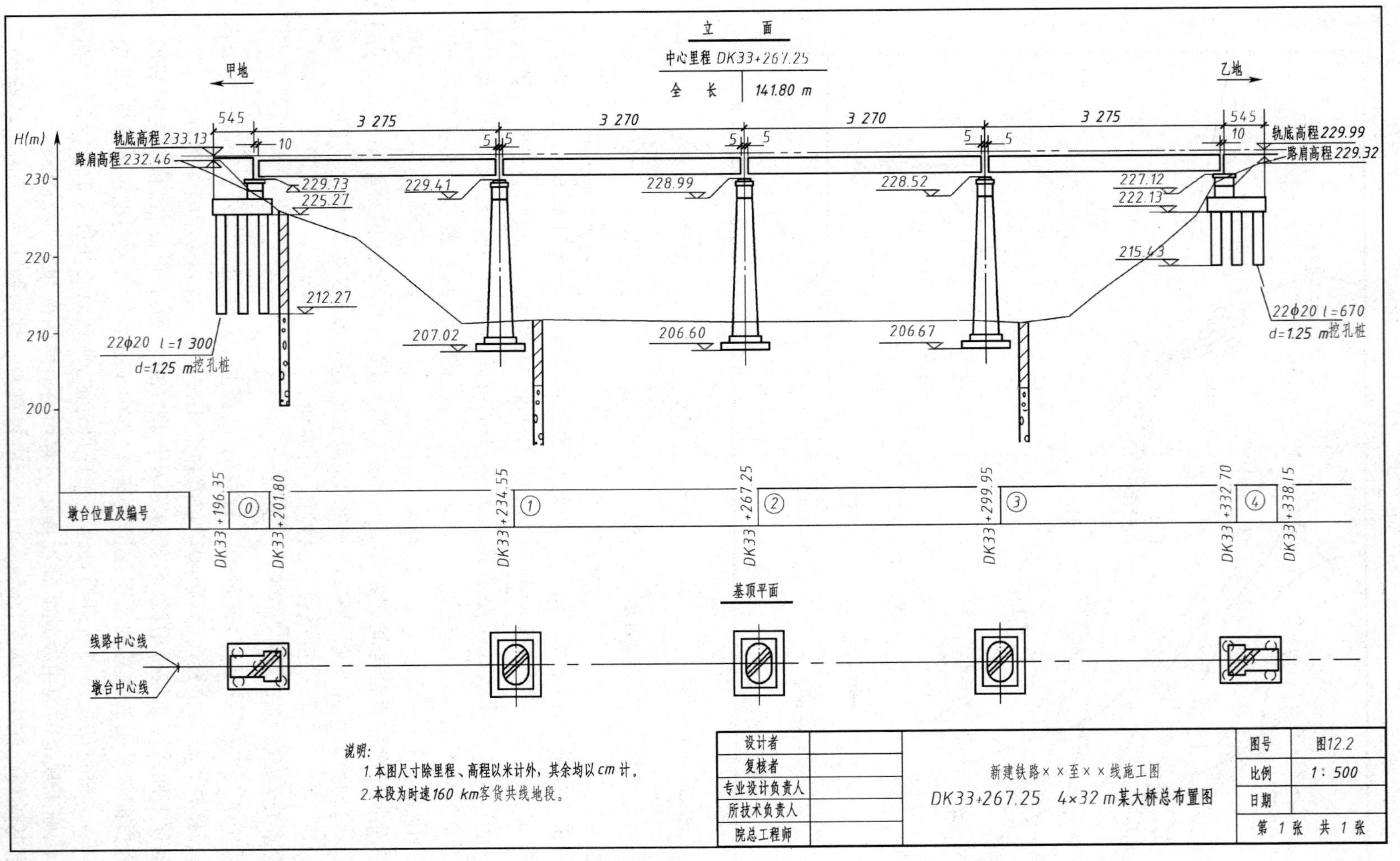
立 面
中心里程 DK33+267.25
全 长 141.80 m
甲地
乙地
H(m)
230
220
210
200
545
10
3 275
3 270
3 270
3 275
5
轨底高程 233.13
路肩高程 232.46
229.73
225.27
212.27
229.41
207.02
228.99
206.60
228.52
206.67
227.12
222.13
215.43
轨底高程 229.99
路肩高程 229.32
22φ20 l=1 300
d=1.25 m挖孔桩
22φ20 l=670
d=1.25 m挖孔桩
墩台位置及编号
DK33+196.35
DK33+201.80
DK33+234.55
DK33+267.25
DK33+299.95
DK33+332.70
DK33+338.15
0
1
2
3
4
基顶平面
线路中心线
墩台中心线
说明：
1.本图尺寸除里程、高程以米计外，其余均以cm计。
2.本段为时速160 km客货共线地段。
设计者
复核者
专业设计负责人
所技术负责人
院总工程师
新建铁路××至××线施工图
DK33+267.25 4×32 m某大桥总布置图
图号 图12.2
比例 1：500
日期
第 1 张 共 1 张

图 12.2 全桥布置图

表 12.1　常用地质图例

序　号	名　　称	图　　例	序　号	名　　称	图　　例
1	黏土		7	卵石	
2	砂黏土		8	块石	
3	黏砂土		9	砂浆	
4	粉、细、中粗砾砂		10	石灰岩	
5	圆砾石土壤		11	泥灰岩	
6	角砾土壤		12	花岗岩	

任务 12.2　桥　墩　图

12.2.1　概　　述

桥墩是桥的下部结构之一，它起着中间支承作用，上部结构及其所承受的荷载都通过桥墩传递给地基。

根据河道的水文情况及设计要求，桥墩的形状是不一样的，一般以桥墩墩身断面的形状划分桥墩类型，常见的有圆形桥墩，如图 12.3(a)所示；矩形桥墩，如图 12.3(b)所示；圆端形桥墩，如图 12.3(c)所示等。

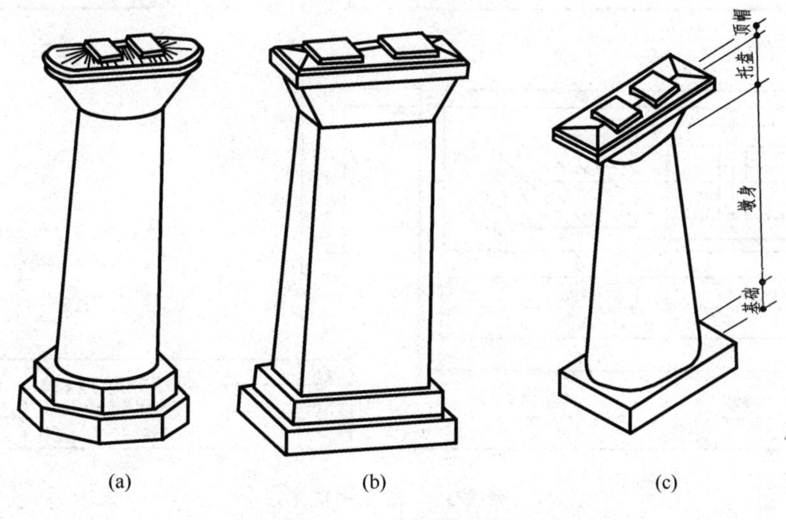

图 12.3　桥墩的类型

桥墩由基础、墩身和墩帽组成，如图 12.3(c)所示。

基础在桥墩的底部，一般埋置在地面以下，其形式根据受力情况及地质情况，可采用明挖扩大基础、沉井基础及桩基础等。

墩身是桥墩的主体，其顶部小，底部大，自上而下形成一定的坡度。

墩帽在桥墩的上部，由顶帽和托盘组成。顶帽的顶面为斜面，作为排水用，俗称排水坡。为了安放桥梁支座，其上设有两块支承垫石。

12.2.2　桥墩的图示方法和特点

桥墩图主要表达桥墩的总体及其各组成部分的形状、尺寸和用料等。

表达桥墩的图样有桥墩图、墩帽构造详图及墩帽钢筋布置图。

1. 桥墩图

图 12.4 是圆端形桥墩图。它是采用正面图、平面图和侧面图来表达的，其中平面图采用了半剖面图的表达形式。

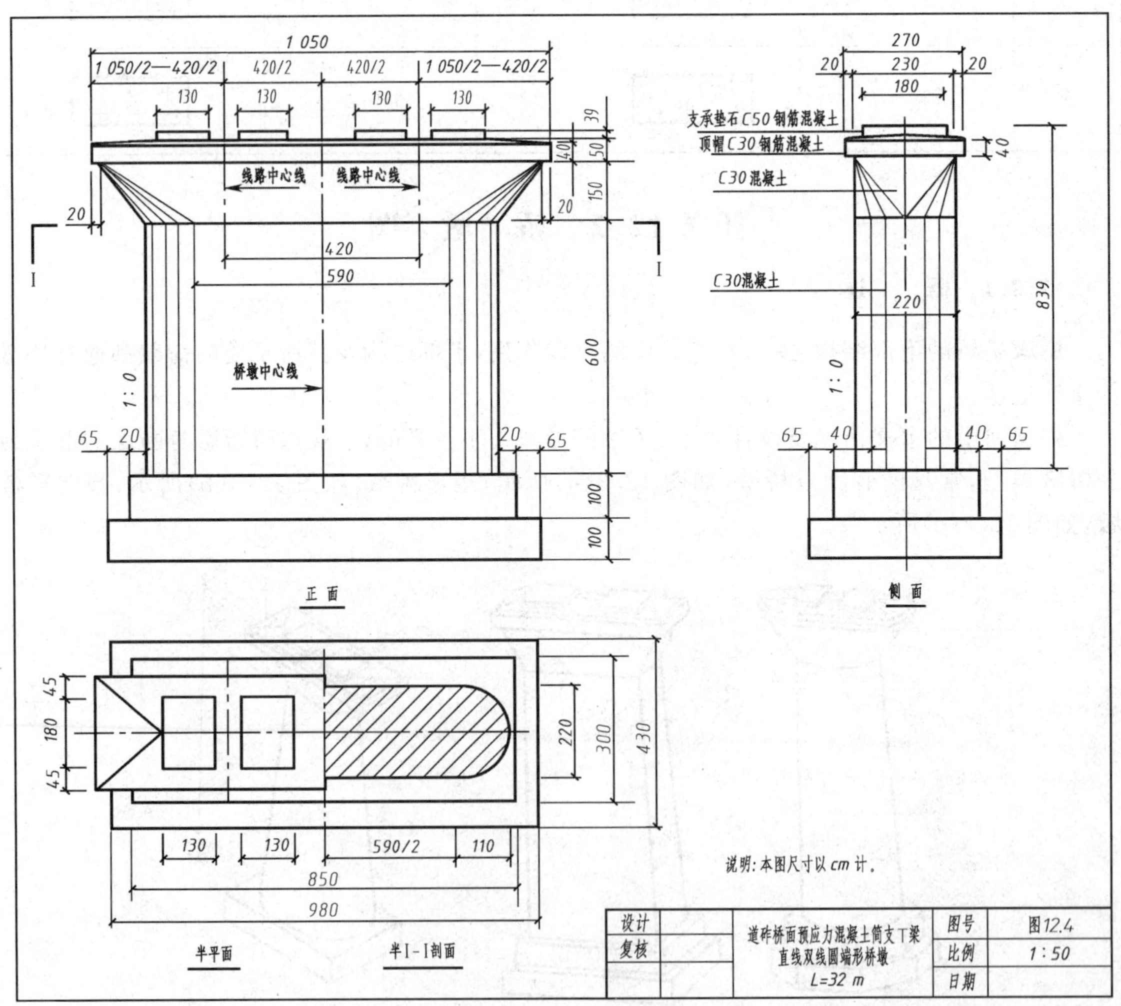

图 12.4　桥墩构造图

(1)正面图

桥墩的正面图是顺线路方向对桥墩进行投影而得到的投影图。正面图是桥墩的外形图,它表示桥墩的正面形状和尺寸,其中点画线是桥墩及线路中心线。

(2)平面图

平面图采用了半平面图和半剖面图的表达方法。其左半部分是外形图,主要表达桥墩的平面形状和尺寸右半部分是Ⅰ—Ⅰ剖面图,剖切位置和投影方向表示在正面图中,它表示墩身顶面的平面形状和尺寸。

(3)侧面图

侧面图主要表达桥墩侧面的形状和尺寸,以及桥墩各部分所用的材料。

2. 桥墩顶帽及支承垫石钢筋布置图

由于桥墩构造图比例较小,墩帽部分的细节及尺寸表示不清楚,所以需用较大的比例画出桥墩顶帽及支承垫石的钢筋布置图。

如图 12.5 所示,桥墩顶帽及支承垫石钢筋布置图由两个投影组成,其中立面图、平面图及断面图主要表示顶帽的钢筋布置。顶帽内布置有两层钢筋网,支承垫石内布置有三层钢筋网,钢筋均采用等间距布置。

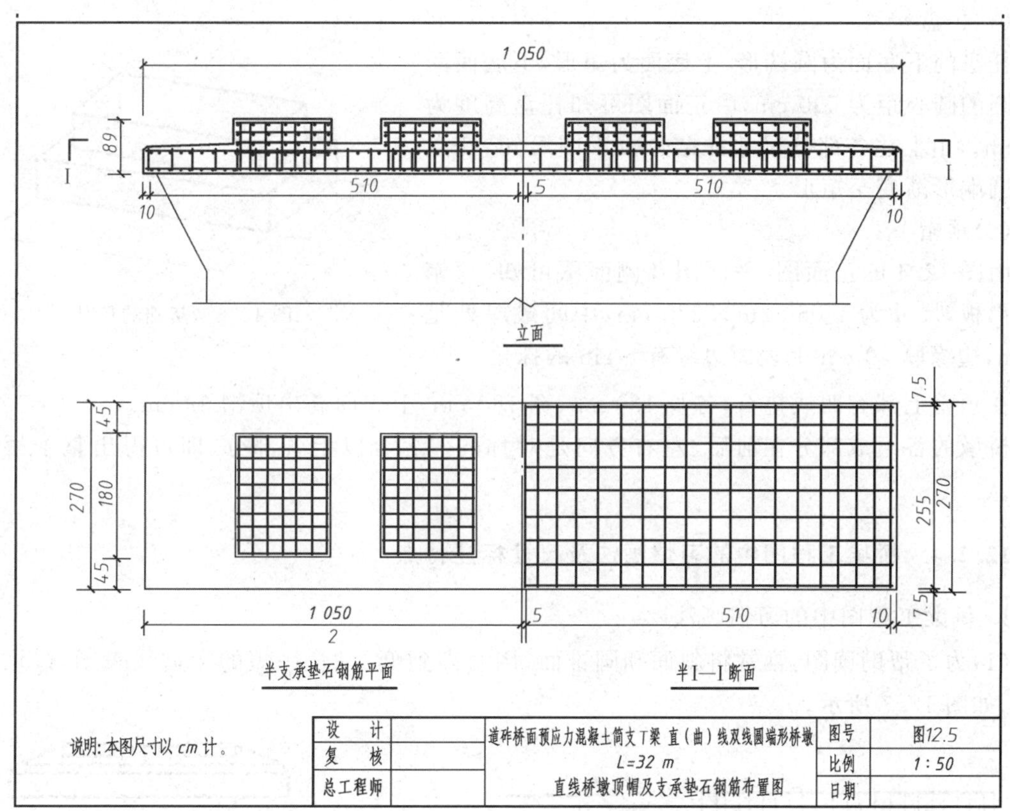

图 12.5 顶帽及支承垫石钢筋布置图

12.2.3 桥墩构造图的识读

从图 12.4 所示的桥墩图中,可以了解桥墩的形状和各部分的尺寸。读图时首先要看标题栏和附注说明。从标题栏中可知桥墩的名称(直线桥墩,梁跨 32.0 m)、比例、桥墩类型(圆端形)等;从说明中可知桥墩的尺寸单位。

读图时,可把桥墩分为基础、墩身和墩帽三部分。然后按照投影关系及形体分析方法,逐步读懂各部分的形状、尺寸大小及所用材料等。

1. 基础

由图 12.4 可知,该基础为明挖扩大基础,分两层,底层基础长 980 cm、宽 430 cm、高 100 cm;上层基础长 850 cm、宽 300 cm、高 100 cm。两层基础前后、左右对称,如图 12.6 所示。

2. 墩身

墩身的顶面和底面都是圆端形,两圆端形的半圆圆心距均为 590 cm。圆端半径为 110 cm,墩身高为 600 cm。由此可知,墩身是由两端的半圆柱和中间的矩形柱组合而成的。墩身所用的材料为 C30 混凝土。

3. 墩帽

由图 12.4 中的正面图和侧面图可知,墩帽由托盘和顶帽两部分组成。顶帽是矩形的,垫石顶面高出顶帽 39 cm。顶帽上设置排水坡,且设 20cm 挑檐。顶帽所用的材料为 C30 钢筋混凝土,支承垫石用 C50 钢筋混凝土。

(1)托盘

托盘的下底面为圆端形,上底面为矩形,下底面两个半圆的圆心距为 590 cm,由正面图可知托盘高度为 150 cm。由上述各部分尺寸并结合投影图可知,托盘是从圆端形渐变至矩形。

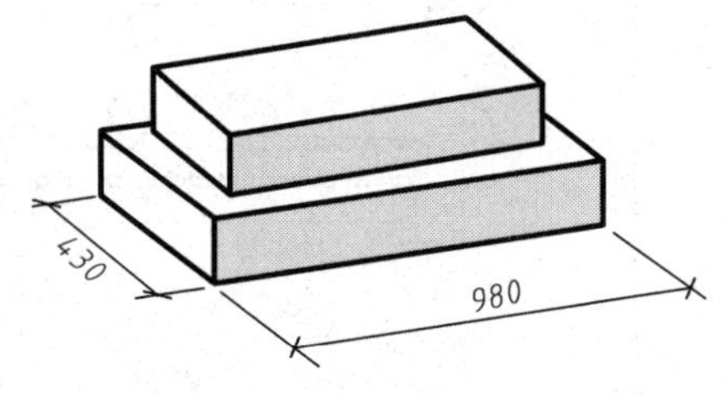

图 12.6　基础的形状

(2)顶帽

由图 12.4 的正面图、平面图及侧面图可知,顶帽是矩形板,尺寸为 1 050 cm×270 cm,中间最厚处是 50 cm,边缘厚 40 cm 上表面边缘有 5 cm 的抹角。

在顶帽上部有四块垫石,各长 130 cm、宽 180 cm,上表面高出顶帽 39 cm。

桥墩的各组成部分在前后、左右方向是对称的。综合以上各部分,即可得出整个桥墩的形状。

12.2.4　桥梁工程图中的习惯画法及尺寸标注特点

1. 桥梁工程图中的习惯画法

(1)为了帮助读图,常常将斜面和圆锥面,用由高到低、一长一短的示坡线表示,以增加直观感,如图 12.7 所示。

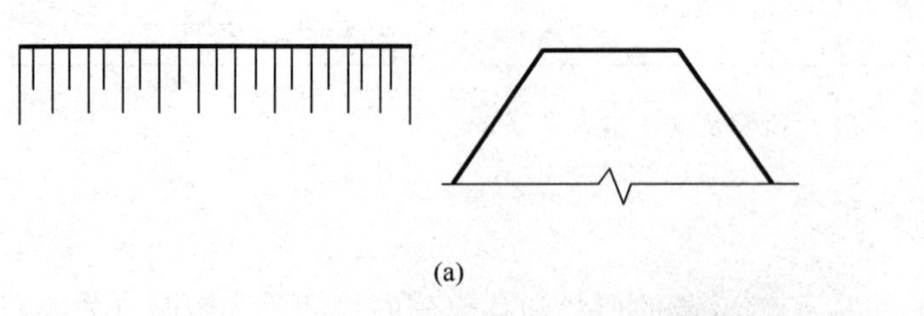

(a)

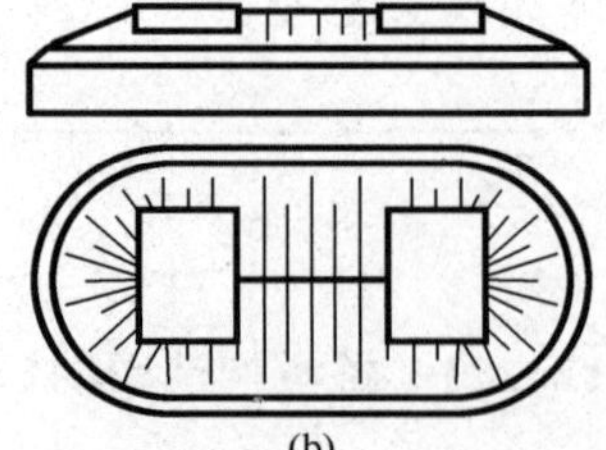

(b)

图 12.7　斜面、锥面的表示方法

(2)在桥梁工程图中,对于需要另画详图的部位,一般采用附注说明或详图索引符号表示。

2. 桥梁工程图中的尺寸标注特点

桥梁工程图中的尺寸标注,除了应遵守在组合体尺寸标注中所规定的基本要求外,由于工程施工的需要,还有一些特殊要求。

(1)重复尺寸

为了施工时看图方便,图中各部分尺寸都希望不通过计算而直接读出,同时也要求在一个投影图上,将物体的尺寸尽量标注齐全,这样就出现了重复尺寸。

(2)施工测量需要的尺寸

考虑到圬工模板的制造及测定定位放线的需要,对工程的细部尺寸一般都直接注出。如图 12.4 中桥墩平面与曲面的分界线尺寸、襟边尺寸(两层基础形成的台阶宽度称为襟边)。

(3)特殊要求尺寸

所谓特殊要求尺寸即建筑物与外界联系的尺寸。在桥梁图中常以高程形式出现,如图 12.2 全桥布置图中的路肩高程和轨底高程等。

(4)对称尺寸

在桥梁工程图中,对于对称部分图形往往只画出一半。为了将尺寸全部表达清楚,常用 $B/2$ 的形式注出,图 12.5 顶帽及支承垫石钢筋平面图中,1 050/2 和 10/2 说明其全部尺寸为 1 050 和 10。

任务 12.3　桥　台　图

12.3.1　概　　述

桥台是桥梁两端的支柱,除支承桥跨外,还起阻挡路基端部填土的作用。桥台的类型应根据台后路堤填土高度、桥梁跨度、地质、水文及地形等因素来决定。

桥台的类型有重力式桥台、轻型台、拼装式台等。重力式桥台按台身横截面形状又可分为 T 形桥台(图 12.8、图 12.9)、U 形桥台(图 12.10)、耳墙式桥台(图 12.11)等。

虽然桥台的形式不同,但都是由基础、台身和台顶(包括顶帽、墙身和道砟槽)所组成,如图 12.8 所示。

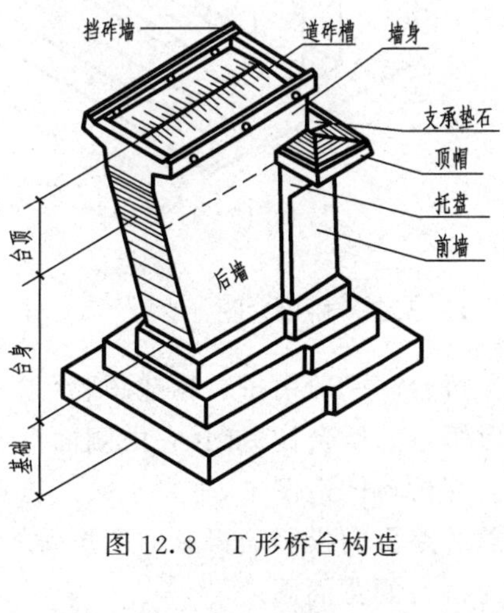

图 12.8　T 形桥台构造

1. 基础

基础在桥台最下面,图 12.8 为明挖扩大基础,共三层。

2. 台身

台身在基础上面,由前墙、后墙及托盘组成。托盘是用来承托台帽的。

3. 台顶

台顶在桥台的上部,由顶帽、墙身和道砟槽三部分组成。顶帽在前墙托盘上面,其顶面有支承垫石。墙身是后墙的延续部分。整个桥台最上部分为道砟槽。墙身的靠梁一端称为胸墙,靠路基一端是台尾,如图 12.9 所示。

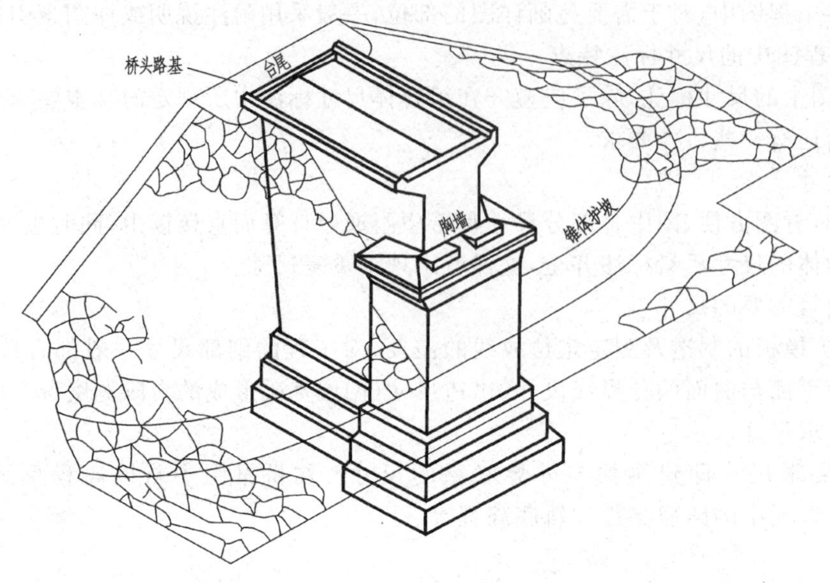

图 12.9　T 形桥台与路堤的连接示意图

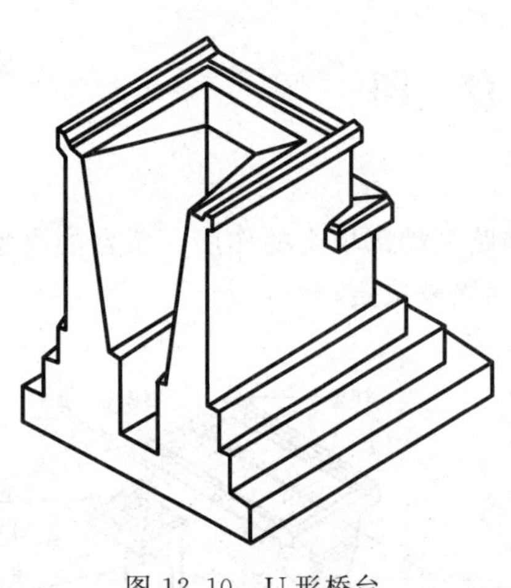

图 12.10　U 形桥台

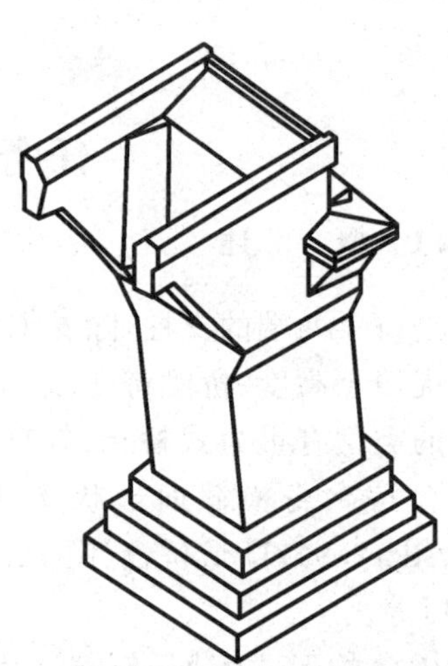

图 12.11　耳墙式桥台

12.3.2　桥 台 图

桥台图一般由桥台构造图、台顶构造图及钢筋布置图等图样来表达。图 12.12 是一单线 T 形桥台的桥台构造图,它由侧面图、半平面和半基顶剖面图、半正面和半背面图所组成。

在桥台构造图中,垂直于线路方向投影而得到的图形称为侧面图(桥台的侧面)。从桥孔顺着线路方向投影而得到的图形称为桥台的正面图;从路基顺着线路方向投影而得到的图形称为桥台的背面图。

1. 桥台构造图(以单线 T 形桥台为例)

(1)侧面图

侧面图能较好地表达桥台的外形特征,并反映出钢轨底面及路肩的高程,因而将其安排在正立面图的位置。图中应注明轨底、路肩、地面线的高程,还应标注胸墙和台尾的里程(图中未

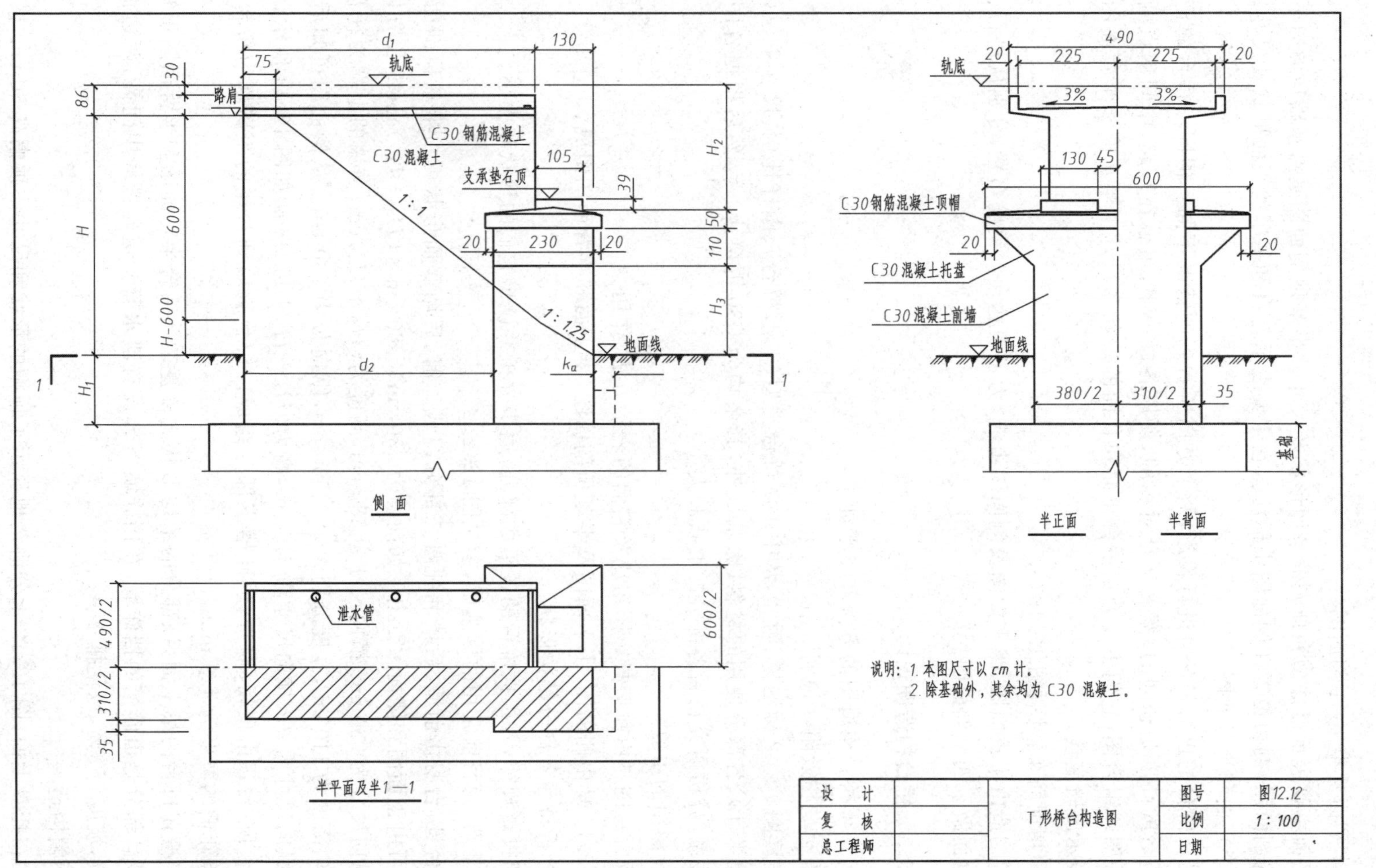

图 12.12 T形桥台构造图

示)、从而确定桥台的位置。坡度为 1∶1 及 1∶1.25 的细实线表示桥台两侧锥体护坡与台身的交线。

(2)半平面及半 1—1 剖面图

半平面主要表示道碴槽和顶帽的平面形状及尺寸。半基顶剖面图是沿基础顶面向下剖切而得到的剖面图,剖切位置在侧面图中标注。它主要表示台身和基础的平面形状及尺寸。

(3)半正面和半背面图

它是从桥台的正面和背面进行投影,两个方向所看到的情况不同。但同一桥台的正面或背面其桥台的高度是相同的;宽度又是对称的,所以各画一半,组合在一起,中间用点画线分开。这种图叫组合图,它们主要表示桥台正面和背面的形状和尺寸。半正面和半背面图上用双点画线示出轨底线。

2. 顶帽钢筋布置图(图 12.13)

顶帽构造由半正面图、半平面图及侧面图组成,为了表达台内钢筋布置,分别从垫石、顶帽顶面和侧面做了四个剖面图。

12.3.3　桥台构造图识读

识读 T 形桥台构造图的方法和步骤如下:

1. 看标题栏及附注说明

首先读图 12.12 标题栏、附注,从中了解桥台类型(T 形桥台)、图样比例、尺寸单位(本图尺寸以厘米计)、各部分使用的材料(除基础外,其余均为 C30 混凝土)等,然后根据各图形间的投影关系,分析研究桥台各部分的形状和大小。

2. 投影图的组成

看桥台总图是由哪些投影图组成及它们的表示方法、作用。

图 12.12 是由侧面图、半平面图及半基顶剖面图、半正面和半背面图组成。

3. 分析桥台各部分结构形状

按照投影规律,并根据桥台的各组成部分,逐步分析并读出它们的形状和大小。

(1)基础:为目前常用的桩基础,参见图 12.2。

(2)台身:台身由前墙、后墙和托盘三部分组成。前、后墙底面形状可由半基顶剖面图看出,高度可由正面图和侧面图看出。如前墙为 230 cm×380 cm×(H_1+H_3)cm 的长方体,即前墙的纵向尺寸为 230 cm,横向尺寸为 380 cm,高度为(H_3+H_1)cm;前墙的上端为托盘,呈梯形柱体,高度为 110 cm,宽度分别为 380、560 cm,纵向长为 230 cm。从侧面图可知后墙为棱柱体,纵向尺寸为 d_2,横向尺寸为 310 cm,高为(H_1+H_3+110)cm,如图 12.14 所示。

(3)台顶:台顶由顶帽、墙身、道碴槽三部分组成。桥台胸墙到台尾的距离称为桥台长度(d_1)。道碴槽的宽度为 4.9 m。

道碴槽在桥台的最上面,该部分的结构形状比较复杂。结合半正面图和半背面图得知,左右两边最高部分是道碴槽的挡碴墙,在挡碴墙下部设有泄水管。道碴槽底中间高,两边低,形成两面坡,坡度为 3%,以便排水。

①顶帽构造

顶帽在托盘上面,图 12.12 十分清楚地显示了顶帽的形状和尺寸。顶帽高 50 cm,横向宽度 600 cm,纵向长为 230＋20＋20＝270 cm,垫石顶加高 39 cm,垫石纵横向尺寸分别为 105 cm×130 cm。顶帽表面做有排水坡、抹角和支承垫石等,其形状如图 12.15(a)所示。

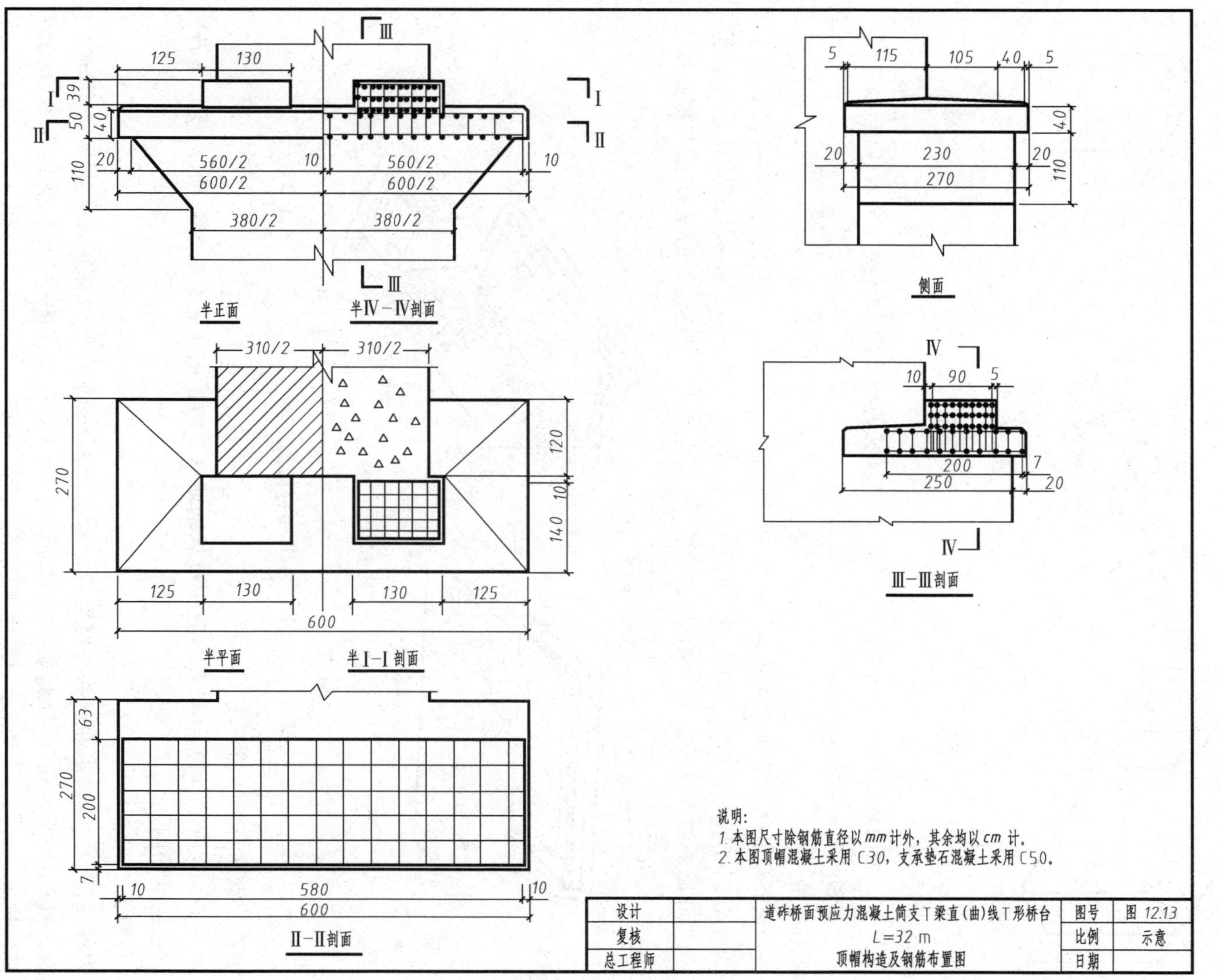

图 12.13　道砟桥面预应力混凝土简支 T 梁顶帽构造及钢筋布置图

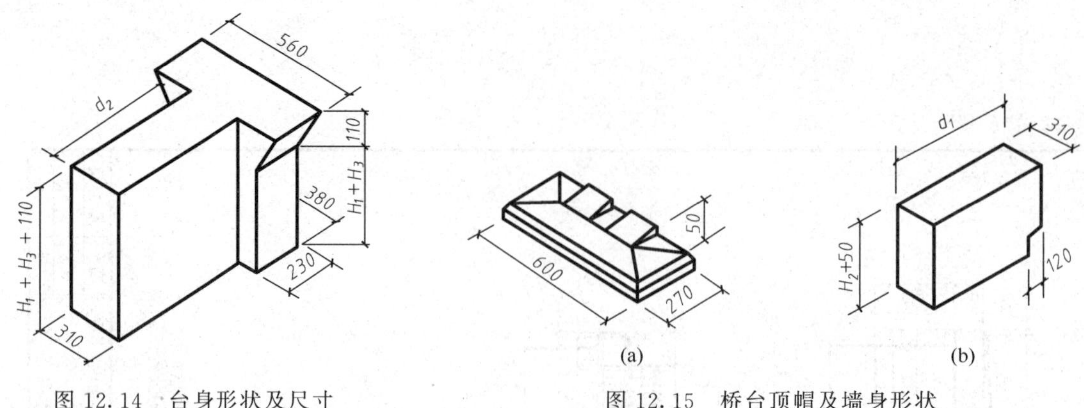

图 12.14　台身形状及尺寸　　　图 12.15　桥台顶帽及墙身形状

②墙身

墙身是后墙的延伸部分，其形状在图 12.12 中反映的较清楚。它是一个棱柱体，前下角有一切口与顶帽相接，如图 12.15(b)所示。

③道砟槽

桥台道砟槽的结构形状比较复杂。由图 12.12 可知，顺台身方向两侧的最高部分为道砟槽的挡砟墙，在挡砟墙的下部设有泄水管，如图 12.16 所示。从图中可看到胸墙顶部是一个水平面，它与挡砟墙上部内侧形成开口槽，即盖板槽。该槽为安放与梁连接处的盖板，并起挡砟作用。

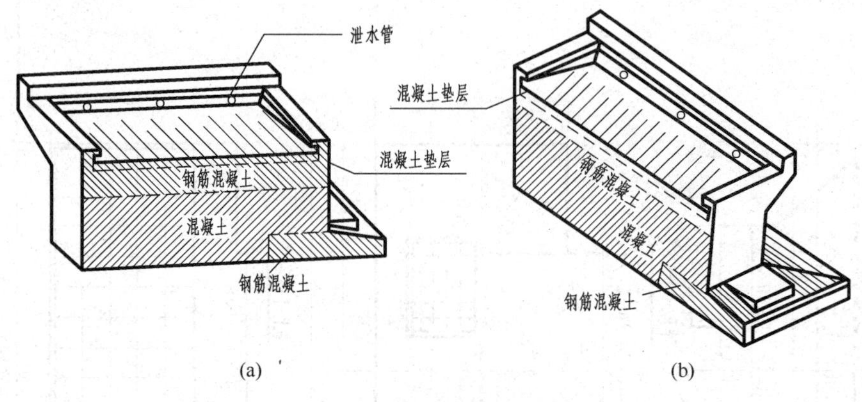

图 12.16　道砟槽的形状

④顶帽钢筋布置图的识读

如图 12.13 所示，顶帽及垫石内分别设置钢筋网。顶帽内布置有两层钢筋网；支承垫石内布置有三层钢筋网。

(4)附属工程

为保证桥台不被洪水冲刷并与路堤良好衔接，桥台必须设置锥体护坡。锥体宜用渗水土壤填筑，护坡多用浆砌片石铺砌，如图 12.9 所示。图 12.12 侧面图中 1∶1 和 1∶1.25 的细实线为锥体护坡与台身的交线，示明锥体顺线路方向的坡度。

12.3.4　桥台图的画法

画桥台图首先要分析桥台的形体特征，确定画图的基准。

如图 12.17 所示的 T 形桥台，控制其长度和位置的是桥台的胸墙和台尾的里程，因此，画侧面图时，应以胸墙为主要基准，台尾为辅助基准。宽度方向以桥台的对称面为基准。至于高

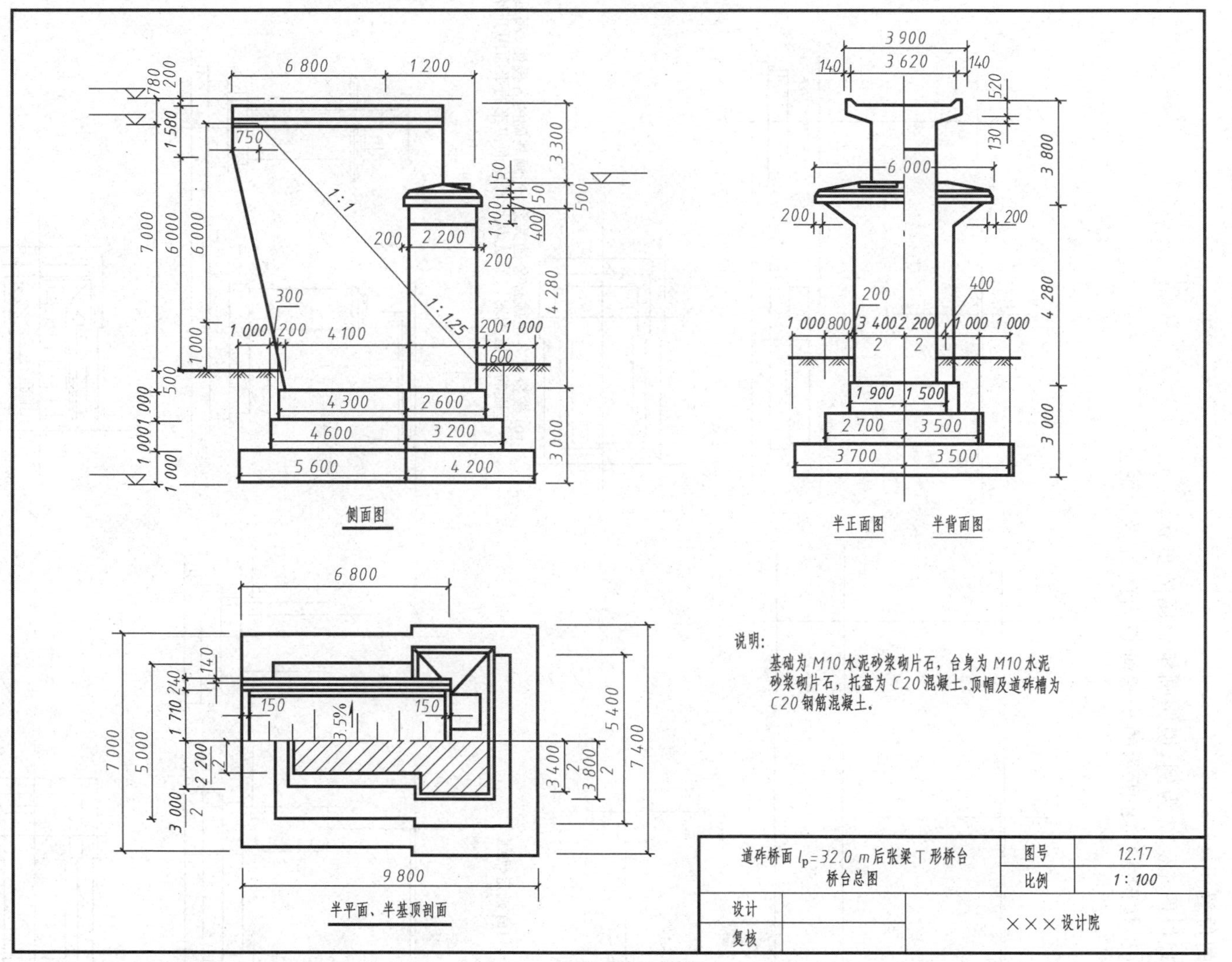

图 12.17　T形桥台总图

度方向，则以基底为基准(因本例为明挖扩大基础)。

确定了长、宽、高三个方向的基准之后，应按图 12.17 所选用的投影图和比例进行图面布置。布图时，各图之间应留有一定间隔，以便标注尺寸。图纸右下角还应留出画标题栏和书写附注的位置。

现以图 12.17 为例，说明画桥台图的步骤。

(1)按图 12.18 所示的步骤画桥台的各投影图。

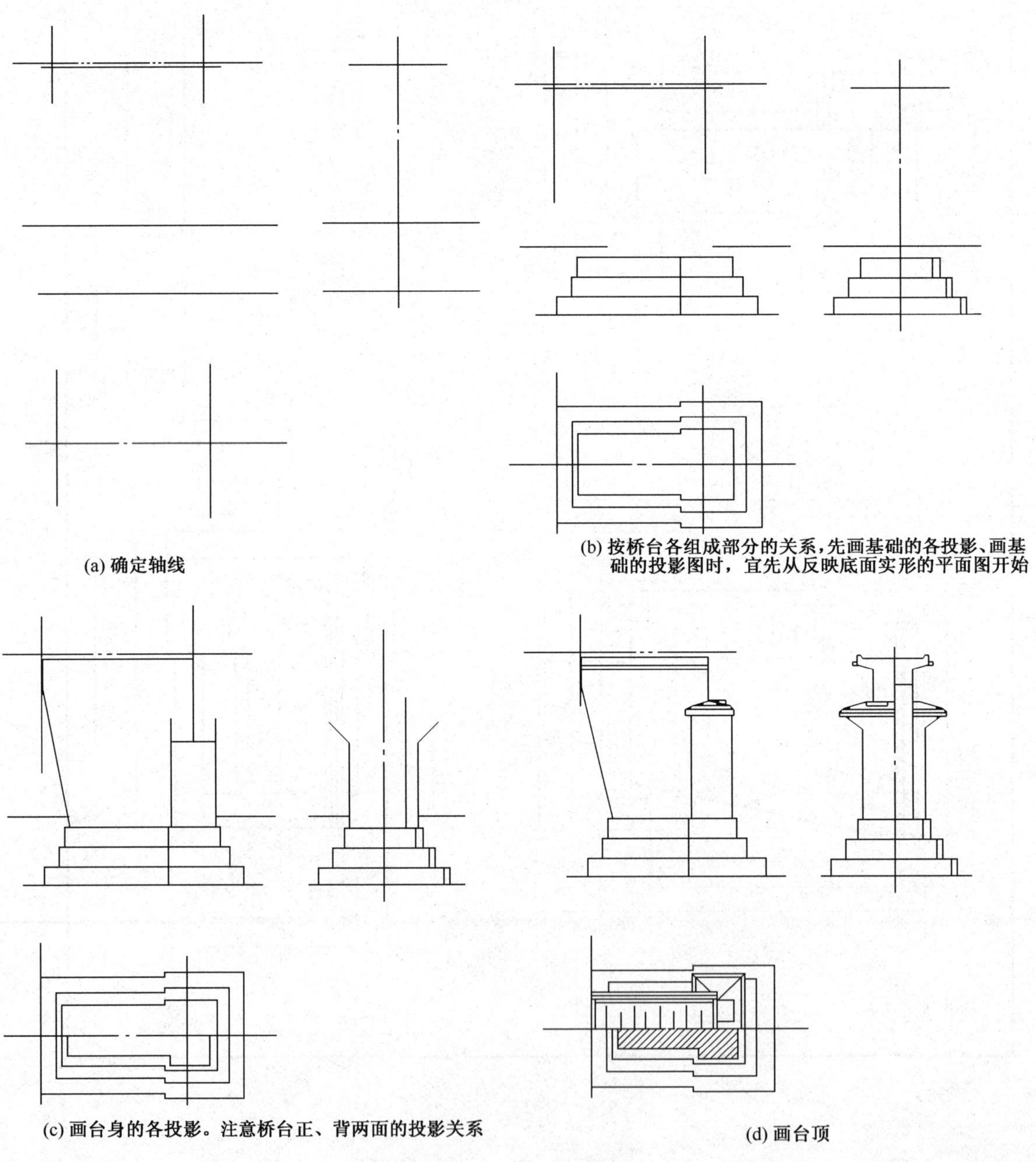

图 12.18　桥台图的画法

(2)在桥台的侧面图上，画出锥体护坡与台身的交线及其与路堤的关系。在其他投影图上则可省略。

锥体护坡与桥台侧面交线的作法，可按图 12.17 中侧面图所给的尺寸关系进行。

(3)检查底图。桥台的组成、构造及其表达方法都较复杂，因此，检查、复核工作十分重要。底图检查后，即可画出尺寸线。

(4)加深图线，标注尺寸，书写附注，填写标题栏，如图 12.17 所示。

任务 12.4　桥跨结构图

12.4.1　概　　述

1. 钢筋混凝土主梁横断面形式的划分

(1)主梁的横断面为矩形的钢筋混凝土梁或预应力钢筋混凝土梁称为板式梁，如图 12.19(a)所示。

(2)在主梁的横断面内形成明显肋形结构的钢筋混凝土梁或预应力钢筋混凝土梁称为肋式梁，又称 T 形梁，如图 12.19(c)、(d)所示。

(3)主梁的横断面呈一个或几个封闭箱形的钢筋混凝土梁或预应力钢筋混凝土梁称为箱形梁，如图 12.19(b)所示。

2. 钢筋混凝土梁的其他构造

(1)道砟槽。道砟槽在梁的顶部，外侧设有挡砟墙，如图 12.19(a)、(c)、(d)所示，挡砟墙与道砟槽板组成道砟槽。在每片梁的靠桥中线一侧设有内边墙，在梁的两端设有端边墙。

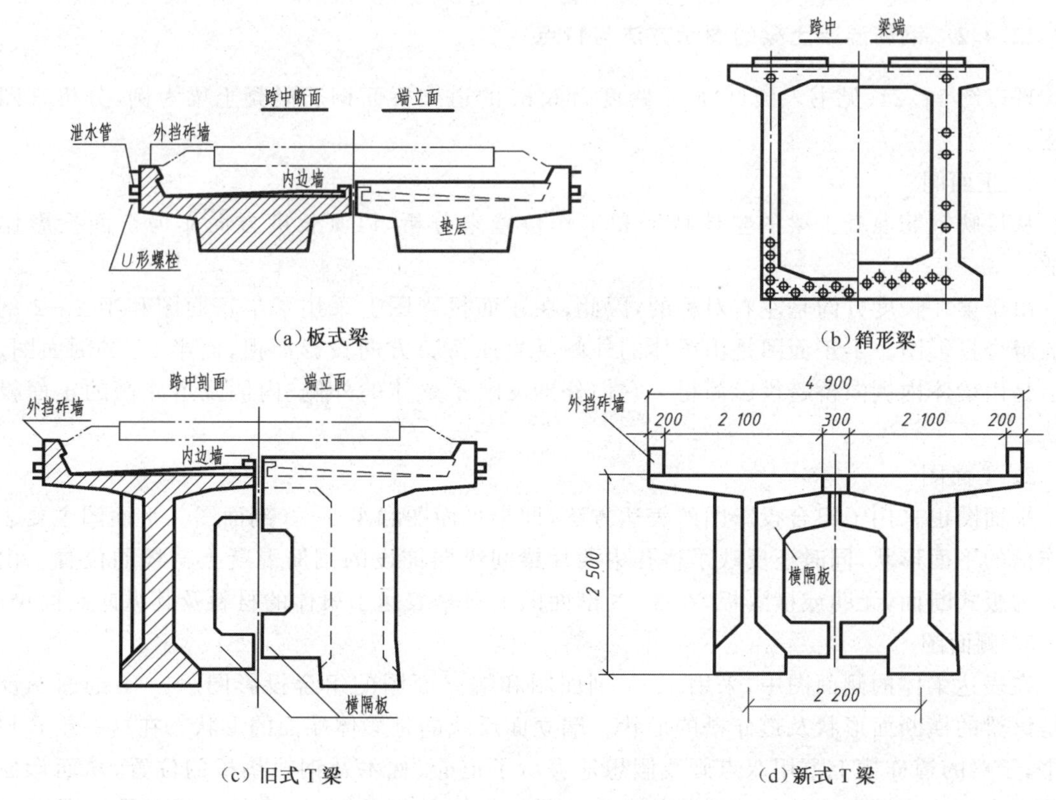

图 12.19　钢筋混凝土梁的形式

(2)横隔板。在T形梁的中部、端部和腹板变截(断)面处设有横隔板,如图12.19(c)、(d)所示。

(3)排水及防水。为了保证良好的线路质量,避免梁内钢筋锈蚀,在道砟槽板顶面做有横向排水坡,雨水经泄水管排出。在道砟槽板顶面还铺设防水层。泄水管及防水层的构造,如图12.20所示。

(4)人行道、盖板。为了养护工作的需要,在梁体外侧挡砟墙内预埋的U形螺栓上,安装角钢支架,再铺设人行道板。

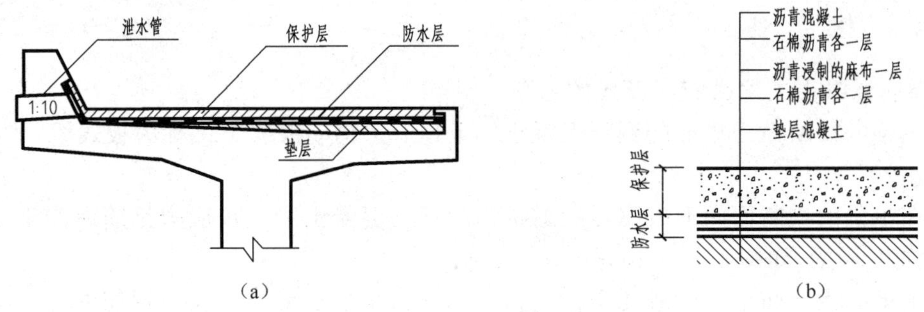

图12.20　泄水管及防水层的构造示意图

为了防止掉砟及雨水流到梁的侧面或墩台顶帽上,在桥孔的两片梁之间铺设有纵向钢筋混凝土盖板。在两桥孔的梁与梁之间(或梁与桥台之间)的接缝处,应铺设横向铁盖板。

12.4.2　钢筋混凝土梁的图示方法与特点

现以图12.21(见书末插页)所示跨度为6 m的道砟桥面钢筋混凝土梁为例,分析其图示方法。

1. 正面图

从反映钢筋混凝土梁的整体特征和工作位置来分析,以其长度方向作为正面投影比较合适。

由于梁在长度方向是左右对称的,因此,在正面投影图上采用了半正面图和半2—2剖面图的组合投影图。半正面图是由梁体的外侧垂直向桥跨方向投影而得,而半2—2剖面图,实际上是由梁体内侧向桥跨投影而得。它们分别反映了梁体的外侧、内侧及道砟槽的正面投影形状。

2. 平面图

平面图也采用了组合投影图的表达方法,即半平面图和半3—3剖面图。平面图主要表达道砟槽的平面形状,同时还反映了桥孔中两片梁间纵向铺设的钢筋混凝土盖板的位置。由于该梁为板式断面,无肋或横隔板,在3—3剖面图上只是表达了梁体的材料及其纵向断面尺寸。

3. 侧面图

在表达梁体的侧面图中,采用1—1剖面图和端立面图的组合投影图。1—1剖面图反映的是该梁的横断面形状及道砟槽的形状。端立面反映的是梁体端面的形状。在这一组合投影图中,于梁的道砟槽上方用双点画线假想地表示了道砟、枕木及钢轨垫板的位置,从而形象地反映出由两片梁所组成的一孔桥跨的工作状况。钢轨垫板的顶面,即是在正面图上用双点画线画出的轨底高程。这种表达方法在钢筋混凝土梁图中被广泛地采用。

4. 详图

由于该梁道砟槽的端边墙、内边墙和外边墙构造比较复杂，在 1∶20 的概图中不能表达清楚它们的形状和尺寸，故在正面图和侧面图的 1—1 剖面图上，分别用索引符号指出该部分另有详图(即大样图)，且该样图就画在本张图纸内，即①、②、③详图。

12.4.3　钢筋混凝土梁图的识读

现以图 12.21(见书末插页)为例，介绍识读钢筋混凝土梁图的方法和步骤。

(1)先从标题栏中了解图样的名称和该工程的性质，再阅读附注说明。图 12.21 中标题栏的内容告诉我们，该图为跨度 6 m 的道砟桥面钢筋混凝土梁。在附注(说明)中，指出桥面的防水层及泄水管、U 形螺栓等另有详图，并对工程数量表作了补充说明。

(2)了解该图中所采用的表达方法。图 12.21 所示钢筋混凝土梁在投影表达方法上，充分地利用了对称性的特点，采用组合投影图的表达方式，同时对一些局部的形状和尺寸，采用了局部详图表示之。

(3)综合了解、掌握梁体的整体概貌。如梁的全长为 6 500 mm，梁高为 700 mm，该梁为板式结构，主梁上有道砟槽板、外挡砟墙、内边墙及端边墙等。

(4)分析详图，认清道砟槽各边墙顶面的高度和结合处的构造。由于该梁为板式梁，下部主梁断面为梯形，极易读懂，无需多述。上部道砟槽虽与台顶道砟槽有些类似，但由于端边墙和内边墙的顶面高度、宽度不同，致使其结合处的构造较为复杂。由 2—2 剖面图和详图①、详图②可知，端边墙的厚度为 120，顶面宽度为 150，内边墙的厚度为 70，顶面宽度为 100；端边墙顶面比内边墙顶面高 50，而外边墙(挡砟墙)顶面比端边墙顶面高 150，其形状及尺寸关系如图 12.22 所示。

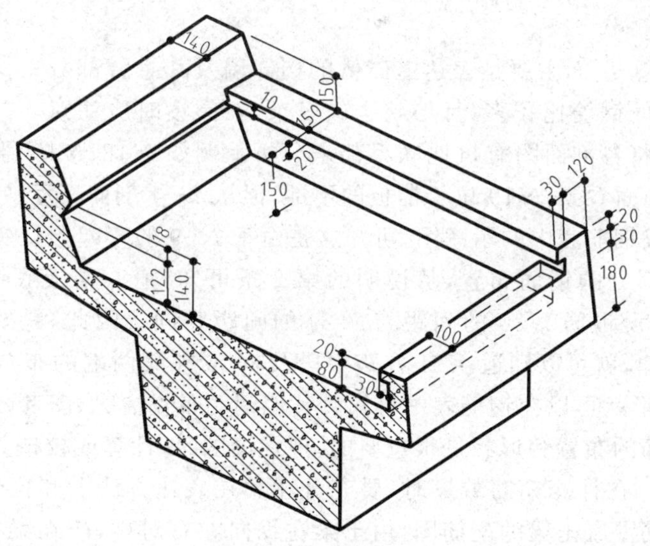

图 12.22　梁端轴测图

(5)阅读工程数量表时，要注意表中所指的一孔梁为两片梁所组成。该表不但表明了梁体各部分的用料及工程数量，同时还是工程施工备料和为施工进度的安排提供依据。

12.4.4　钢筋布置图的识读

现以图 12.23(见书末插页)为例，介绍识读钢筋布置图的方法和步骤。

(1)先读标题栏和附注。从标题标中可知，该梁为 6 m 跨度的道砟桥面钢筋混凝土梁。附注(说明)中还对钢筋布置作了补充说明，提醒我们在阅读钢筋布置图和进行施工时，应给予充分注意。

(2)阅读钢筋表，目的是了解该梁所布置的钢筋类型、形状、直径、根数等。该梁虽然未画出钢筋成型图，但由于在钢筋表中所画示意图很详细，实际上已经起到了钢筋成型图的作用。该梁体内布置有 21 种类型的钢筋(其中主筋 7 种)。

(3)根据图名，了解钢筋布置图中采用了哪些图，以及这些图之间的关系。如该梁采用了一个梁梗中心剖面图和 1—1、2—2、3—3、4—4 剖面图，它们各代表不同部位的钢筋布置情况。

在了解表达方法的过程中，应同时弄清楚该梁的形状和尺寸，这是阅读和分析配筋图的基本要求。

(4)分析钢筋布置图时，一般以正面图为主，再结合其他剖面图，一部分一部分地进行识读。

该梁的正面图即梁梗中心剖面图，由于在长度方向是左右对称的，所以采用了对称画法。从梁梗中心剖面图中可以看出，该梁底部的 7 种受力钢筋($N1 \sim N7$)是分两层布置的。由于受力的需要，两层受力钢筋中，$N1 \sim N6$ 分六批向上弯起，而 $N7$ 为直筋。受力钢筋的排列及其编号，在 1—1 剖面和 2—2 剖面图中表达十分清楚。钢筋的弯起形状、尺寸，在钢筋表的示意图中已经表示，由于 $N4$、$N5$ 钢筋弯起后的弯钩属于非标准弯钩，故单独画出了它们的详图。在主梁部分除受力筋外，上部还有架立筋 $N34$。正面图上所表达的箍筋 $N21$，在距梁端 100 mm，距跨中 150 mm 的范围内，按 300 mm 等距分布，共计 11 组，(梁全长内为 22 组)。箍筋可做成开口式或闭口式。从钢筋表的示意图中可知，$N21$ 是开口式，如图 12.24 所示。

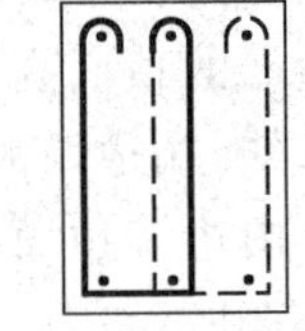

图 12.24　箍筋形式

注：图中虚线、实线各是一根箍筋。

3—3 剖面及 4—4 剖面主要是表达道砟槽的挡砟墙及其悬臂部分的钢筋布置，这部分的钢筋比较多，且形状也较复杂，在阅读时应注意各剖面的剖切位置，将各剖面图有机地联系起来分析。例如 $N18$、$N19$ 号钢筋为道砟槽板部分的钢筋，由 3—3 剖面看到，$N19$ 位于槽板的下部，但从 4—4 剖面又反映出 $N19$ 在槽板的顶部，结合 1—1 剖面及钢筋表中的示意图，可知这是由于 $N19$ 的弯起形状变化所致。

道砟槽内边墙部分的钢筋布置，从说明的第 2 条可知：道砟槽板底钢筋 $N51$ 的间距与 $N50$ 的间距相同；特设钢筋 $N30$ 的间距与 $N29$ 的间距相同。因此，只要我们掌握了 $N50$、$N29$ 钢筋的布置规律，就可以知道 $N51$ 在跨中段及 $N30$ 在梁两端的布置情况。其数量分别与 $N50$、$N29$ 相同，形状可以在钢筋表中得知。其他钢筋布置情况，读者可以自行分析。

掌握各部分钢筋的布置和形状是很重要的，但在读图时，计算或校核其钢筋的数量也是读图的一个重要内容。在计算钢筋数量时，要充分注意在表达方法上和构件形状上的特点，如图 12.23 所示的钢筋混凝土梁的配筋图，由于梁在纵向左右对称，故在梁梗中心剖面图、3—3 剖面图和 4—4 剖面图中，都采用了对称画法。这样，在计算钢筋数量时，对于某些类型的钢筋就应乘以 2。如 $N18$，若按 3—3(或 4—4)剖面图计算为 14 根，但考虑到该剖面图只画出了梁长的一半，故 $N18$ 钢筋按一片梁计算，应为 $14 \times 2 = 28$(根)。某些部位的一些特殊构造，在计算钢筋时也应引起注意，如在梁的挡砟墙及内边墙上分别设置有 10mm 的断缝，因此，在设置 $N54$、$N16$ 钢筋时，在此断开，于是 $N54$ 的数量应为 $4 \times 2 = 8$(根)，$N16$ 的数量为 $1 \times 2 = 2$(根)。

最后综合以上分析，把钢筋表中的各类钢筋归入到构件的各部位，使之成为一个完整的、正确的钢筋骨架。

知识拓展——公路桥梁工程图简介

公路桥梁与铁路桥梁两者不同之处在于上部结构中的桥面构造。桥面构造指公路桥的行车道铺装,铁路桥的道砟、枕木、轨道,以及伸缩缝、防排水系统、人行道、安全带、路缘石、栏杆、照明系统等。公路桥梁构造的立体示意图如图 12.25 所示。

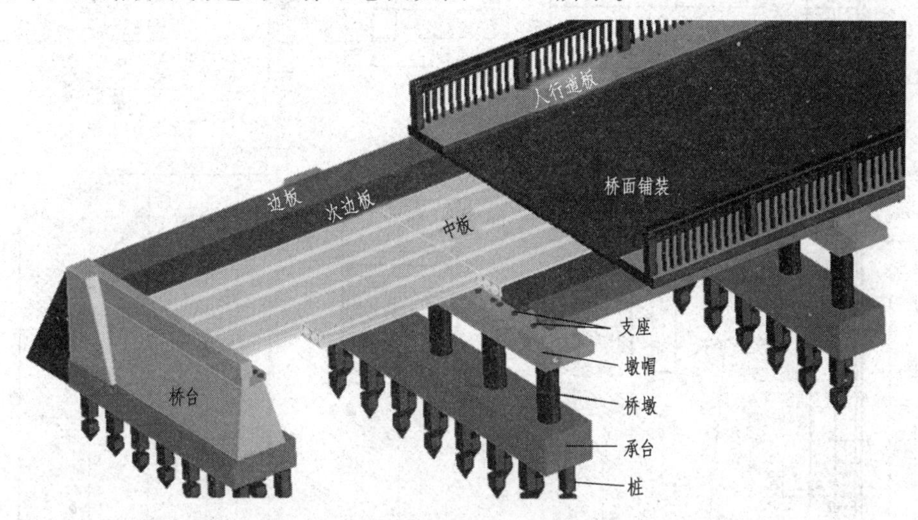

图 12.25　桥梁构造立体示意图

无论是公路桥梁还是铁路桥梁,都是通过工程图来表达其线形及构造的,工程图样都包括桥位平面图、桥位地质纵断面图、全桥总体布置图、细部构造图和大样图等。现将公路桥梁的总体布置图的图示方法进行讲解。

公路桥梁的总体布置图包括立面图、平面图、侧面图(横断面图)。

1. 立面图

在立面图上主要表达桥梁的总长、各跨跨径、纵向坡度、施工放样和安装所必须的桥梁各部分的标高、河床的形状以及水位高度。还应反映桥位起始点、终点、桥梁中心线的大致特征和桥型。

如图 12.26 所示的桥梁总体布置图,从立面图上可以看出该桥起点的桩号为 K0＋158.50,终点桩号为 K0＋202.50,桥跨中心位置的桩号为 K0＋180.50。全桥共三跨,三孔跨径均为 13 m,桥梁全长为 44 m。根据图中桥梁各部分的高程可知,桥梁各部分的高度以及基础的埋置深度。

立面图还反映了,桥台的基础形式为钢筋混凝土扩大基础,桥墩下为桩基础。根据《道路工程制图标准》规定,可将土体看成是透明体,所以埋入土中的结构在土中都用实线表示。

2. 平面图

平面图通常采用分层局部剖面图或分段揭层法来表示,桥梁不复杂时可以只画平面图。主要表达桥梁在水平方向的形状、桥墩、桥台的布置情况。

如图 12.26 所示的平面图,采用了分段揭层法来表示。左边部分投影反应了锥形护坡以及桥面的布置情况。1 号桥墩中心线右侧揭去桥梁上部结构,以表达桥墩盖梁和支座;2 号桥

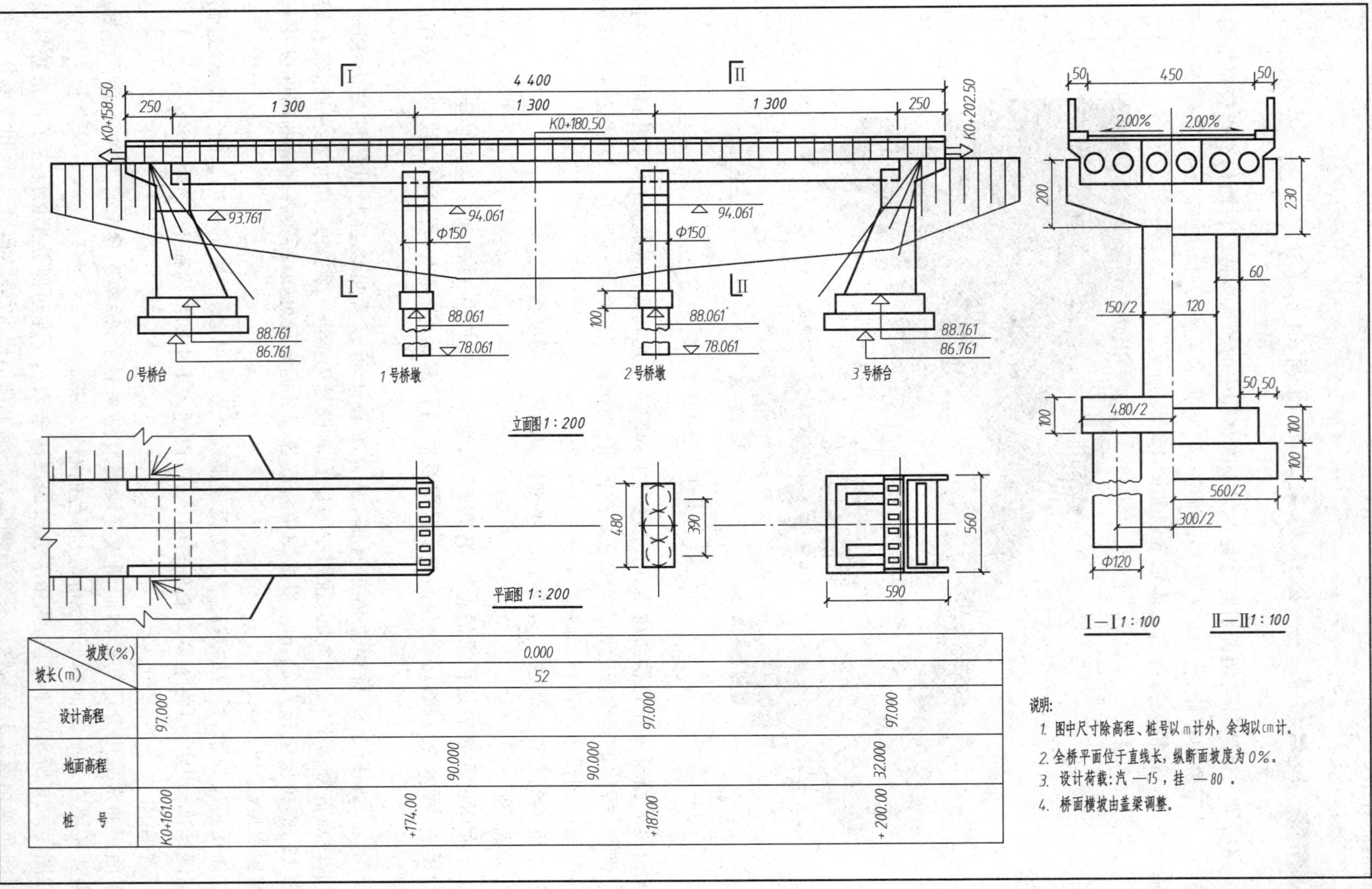

图 12.26 ××桥总体布置图

墩处揭去盖梁上部分的结构，表达桥墩的断面形式以及下面承台、桩基础的分布情况；3 号桥台处揭去桥梁上部结构，主要表达桥台盖梁、耳墙及扩大基础水平方向的形状与布置情况。从平面图中还能知道，桥梁的总宽为 5.6 m。

3. 侧面图(横断面图)

侧面图主要表达桥梁的横断面情况，如桥面宽度、桥跨结构横断面布置及桥面横坡的设置情况等。工程图中侧面图通常采用两个不同位置的断面图各画一半合并表达。为了表达清楚桥梁断面的形状和尺寸，侧面图通常采用比立面图和平面图大的比例尺来表示。

如图 12.26 所示的侧面图，左侧是Ⅰ—Ⅰ位置断面图，右侧是Ⅱ—Ⅱ位置断面图。为了更清楚地表达断面的形状，该图采用 1∶100 的比例尺。Ⅰ—Ⅰ断面图主要表达该处桥梁的上部结构和离剖切平面较近的桥墩侧面的形状与尺寸；Ⅱ—Ⅱ断面图主要表达该处桥梁的上部结构和桥台侧面的形状与尺寸。在道桥专业图中，画断面图时，可根据需要取舍剖切平面后可见部分，该图只画了剖切平面后离剖切平面较近的可见部分。

4. 路基设计表

在平面图下面与平面图对齐位置画出路基设计表，表中应列出桥台、桥墩的桩号及各桩号处的设计高程、各测点的地面高程及各跨的纵坡。

项目小结

本项目主要描述了桥梁工程图，包括全桥布置图、桥墩图、桥台图的基本内容和图示方法，通过绘图与识图的严格训练，使学生养成严肃、认真的学习习惯。

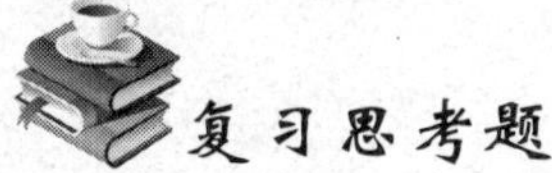

复习思考题

1. 桥墩主要由哪几部分构成?
2. 简述识读桥台构造图的步骤。

项目13　涵洞工程图

项目描述

本项目主要介绍涵洞工程图的图示方法和识读。熟练掌握这些图样的识读方法和步骤，为以后学习相关专业知识打下坚实的基础。

学习目标

1. 能力目标

能正确识读盖板箱涵施工图。

2. 知识目标

(1)了解涵洞的功能及常见的涵洞类型和构造特征；

(2)了解涵洞工程图的图示方法、特点和内容。

3. 素质目标

熟悉识读工程图的基本程序，具有严肃认真、一丝不苟的工作心态。

任务13.1　概　　述

铁路涵洞是一种埋在路堤下面用来排泄少量水流或通过小型车辆和行人的建筑，如图13.1所示。

图13.1　涵洞

涵洞与隧道不同，涵洞的轴线与路堤横向交叉，洞顶至轨底的填方高度一般不小于1.2 m，所以路堤在涵洞处是连续的。

涵洞的种类很多，若按洞身截面形状分，有圆形涵洞、拱形涵洞和矩形涵洞。如图13.2所示。如果矩形涵洞洞身边墙上支以水平盖板，则称之为盖板箱涵，也称板涵，如图13.2(c)所示，而矩形涵洞一般指洞身为钢筋混凝土封闭式的钢架结构，也称箱涵，如图13.2(d)所示。

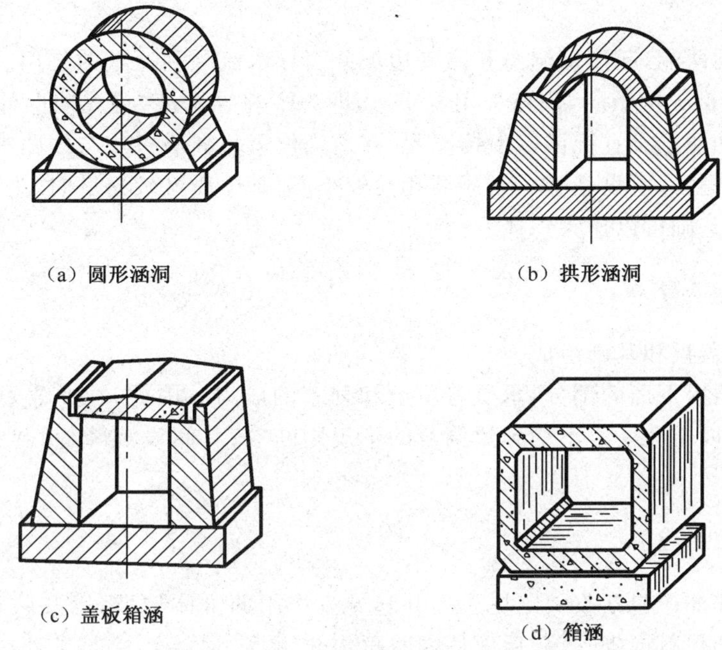

图 13.2　涵洞类型

现以应用较广的盖板箱涵为例,说明涵洞的构造,如图 13.3 所示。

涵洞的主体由洞身和洞口两部分组成。

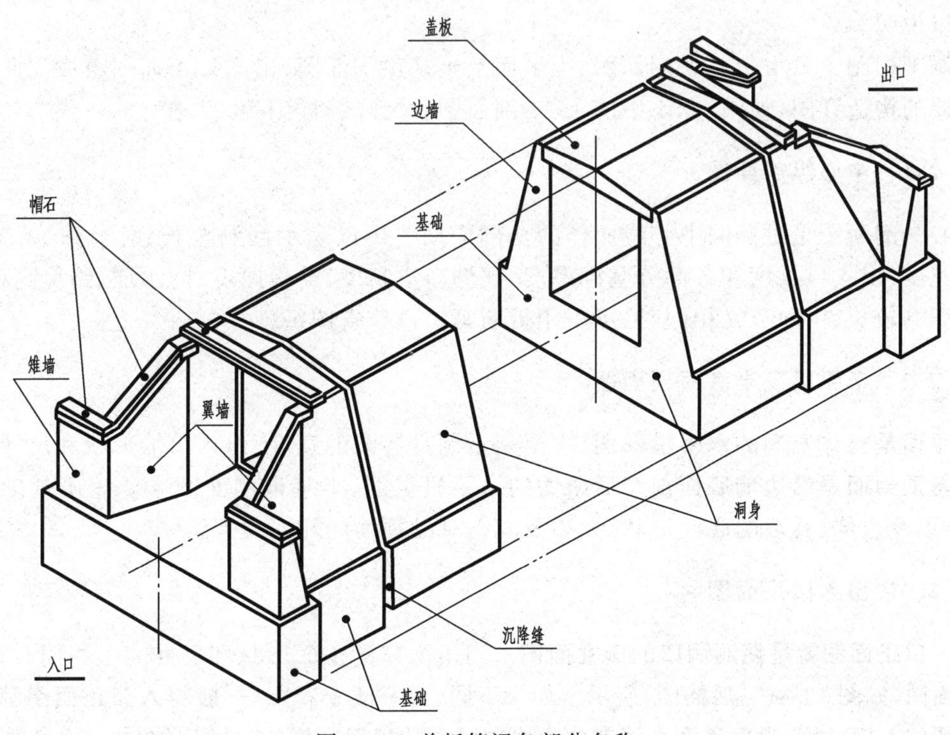

图 13.3　盖板箱涵各部分名称

13.1.1　洞　　口

洞口位于涵洞两端,起连接洞身和路堤边坡并引导水流顺利通过的作用。

孔径大于 0.75 m 的板涵,洞口采用八字形,即为了疏导水流,将翼墙向外张开成八字形。为缩短翼墙长度和便于设置锥体以衔接路堤,在适当位置将翼墙折成与线路平行的雉墙(也称横墙)。翼墙顶盖帽石,下设基础。当涵洞孔径较小,地基土质又较松散时,为保证洞口基础不被冲刷,翼墙下的基础可以连为一体。

13.1.2　洞　　身

洞身由边墙、盖板和基础组成。

洞身是埋在路堤下面的部分,承受着填土和列车的压力。因此,在非岩石地基上的涵洞,洞身多分段修建,以避免受力不均导致洞身的不规则断裂;其间设沉降缝,缝中用有弹性的不透水材料填塞。

13.1.3　附属工程

涵洞除其主体外还包括收敛路堤边坡并起导流作用的锥体护坡,以及防止洪水冲刷河床和路堤边坡而做的片石铺砌等等,后面读图时再作介绍。

任务 13.2　涵洞的图示方法

涵洞虽说种类很多,形状各异,但其图示方法和表达内容基本相同,现仍以板涵(图 13.4)为例予以说明。

涵洞工程图主要由中心纵剖面图、半平面及半基顶剖面图、出入口正面图组成。此外还应画出必要的构造详图,如图 13.4 中的 1—1 剖面图和沉降缝详图等。

13.2.1　中心纵剖面图

中心纵剖面图是过涵洞中心线所作的全剖面图。用以表示涵洞全长、总节数、每节长度、沉降缝宽度、出入口长度和各部分基础厚度、涵洞净空高度、盖板厚度、防水层、路堤高程等等。

若涵洞较长、中间节又相同时,可采用折断画法以节省图纸。

13.2.2　半平面及半基顶剖面图

半平面是裸体涵洞的水平投影图,主要表示洞身各节的宽度、出入口的形状和尺寸等。

半基顶剖面是沿边墙底面剖切后所做的水平投影图,半基顶剖面图主要表示基础的形状和尺寸,以及边墙、翼墙的底面形状、大小及其与基础顶面的相对位置。

13.2.3　出入口正面图

出入口正面图就是涵洞洞口的侧立面图。当出入口的正面形状和尺寸完全相同时,可只画一个正面图,如图 13.4(见后插图)所示。如果不同,为了便于看图,**一般将入口正面图画在中心纵剖面图的入口一侧,出口正面图画在中心纵剖面图的出口一侧**,这是涵洞图的一个特殊画法。

出、入口正面图主要表示出、入口的正面形状和尺寸,以及锥体护坡的横向坡度、路堤边坡的铺砌高度等。

13.2.4　局部构造详图

当涵洞某些部位在上述三个基本投影图中未能表达清楚时，尚应在适当位置进行横向剖切，画出其剖面图或断面图。如图13.4中的1—1剖面图和沉降缝详图。

任务13.3　涵洞工程图的识读

现以图13.4为例，介绍读图的方法和步骤。

(1)读图时首先要阅读标题栏和有关说明，从中了解涵洞在线路上的位置(里程)、类型、孔径、孔数、尺寸单位、施工要求等。

(2)认清给出的投影图及其相互关系。

(3)按涵洞构造，综合观察相关投影图，依次弄清各部分的形状、结构、尺寸、材料以及各部分之间的位置关系。下面依次予以说明。

13.3.1　整体概况

从三个基本投影图和标题栏、说明书中得知，本涵为某线DK187＋215处一座单孔、孔径3 m的钢筋混凝土盖板箱涵，净高3 m，洞口为八字式，洞底纵向坡度为0%，高程786.40 m，路肩高程791.88 m，路堤边坡1∶1.5，涵洞全长19.32 m，洞身共五节，节长分别为1 m，4 m，3 m，4 m，1 m其中两端1 m长的洞身与洞口构筑在一起，沉降缝4个，缝宽3 cm。

13.3.2　洞　　身

洞身分基础、边墙、盖板三部分，节间设沉降缝，洞顶铺防水层。

1. 主体基础

由中心纵剖面和1—1剖面看出，基础为整体式，呈长方体，宽710 cm，厚180 cm，长与各节洞身等长；洞身与入、出口相联部分，其基础也与入、出口基础相联，构成一个整体。

基础材料为M10水泥砂浆砌片石，基底用3∶7灰土换填，厚0.8 m并用重锤夯实。

2. 边墙

由1—1剖面图看出，边墙断面为梯形，内侧铅垂，外侧倾斜，垂直高度为330 cm(300＋30)，下底宽195 cm，距基顶外缘10 cm，上底宽40 cm(14＋26)，内侧有一个深30 cm，宽26 cm的台阶，用以摆放盖板。由中心纵剖面图看出，边墙长度与洞身节等长。

根据结构要求，盖板底面下40 cm范围内，用C15混凝土灌注，余者为M10水泥砂浆砌片石。

3. 盖板

仍由1—1剖面得知，盖板为钢筋混凝土结构，断面呈五边形，底面水平宽350 cm，板厚30 cm，板顶设人字形排水坡，坡脊高36 cm。盖板两端与边墙间留1 cm伸缩缝。

工程上盖板沿涵洞轴线方向的定型尺寸为1 m，4 m长的洞身应连摆盖板四块。

4. 沉降缝

由中心纵剖面和沉降缝详图得知，缝宽3 cm，内侧填塞M10水泥砂浆，深15 cm，中间填黏土，外侧填塞FYT-1浸制麻筋，深约5 cm。基础部分的沉降缝可用防水涂料浸泡的3 cm

厚木板或黏土填塞。

沉降缝除用防水材料填塞外，还要在洞顶和边墙外侧再做 50 cm 宽的防水层，将沉降缝从顶到底盖起来。防水层延伸到基础顶面下 15 cm。

5. 洞顶防水层

仍由中心纵剖面和 1—1 剖面得知，纵向沿洞身方向自板顶至板底下 20 cm 之两侧边墙外，通常做防水层。防水层做法另有详图，本书不再介绍。

13.3.3　洞　　口

洞口分基础(含 1 m 长的洞身基础)、翼墙和帽石三部分。

1. 基础

认真观察分析中心纵剖面图和半平面及半基顶剖面图可看出，入出口形式完全一样。基础呈 T 形，外侧宽 770 cm，长 130 cm(10＋110＋10)，内侧宽 710 cm(770－30－30)，长 210 cm，整体厚度为 180 cm，材料为 M10 水泥砂浆砌片石。

2. 翼墙

翼墙是出入口构型最为特殊的部分，为方便视读，下面画了两个轴测图(图 13.5)供看图时参考。联系三个基本投影图可知，轴测图中的 A、B、C 面，均为垂直于 H 面的平面，其中的 A 面又平行于 V 面，在中心纵剖面图中反映实形，而 C 面垂直于 V 面，投影为直线。翼墙靠路堤一侧的三个面 D、E、F 均与水平面倾斜，其中 D 为正垂面，F 为侧垂面，E 为一般位置平面，故 E 在三个基本投影图中均以三角形显示。翼墙各部分的尺寸，轴测图均已注明。

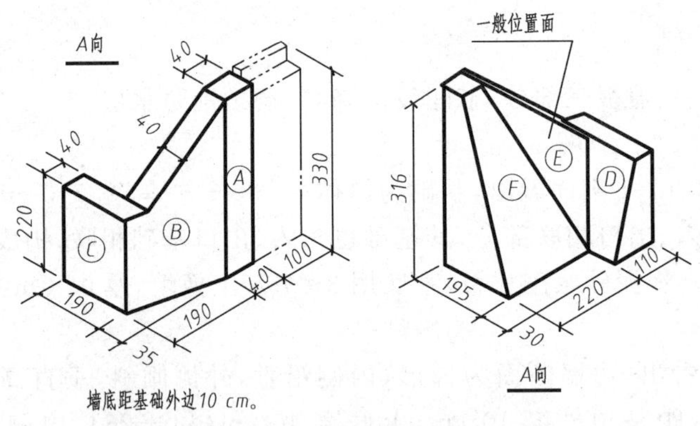

图 13.5　翼墙轴测图(单位：cm)

翼墙的最高处与最低处(雉墙顶)为水平面，中间部分倾斜成正垂面。翼墙的底边距基础外缘 10 cm。

3. 帽石

分析三个基本投影图可知，帽石断面的基本形状为矩形，宽 45 cm，厚 20 cm，用 C15 混凝土灌注。帽石向路堤一侧为铅垂面，如图 13.6 所示，并与翼墙顶边对齐，内侧有 5 cm 出檐，顶面有 5 cm 抹角。

13.3.4　附属工程

本涵洞的附属工程仅给出锥体护坡及路堤的边坡铺砌，如图 13.7 所示，“说明”中指出路堤边坡入口处的铺砌高度为 3.0 m。出口处的铺砌高度为 2.79 m。锥体护坡为 1/4 椭圆锥，从中心纵剖面和出、入口正面图中看出，顺路堤边坡方向的锥体坡度为 1∶1.5，顺雉墙方向的锥体坡度为 1∶1。

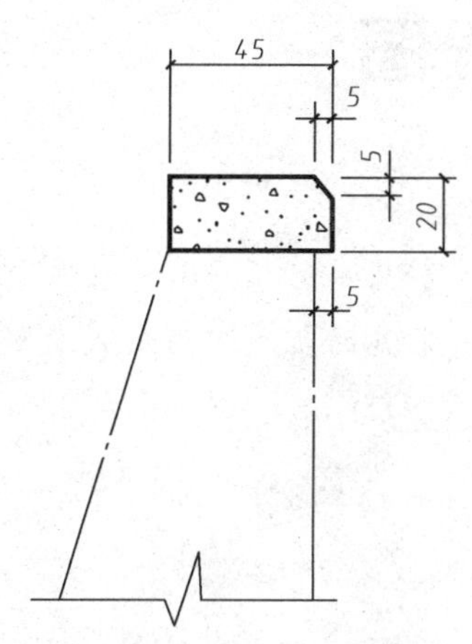

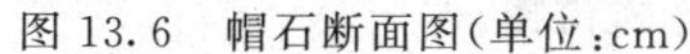

图 13.6　帽石断面图(单位:cm)

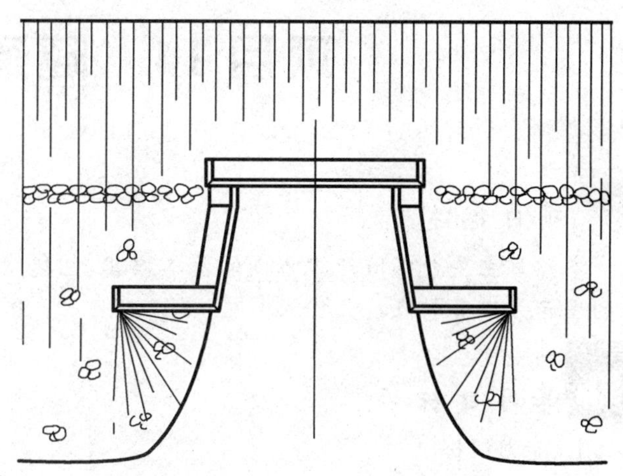

图 13.7　锥体护坡平面图

路堤边坡和锥体都用碎石做垫层，M5 水泥砂浆片石铺砌。

通过以上分析，可对板盖的整体形象及各组成部分的形状、构造、大小、材料有一个初步认识。至于其他类型的涵洞及各类涵洞的构造、建筑方法和材料，尚需在有关专业课中进一步学习。

项目小结

本项目主要介绍了涵洞工程图，主要包括中心纵剖面图、半平面及半基顶剖面图和出入口正面图的读图方法和步骤。

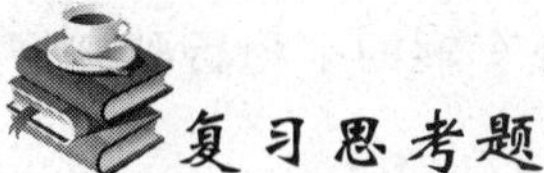

复习思考题

1. 涵洞的洞身分为几部分？
2. 涵洞的洞口分为几部分？
3. 锥体护坡有什么作用？

项目 14　隧道工程图

项目描述

本项目主要介绍隧道工程图的基本内容，包括隧道的功能、常见的几种洞门形式及隧道洞口的图示方法和特点。

学习目标

1. 能力目标

了解隧道工程图的基本内容，能正确识读单线翼墙式隧道洞门图。

2. 知识目标

(1)了解隧道的功能及常见的几种洞门形式；

(2)了解单线翼墙式隧道洞口的构造；

(3)了解直墙式隧道洞身的衬砌形式及避车洞的分布规律及构造；

(4)了解单线翼墙式隧道洞门的图示方法和内容。

3. 素质目标

确立严肃认真、一丝不苟的工作品格。

任务 14.1　概　　述

当在山岭地区修建铁路(公路)时，为了减少土石方工程，保证车辆的平稳行驶和缩短里程，可考虑修筑隧道。

隧道主要由洞门和洞身(衬砌)组成，此外还有避车洞、防水、排水及通风设备等。

洞门位于隧道洞身的两端，是隧道的外露部分。隧道洞门的形式有端墙式、柱式和翼墙式，如图 14.1 所示。

图 14.1　隧道洞门的形式

翼墙式隧道洞口，主要由端墙和翼墙组成。端墙用来保证仰坡稳定，并使仰坡上的雨水和落石不致掉到线路上。它以 10∶1 的坡度向洞身方向倾斜。在端墙顶的后面，有端墙顶水沟，其两端有挡水短墙。在端墙上设有顶帽，在靠近洞身处有洞口衬砌，包括拱圈和边墙。在翼墙上设有排除墙后地下水的泄水孔，墙顶有排水沟。

洞门处的排水系统构造比较复杂。隧道内的地下水通过排水沟流入路堑侧沟内；洞顶地表水则通过端墙顶水沟、翼墙顶排水沟流入路堑侧沟。

隧道工程图一般包括平面图、纵剖面图、横断面图（表示衬砌横断面形状）、隧道洞门图及避车洞图等。

本章仅对隧道洞门图的表达方法和其识读步骤进行重点讲述，同时介绍隧道的衬砌横断面图和避车洞图。

任务 14.2　隧道洞口的图示方法与要求

隧道洞门各部分的结构形状和大小，是通过隧道洞门图来表达的，图 14.2（见书末插页）为翼墙式隧道洞门图。

14.2.1　正 面 图

正面图是顺线路方向对着隧道门进行投影而得到的投影图。它表示洞门衬砌的形状和主要尺寸，端墙的高度和长度，端墙与衬砌的相互位置，以及端墙顶水沟的坡度，翼墙的倾斜度，翼墙顶排水沟与端墙顶水沟的连接情况，洞内排水沟的位置及形状等。端墙上边用虚线表示的是端墙顶水沟和两端的短墙。

14.2.2　平 面 图

平面图主要表示洞门处排水系统，其详细情况另有详图表示。

14.2.3　1—1 剖面图

1—1 剖面图是沿隧道中心线剖切而得，它表示了端墙的厚度（800 mm）和倾斜度（10∶1）、端墙顶水沟的断面形状和尺寸、翼墙顶排水沟的坡度（1∶0.75）、轨顶高程和拱顶的厚度等。

14.2.4　2—2 断面和 3—3 断面

这两个断面图是用来表示翼墙的厚度、翼墙顶排水沟的断面形状和尺寸、翼墙的倾斜度，翼墙的基础以及底部水沟的形状和尺寸等。

任务 14.3　隧道洞口图的识读

现以图 14.2 为例，介绍隧道洞门图的识读方法和步骤。

1. 首先了解标题栏和附注说明的内容

从标题栏中可以了解到，该隧道洞门为翼墙式单线直边墙的铁路隧道洞门，绘图比例为 1∶100。在附注说明中，对该隧道洞门的各部分提出了材料要求和施工注意事项。

2. 了解该隧道洞门的表达方法

图 14.2 共采用了两个基本投影图(正面图和平面图)、一个剖面图(1—1 剖面)和两个断面图(2—2 断面和 3—3 断面)。

3. 按洞门的各组成部分,分别读出它们的形状和尺寸

(1)端墙

从图 14.2 的正面图和 1—1 剖面图可知,洞门端墙是一堵靠山倾斜的墙,其坡度为 10∶1。端墙长度为 10 260 mm,墙厚在 1—1 剖面图中示出,其水平方向为 800 mm。墙顶上设有顶帽,顶帽上部除后边外,其余三边均做成高 100 mm 的抹角。

端墙顶的背后有水沟,由正面图中的虚线可知,水沟是从洞顶中心向两侧倾斜的,坡度为 5%,沟的深度为 400 mm。结合正面图可知,端墙顶水沟的两端有厚为 300 mm、高为 2 000 mm 的短墙,用来挡水,其形状如 1—1 剖面图中的虚线所示。沟中的水通过埋设在墙体内的水管,流到端墙外墙面上的凹槽里,然后流入翼墙顶部的排水沟内。

由于端墙顶水沟靠山坡一侧的沟岸是向两边倾斜的正垂面(梯形),所以它与洞顶仰坡相交产生两条一般位置直线,在平面图中,洞顶仰坡的坡脚线即是其投影。水沟的沟岸和沟底均向洞顶两边倾斜,其坡脊为正垂线,水平投影与隧道中心线重合。水沟靠山坡一侧的沟壁是铅垂的,靠洞口一侧的沟壁是倾斜的,但此沟壁不能作成平面,如果它是一个倾斜平面,势必与向两边倾斜的沟底交出两条一般位置直线(其水平投影向山坡一侧倾斜),致使墙顶水沟的沟底随着水沟的不断加深而变窄,为了保持沟底宽度(600 mm)不变,工程上常将此沟壁做成扭曲面,即此面的上下边为两条异面线(均为正平线),沟壁的坡度随沟底的不断加深而逐渐变陡,如图 14.3 所示。

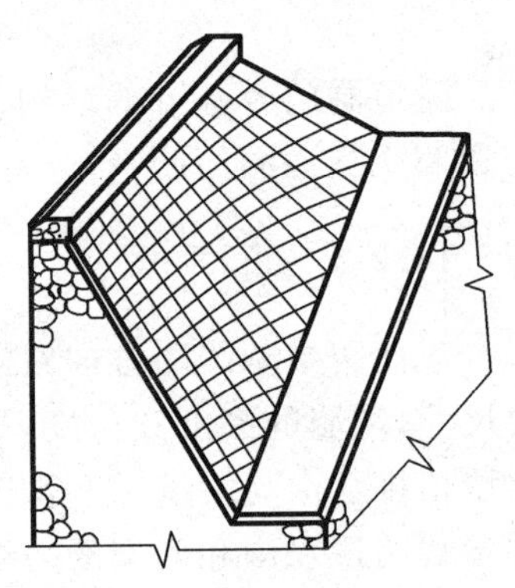

图 14.3　端墙顶水沟示意图

(2)翼墙

从图 14.2 的正面图可知,端墙两边各有一堵翼墙,它们分别向路堑两边的山坡倾斜,坡度为 10∶1。结合 1—1 剖面图可知,翼墙的形状大体上是一个三棱柱。从 2—2 断面图中可以了解到翼墙的厚度、基础的厚度和高度,以及墙顶排水沟的断面形状和尺寸。从 3—3 断面图中可以看出,此处的基础厚度有所改变,墙脚处有一个宽 400 mm 深 300 mm 的水沟。从 1—1 剖面图上,还表示出翼墙面的中下部有一个 100 mm×150 mm 的泄水孔,用来排出翼墙背面的积水。

(3)侧沟

从洞门图中只能知道排水系统的大概情况,其详细形状和尺寸、连接情况等,由图中的详图索引 1/4 可知,需另见图 14.4 和图 14.5。1/4 表示 1 号详图画在 4 号图纸上。

图 14.4 是隧道内外侧沟的连接图,图 14.5 是隧道洞内外侧沟的剖面图和断面图。

图 14.4 中详图$\frac{1}{2}$,是根据图 14.2 平面图上索引部位绘制的 1 号详图,该详图虽然采用了较大的比例(1∶50),但由于某些细部的形状、尺寸、材料和连接关系仍未表达清楚,故又在 1 号详图上作出 7—7、9—9 剖面图,并用更大的比例(1∶20)画出。

从图 14.4 $\frac{1}{2}$号详图可知,洞内侧沟的水是经过两次直角转弯才流入翼墙墙脚处的排水

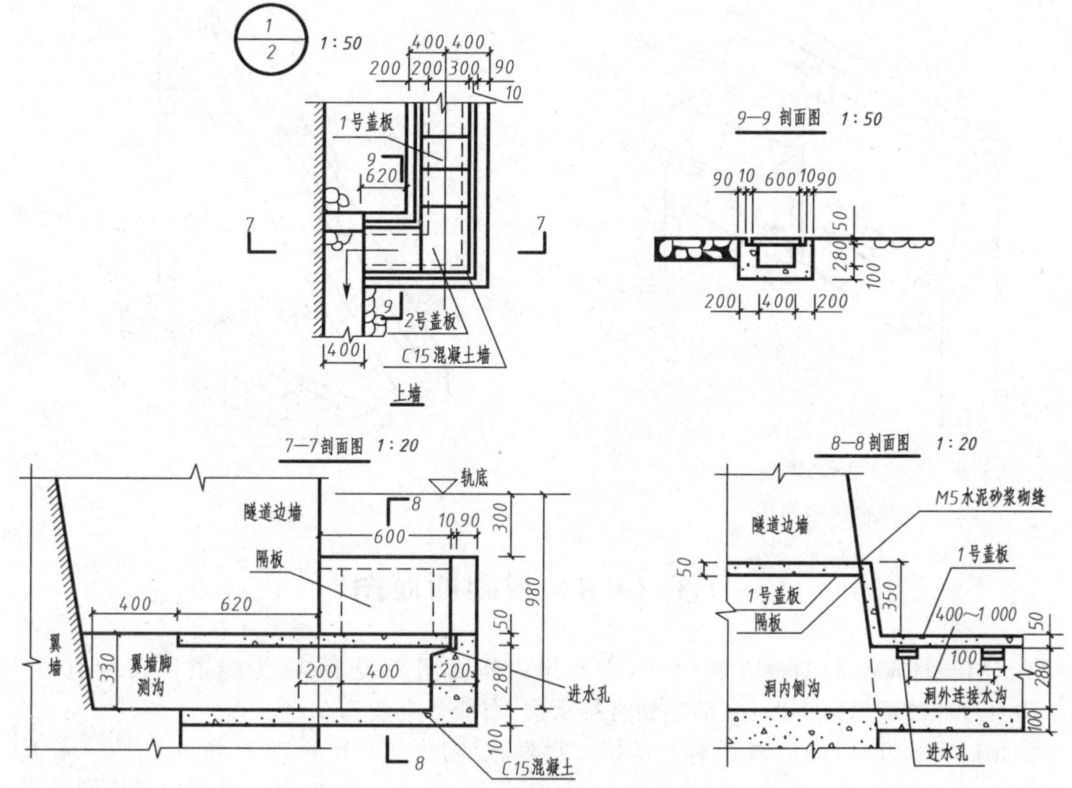

图 14.4　洞门内外侧沟连接图(单位:mm)

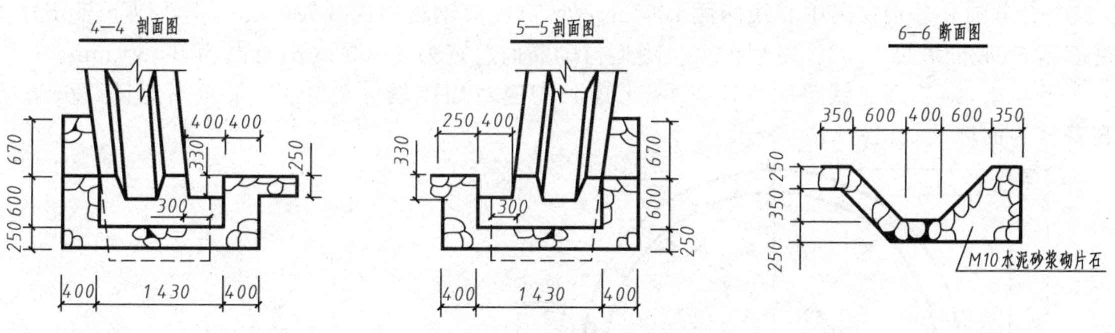

图 14.5　洞门外侧沟图(单位:mm)

沟。从 7—7、8—8 剖面图可知,洞内、外侧沟的底面是平的,但洞内侧沟边墙较高,洞外侧沟边墙较低。边墙高度在 7—7 剖面图中示出。内外侧沟顶上均有盖板覆盖。在洞口处边墙高度变化的地方,为了防止道砟掉入沟内,用隔板封住,这在 8—8 剖面图中表示得最为清楚。在洞外侧沟的边墙上开有进水孔,进水孔的间距为 400～1 000 mm。9—9 剖面图表明了洞外水沟横断面的形状和尺寸。

图 14.5 中各图的剖切位置,在图 14.2 平面图中已示出。4—4 和 5—5 剖面图分别表明左、右翼墙端部水沟的连接情况。从图 14.2 的平面图和这两个剖面图可知,翼墙顶排水沟排下的水和翼墙脚处侧沟的水,先流入汇水坑,然后再从路堑侧沟排走。6—6 断面图表明了路堑侧沟的断面形状。

图 14.6 为端墙、顶帽和端墙顶部排水结构,图 14.7 为翼墙结构图。

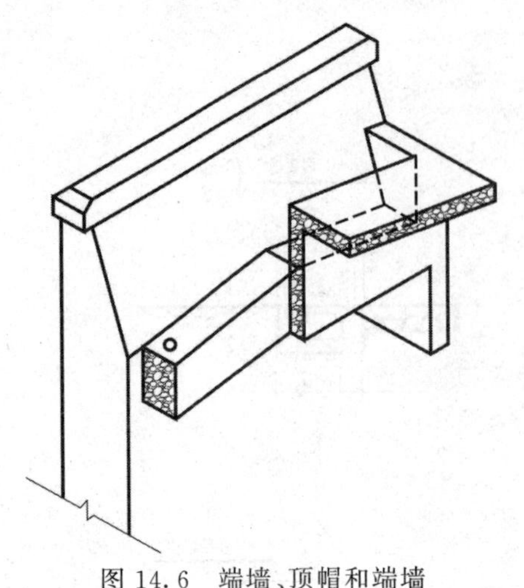

图 14.6　端墙、顶帽和端墙顶部排水结构

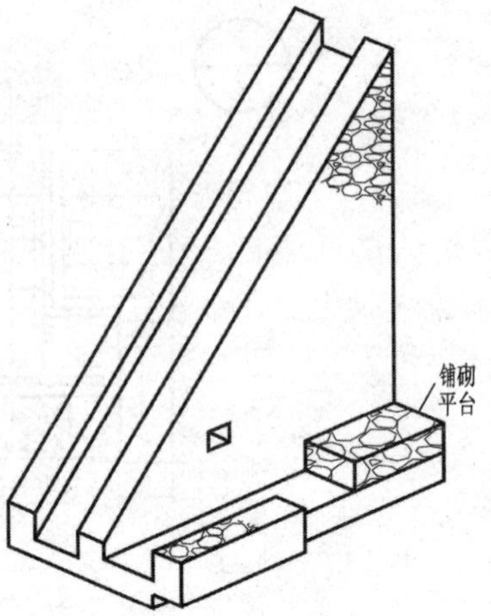

图 14.7　翼墙结构

任务 14.4　衬砌断面图

隧道的洞身有不同的形式和尺寸，主要用横断面图来表示，称为隧道衬砌断面图。图 14.8 为直边墙的隧道衬砌图，底部左侧有排水沟，右侧为电缆沟。

由图 14.8 可知，两侧边墙基本上是长方形，墙厚均为 400 mm，左边墙高 1 080＋4 350＝5 430 mm，右边墙高为 700＋4 430＝5 130 mm，起拱线坡度为 1∶5.08。拱圈由三段圆弧组成，顶部一段在 90°范围内，其半径为 2 220 mm，其他两段在圆心角为 33°51′范围内，半径为 3 210 mm，圆心分别在离中心线两侧 700 mm 处，高度离钢轨顶面 3 730 mm，钢轨以下部分为线路道床，其底面坡度为 3%，以利排水。隧道衬砌断面总宽为 5 700 mm，总高为 8 130 mm。

近年来，随着高速铁路的飞速发展，考虑到车速对周围墙体的影响，很多高速铁路隧道的洞身改为曲墙式，如图 14.9 所示。

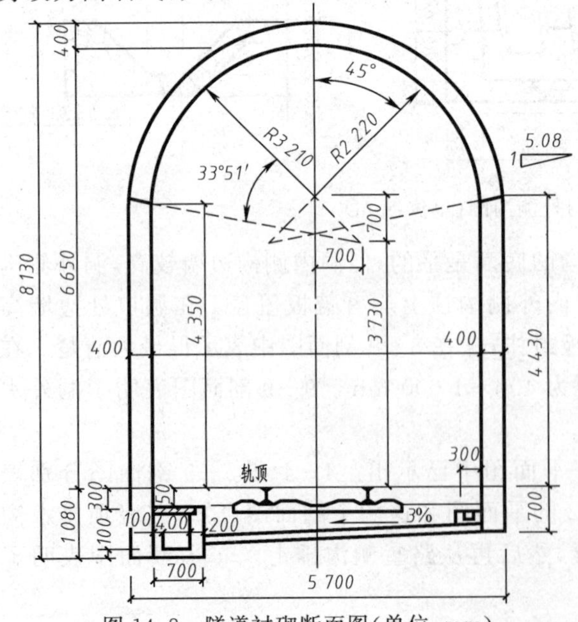

图 14.8　隧道衬砌断面图(单位:mm)

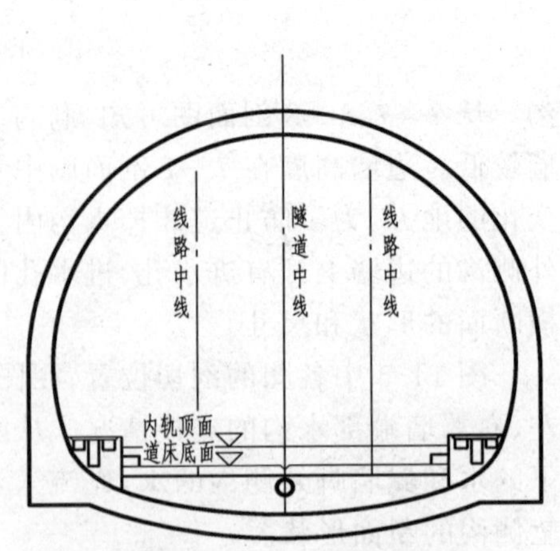

图 14.9　曲墙式隧道衬砌断面图

任务 14.5 避 车 洞 图

避车洞有大、小两种，是供维修人员和运料小车在隧道内避让列车用的。它们沿线路方向交错设置在隧道两侧的边墙上。小避车洞通常每隔 30 m 设一个，大避车洞每隔 150 m 设一个。为表示隧道内大、小避车洞的相互位置，需画出大、小避车洞的位置示意图，如图 14.10 所示。

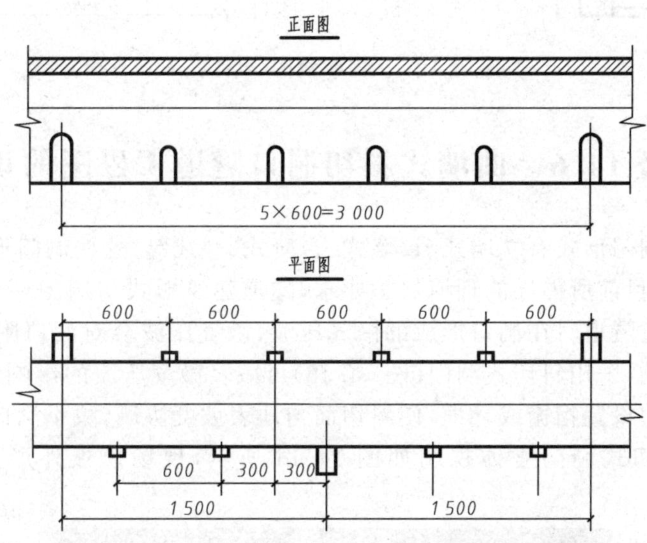

图 14.10 大、小避车洞位置示意图(单位:cm)

由于这种示意图的图形比较简单，为节省图幅，纵横方向可采用不同的比例。通常纵向用 1∶2 000，横向用 1∶200 等。

为了表示出大、小避车洞的形状、构造和尺寸，还需要画出大小避车洞的详图，如图 14.11 和图 14.12 所示。

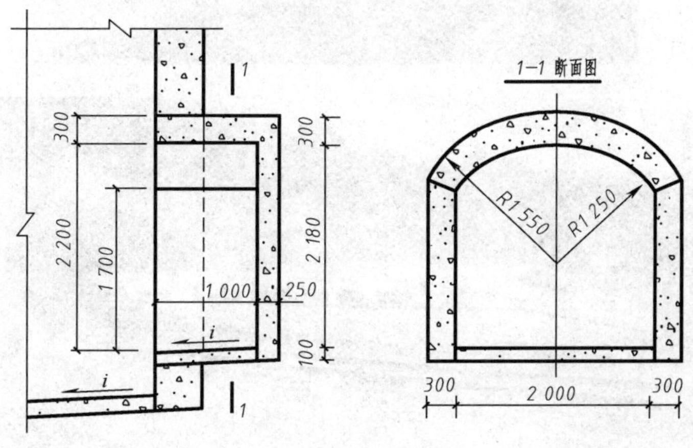

图 14.11 小避车洞图(单位:mm)

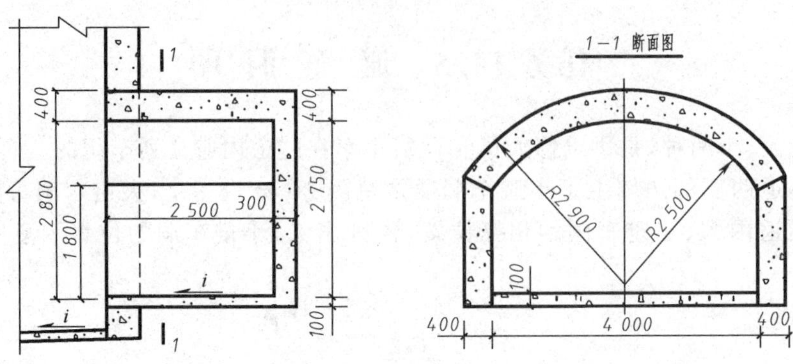

图 14.12 大避车洞图(单位:mm)

任务 14.6 曲墙式斜切洞口隧道工程图的识读

传统铁路隧道洞门形式有端墙式、翼墙式、台阶式、柱式等,这些洞门形式对地貌及地表植被破坏较大,不利于目前所倡导的环境保护要求,隧道建筑形式与周围环境协调性差,也不利于减轻高速列车通过隧道时在洞口形成的微气压波,微气压波会对洞口附近周边环境和建筑物造成一定不利影响,采用斜切式洞门(图 14.13)可减轻微气压波的影响。斜切式洞门,即在洞口衬砌斜切面周边设置帽檐或环框,使斜切面与地表坡度协调,减小洞口开挖量的一种绿色环保洞门形式。斜切式洞门立体视图如图 14.14 所示,现场模板外形及混凝土施工如图 14.15 所示。

图 14.13 斜切式洞门

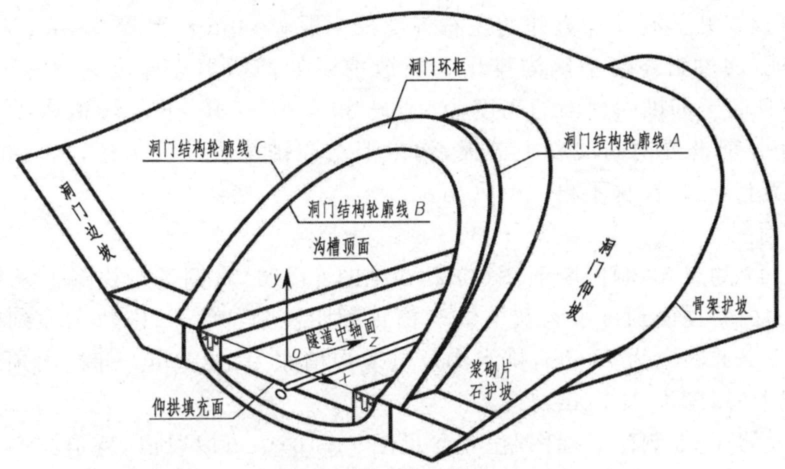

图 14.14　斜切式洞门立体示意

图 14.15　现场模板外形及混凝土施工

下面以图 14.16（见书末插页）所示为例，介绍斜切洞门隧道工程图识读。

1. 隧道洞门图的识读

图 14.16 所示（见书末插页）为贵广线某标段单洞双线 250 km/h（预留提速空间）客运专线隧道等环宽斜切式洞门图。结合正面图、平面图、洞口剖面图可以看出洞门是将曲墙式明洞衬砌剖切后加设环框形成的。洞门正视图顶部为左、右对称的圆弧形，其最外半径为 647＋60＋70（cm），厚度为 60＋70（cm）。回填护坡及帽檐胸坡倾斜坡率均为 1∶1。

为使洞门更加美观，并防止坡面异物坠落至线路影响行车安全，在洞口顶部修筑了一道高 60 cm、顶宽 53 cm、厚 80 cm 的环框。环框与仰坡、护坡间形成了 10.6 cm 宽的环沟，可防止仰坡汇水流入隧道。为改善隧道底部受力并提供中心排水管设置空间，于底部修筑了厚度为 70 cm 的仰拱。洞外水沟采用 2%反坡排水。隧底填充采用 C20 混凝土。洞门斜切段与延伸段结构采用同种材料整体灌注，明作段衬砌与暗洞衬砌之间设置一道宽 2 cm 的变形缝。明挖洞门段长 1 400 cm。

从图 14.16 中的 1—1 剖面图可以看出，洞口里程为沟槽顶面与洞斜切面的交点。在隧道仰拱内纵向设置了 ϕ400mm 中心管沟；在仰拱填充面铺设半个 ϕ80mm 硬质 PVC 管，以收集道床积水，排至检查井。洞口检查井的左右各铺设 4 根 ϕ300mm，壁厚 30 mm 的排水管，将水引入洞外汇水池，通过洞外路基侧沟排出。隧道中线处仰拱填充厚度为 216－83＝133 cm。ϕ400 mm 中心管底至仰拱内顶面的高度为 216＋30－200＝46 cm。隧道内设置了双侧排水沟及电缆槽，并分别设置钢筋混凝土盖板，沟内汇水亦排至洞外汇水池，之后排至路基侧沟。其他尺寸可从图上查出，在这不再一一列出。

2. 洞门断面图

现以图 14.17 的 2－2 洞门断面图(位置参见图 14.16)为例进行讲解。从图上可以看出隧道洞门断面的内轨顶面到排水沟及电缆沟槽顶面距离为 30 cm，内轨顶面到仰拱填充面与电缆沟槽侧墙交点的距离为 74 cm，排水沟及电缆沟槽宽为 160 cm。仰拱内顶面到钢轨顶面(即图中水平线上)高度为 216 cm。

在图 14.18 的 3－3 洞门断面图(位置参见图 14.16)中可以看出，隧道洞门外侧墙之间总的宽度为 1 432 cm。帽檐的高度为 80 cm(可参见图 14.16 中的 1－1 剖面)。墙底面到 O_2 圆心高为 397 cm。

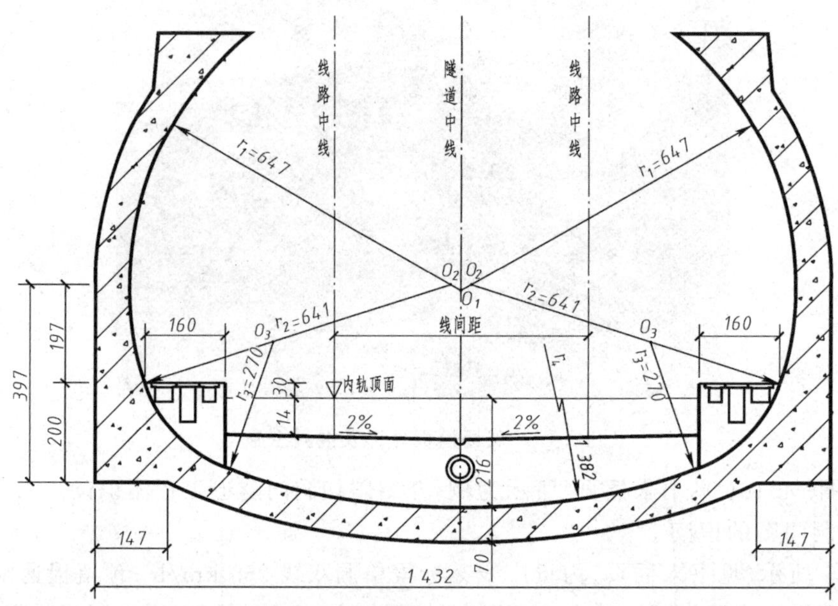

图 14.17　2—2 洞门断面图

3. 洞身衬砌断面图的识读

现以图 14.19 所示洞身衬砌断面图并结合横断面图为例进行讲解。从图 14.19 上可以看出衬砌的厚度为 70 cm(可参见图 14.16 中的 1－1 剖面)，隧道拱墙内轮廓断面由三段圆弧组成，各圆心的位置及弧线长度均可从图上找到，分别是 r_1＝647 cm 的一段，圆心夹角为 120°00′00″；r_2＝641 cm 的两段，圆心夹角为 47°53′55″；两条线路中心线之间的间距为 235＋235＝470 cm。

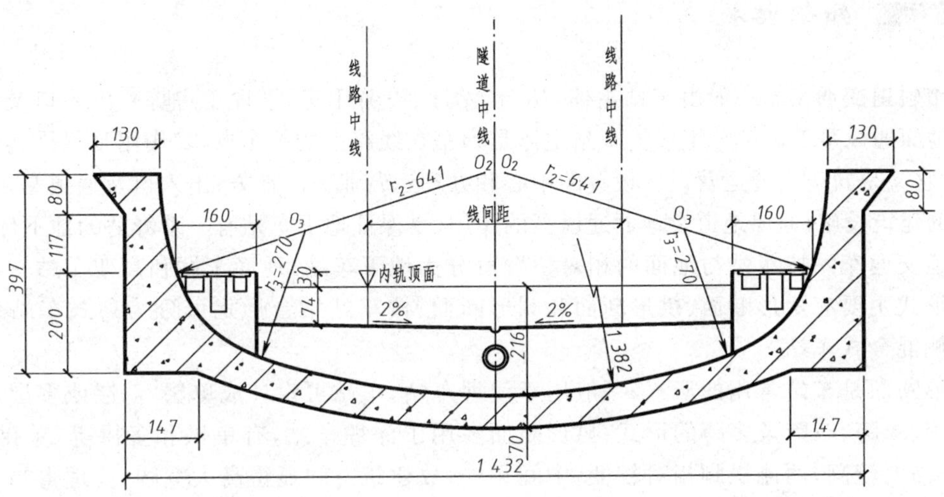

图 14.18　3—3 洞口断面图

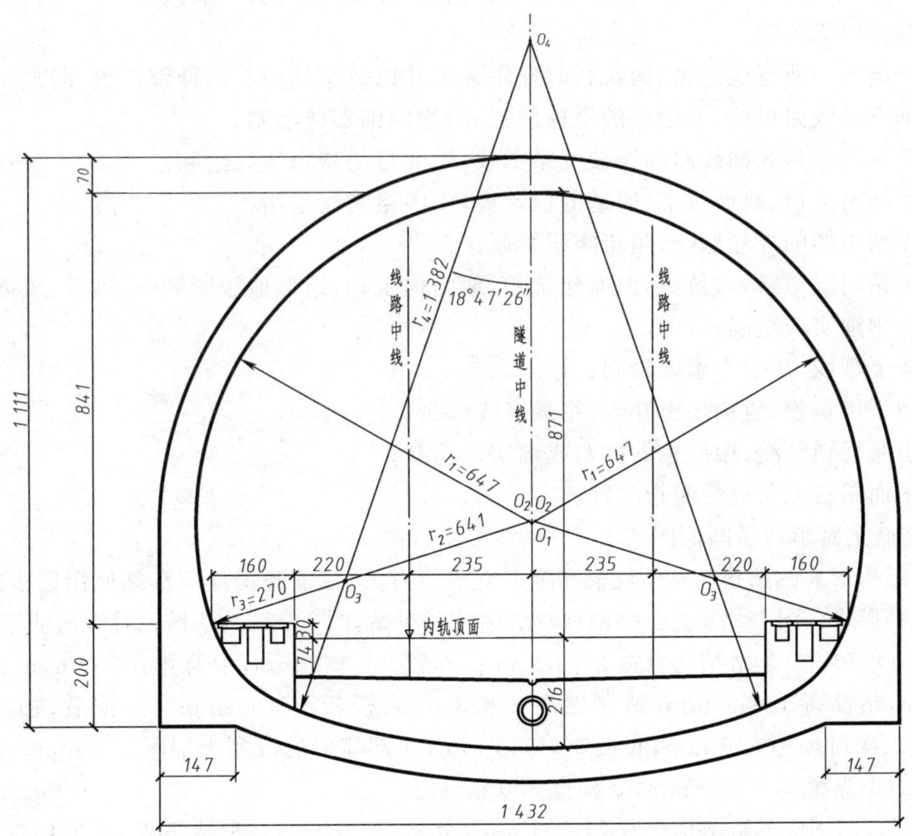

图 14.19　隧道洞身断面图

知识拓展

城市轨道交通车站一般由车站主体(站台、站厅、设备用房、管理用房等)、出入口及通道、通风道及地面通风亭三大部分组成。车站主体是列车在线路上的停车点,其作用是供乘客集散、换乘,同时它又是轨道交通运营设备设置的中心和办理运营业务的地方;出入口及通道是供乘客进出车站的建筑设施;通风地道及地面通风亭的作用,是保证地下车站有一个舒适的地下环境。

轨道交通车站按车站与地面的相对位置可分为地下车站、地面车站和高架车站三类;按其横断面形式主要有矩形断面、拱形断面和圆形断面;按车站站台形式可分为岛式车站、侧式车站和岛侧混合式车站。

矩形断面是车站常用的形式,一般用于浅埋车站,车站可设计成单层、双层或多层,跨度可选用单跨、双跨、三跨及多跨的形式;拱形断面多用于深埋车站,有单拱和多拱等,单拱断面中间起拱,高度较高,两侧拱脚相对较低,中间无柱,故建筑空间显得高大宽阔,处理得当,常会得到理想的艺术效果;圆形断面主要用于深埋盾构法施工的车站。

1. 车站建筑平面位置图

车站建筑平面位置图根据图纸所反映的内容和深度的不同,一般按 1∶500 的比例进行绘制,主要包含以下内容:

(1)平面图中所有建筑物、构筑物的外轮廓尺寸以及车站中心的详细位置,即线路里程、坐标,包括端点的线路里程、关键点的坐标位置等,均用细实线绘制;

(2)车站线路与区间线路的连接关系图线,用醒目的特粗实线绘制;

(3)车站出入口、地面风亭、通道的位置等,用中粗实线绘制;

(4)车站主体的外轮廓线,用粗实线绘制;

(5)车站周围道路、边坡线、地面建筑物、地面构筑物、地形地貌图例线、风亭、风道、消防防灾设备等,用细实线绘制;

(6)地下管线,用中粗虚线绘制;

(7)地下构筑物、盾构出土井等,用细虚线绘制;

(8)道路规划红线,用红色的中粗或细实线绘制;

(9)平面图右上角应绘制指北针。

2. 轨道交通车站横断面图

车站结构形式的选择与车站规模和施工方法等有关,目前我国地下车站使用最多的为矩形和拱形两种形式。图 14.20 为三拱两柱双层暗挖式车站,图 14.21 为三跨两柱双层明挖式车站。

在图 14.20 中,车站结构全宽 21 870 mm,全高 14 933 mm,中跨宽 6 202 mm,站台层高 4 400 mm,站台高 1 655 mm,站厅层高 5 883 mm,楼板厚 400 mm。开挖后,初次衬砌厚 300 mm,二次衬砌厚 500 mm,底板厚 1 945 mm,底部喷射的混凝土层厚 300 mm。顶纵梁宽 1 200 mm,中纵梁宽 1 300 mm,立柱宽 800 mm。

在图 14.21 中,车站结构全宽 21 100 mm,全高 13 640 mm,车站净宽 19 700 mm,中跨宽 5 900 mm, 边跨宽 6 900 mm,边墙厚 700 mm;站台层高 6 190 mm,楼板厚 400 mm,底板厚 900 mm,垫层厚 200 mm,顶板厚 800 mm,站厅层高 5 150 mm,双柱若为圆柱直径为 900 mm,若为方柱边长为 800 mm ×1 000 mm,站台面至轨面 980 mm;顶纵梁宽×高为 1 000 mm×1 600 mm,底纵梁宽×高为 1 000 mm×2 000 mm。

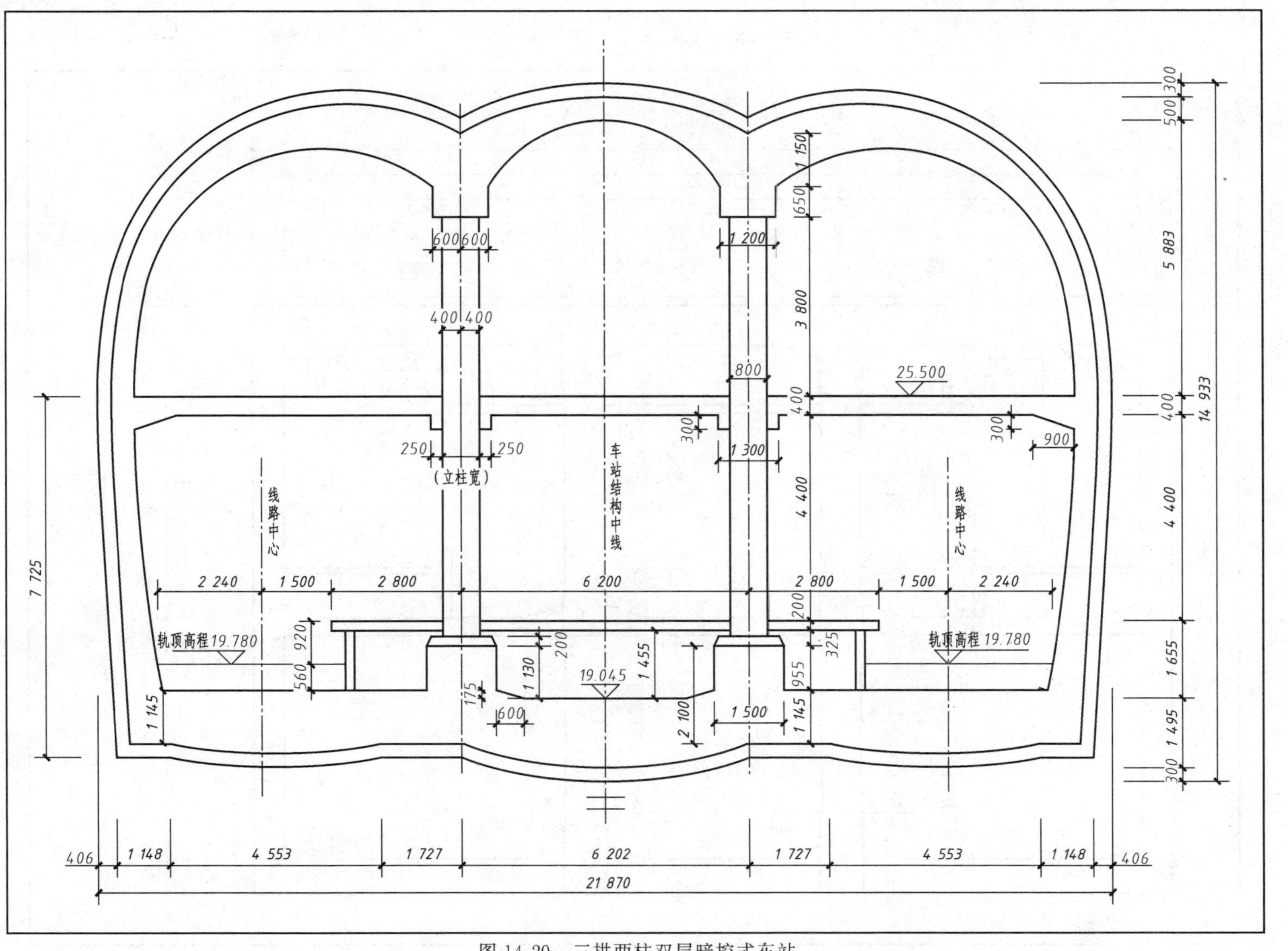

图 14.20　三拱两柱双层暗挖式车站

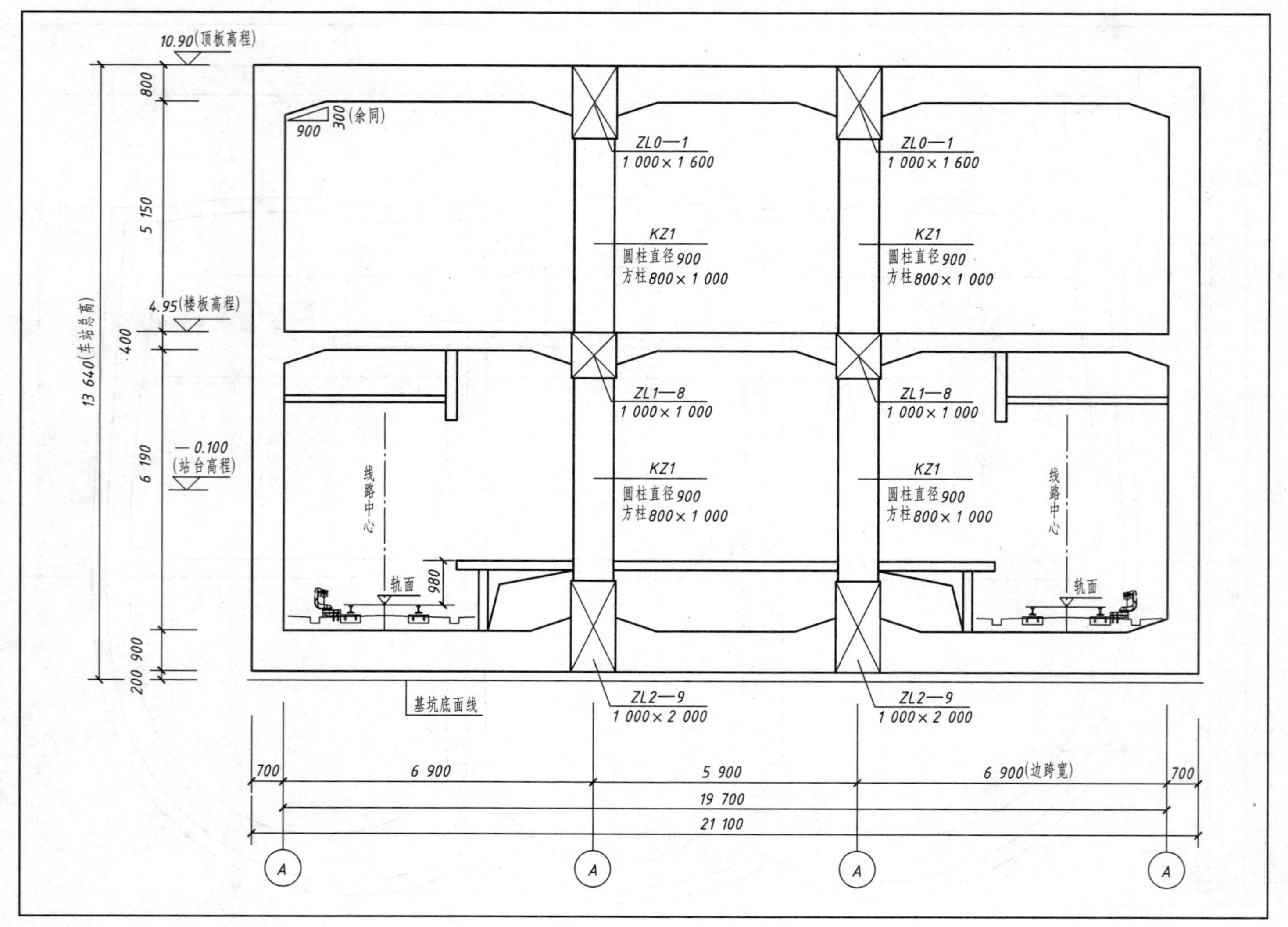

图 14.21　三跨两柱双层明挖式车站

项目小结

本项目主要介绍了隧道洞口图和避车洞图的识读，熟练掌握读图方法，为以后识读专业图做好辅垫。

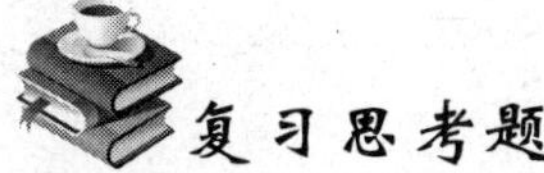

复习思考题

1. 隧道主要由哪几部分组成？
2. 表达隧道洞口的图有哪些？

参 考 文 献

[1] 刘秀芩．工程制图[M].2版．北京:中国铁道出版社,2006.
[2] 杨桂林．工程制图及CAD[M].北京:中国铁道出版社,2011.
[3] 中铁第一勘察设计院集团有限公司,中国铁路经济规划研究院．铁路工程制图标准[S]:TB/T 10058—2015.北京:中国铁道出版社,2015.
[4] 中铁第一勘察设计院集团有限公司．铁路工程图形符号标准[S]:TB/T 10059—2015.北京:中国铁道出版社,2015.